U0118744

中國人應知的古代軍事常識
The Knowledge Of Military Affairs

插圖本

趙志超 編著

前言

在我們的各種傳統文化知識當中，古代軍事這個領域，不能說是人們瞭解最少的，但肯定是誤解最多的。很多文藝、影視作品，都在有意無意地誤導著大衆，使我們對於古代軍事的看法，偏離事實甚多。人們傾向於用武俠的思路來理解戰爭，用神秘主義的態度來解讀武器，用個人的勇武來評價將領，通過小說來認識戰略戰術。

當然，這樣的認知，也不能說都是錯誤。據說在清朝入關之前的戰爭中，皇太極就很喜歡運用《三國演義》中的謀略。不過，戰爭畢竟涉及到成千上萬人的生死，專業性是很強的，文藝作品中不可能將其完全眞實地表現出來。

由於資料缺失，目前國內在古代軍事史研究方面，薄弱之處還很多，比如與西方軍事史界對西方戰爭的研究相比，我們還難以精確地復原中國的古代戰爭。有鑒於此，本書只是希望能在筆者力所能及的範圍之內，以盡可能符合歷史的態度，反映出古代軍事的概貌。

在題材的選擇上，筆者遵循三個原則：一是影響力原則，即選取那些在軍事史上具有一定影響、尤其是具有開創性價値的人、事、物來講解，如武器裝備部分就選取了在戰場上應用較爲廣泛的一些武器，而沒有選擇那些新奇卻缺乏實戰價値的武器。二是知名度原則，就是對於軍事史上大家耳熟能詳的人物、事件進行解讀，比如筆者並不認爲關羽、張飛這樣的將領是軍事史上的重要人物，但是由於他們名氣很大，婦孺皆知，所以在名將風雲部分也對他們做了介紹。三是糾錯勘誤原則，即對於軍事史上長期被人們誤解的人和事重新做了詮釋，如周瑜是否被諸葛亮氣死、戰場上是否會有大將陣前打鬥、士兵的武功對戰爭有什麼影響等等。

由於筆者的能力以及篇幅所限，本書當然不可能對中國古代軍事史做詳細的描述，不過至少對於大衆所關心的軍事方面的問題做了一定程度的講解。希望讀者朋友們能借助此書，撥開傳說的迷霧，走出文藝、影視、戲曲等對古代戰爭的虛構與誇張，窺見一點古代軍事的眞實景象。

總目

目錄

武器裝備

兵種軍制

戰略戰術

戰爭戰役

名將風雲

兵學文化

中國人應知的

古代軍事常識

The Knowledge of Military Affairs

武器裝備

武器裝備

01

武器裝備對戰爭有那些影響

本書把武器裝備作爲第一個專題來講，是因爲武器裝備對戰爭的發展具有重要的影響。

在看待武器和戰爭的關係方面，很多人都不可避免地走向兩個極端：一是唯武器論，認爲武器裝備的好壞是決定戰爭勝負的最主要因素；二是輕視武器的論調，強調再好的武器也需要人來使用，人才是決定戰爭勝負的主要因素。

如何正確理解武器與戰爭的關係呢？應該說，具體到某一場戰爭而言，武器裝備並不是決定勝負的主要因素，尤其是在戰爭雙方處於同等技術條件下，勝負關係更多地要看軍隊的訓練、士氣、後勤，以及指揮員的軍事素養。

但是具體到整個戰爭發展史來說，武器裝備的進步，則決定著戰爭方式的進步。這裏的武器裝備，指的不是單獨的某一件武器，而是多種武器裝備互相配合所形成的一個裝備體系。可以說，武器裝備是戰爭發展史上的首要因素，當革命性的新式武器技術成熟並大量裝備部隊之後，戰場上的戰術也就因此而發生變革。隨之而來的，就是軍隊的訓練、編制、後勤、軍事理論，甚至整個軍事體制的變革。

正是因爲武器裝備體系決定了戰爭形態的演變，所以西方很多軍事史著作，都是以武器技術來劃分軍事史的不同階段，比如把世界軍事史分爲冷兵器時代、冷兵器與火器共用時代、火器時代等等。

如果武器技術進步了，但是戰術卻沒有相應的變革，或者沒有建立相應的編制、訓練、後勤等制度，那麼技術進步的成果也不能轉化爲戰鬥力。以近代中國爲例，1840年鴉片戰爭以及之後的第二次鴉片戰爭中，清朝軍隊完敗於英法列強，這是武器裝備上的差距造成的。可是隨著洋務運動的興起，清朝的軍隊也裝備了西式槍炮，但是仍然在對外戰爭中屢戰屢敗，就是因爲沒有建立起與先進技術相對應的軍事體制。給一支裝備冷兵器的落後軍隊換裝洋槍洋炮，而不注重戰術訓練、不建立新式的編制體系，那麼這支部隊依然算不上是新式軍隊。這就是中日甲午戰爭、抗擊八國聯軍侵華的戰爭中，清軍的武器中不乏新式槍炮，但卻依然失敗的主要原因。

中國古代輝煌燦爛的文明，在軍事裝備領域也能體現出來。中國不僅是火藥和火藥武器的故鄉，古代中國的弓、弩等拋射武器也曾經一度領先世界。但是隨著歐洲的文藝復興，西方科技飛速進步，中國的武器則原地不前，最終被西方趕超。大概在15~16世紀，也就是明朝中期以後，中國的武器技術就開始全面落後於西方。不過明朝還有向西方學習的舉動，通過各種管道的中西交流，也學到了一些西方的先進技術。但是隨著清朝統治的建立，中國從政治、經濟到文化，全面轉爲封閉、保守，清朝統治者輕視技術進步，固步自封，盲目自大，中國最終在軍事領域被西方遠遠超過，以至於近代中國被西方列強用重炮敲開國門，從此陷入了半殖民地的黑暗深淵。

02

什麼是“十八般兵器”

中國的戲曲、評書中經常出現“十八般兵器”這個詞。在民間，“十八般兵器”有兩種概念：一是指十八種常用武器，二是指使用這些武器的技術，也就是“十八般武藝”。那麼，所謂的“十八般兵器”到底指的是哪十八件武器呢？

在中國古代，“兵”這個字最早就是指格鬥兵器，後來才泛指各種與軍事有關的事物。西周時期，文獻中有“五兵”的說法，指五種常見的制式兵器。到了漢武帝時期，開始遴選出十八種常用武器，但是並沒有對它們進行統一稱呼。後來漢末三國時期，對兵器又有了“九長九短”的說法。

兩宋時期，民間有了“十八般武藝”的說法。這種說法後來盛行於元代，在元代雜劇中出現，並逐漸在民間被轉化爲“十八般兵器”。由於是產生於民間，所以能夠列入“十八般兵器”中的武器，也是經常變動的，並沒有一個權威的說法。

明代小說《水滸傳》中，對“十八般武藝”的說法是：矛、錘、弓、弩、銃、鞭、簡、劍、鏈、撾、斧、鉞並戈、戟、牌、棒與槍、叉（見於《水滸傳》第二回）。明代中期人的作品中，又把“弓、弩、槍、刀、劍、矛、盾、斧、鉞、戟、黃、鐧、撾、殳（棍）、叉、耙頭、錦繩套索、白打（徒手格鬥）”列爲“十八般武藝”。

明清兩代，各種民間文學、戲曲、評書極爲興盛，產生了曲藝意義上的“十八般兵器”。屢經演變之後，弓、弩等遠射兵器被排除在“十八般”之外，而形成了相對固定的說法，但仍然有兩種。一種影響很大，即評書先生口中的“刀槍劍戟、斧鉞鉤叉、钂棍槊棒、鞭鐧錘抓、拐子流星”，具體指刀、槍、劍、戟、斧、鉞、鉤、叉、钂、棍、槊、棒、鞭、鐧、錘、抓、拐、流星錘。另有一種影響力稍小，但是仍然可以在戲臺上以及練武人的兵器架子上看到，即刀、槍、劍、戟、棍、棒、槊、鏜、斧、鉞、鏟、鈀、鞭、鐧、錘、叉、戈、矛。很多近代武術家和武學門派，都承認這後一種說法。

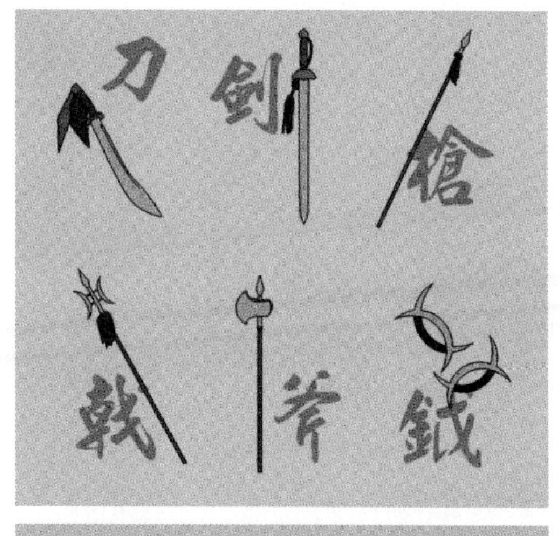

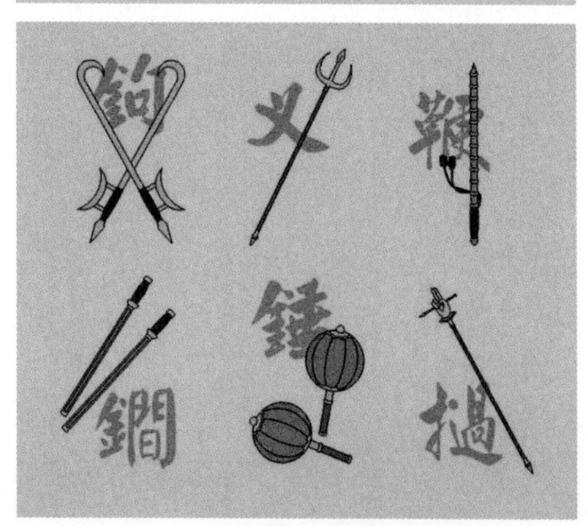

無論是哪種說法最爲權威，需要

指出的一點是，在元明清三代，所謂的“十八般兵器”，更多指的是習武之人所用的器械，代表的是一種武學文化。儘管這些武器都曾經出現在戰場上，但是隨著弓、弩等眞正實用的兵器退出“十八般”的行列，“十八般兵器”的說法也就遠離了戰場。也就是說，雖然在小說戲曲中，“十八般兵器”頻頻出場，威風十足，但實際上與軍事領域的關係已經不大了。

而在今天，“十八般兵器”常用來泛指多種技能，而很少用於確指兵器了。

03

爲什麼“干戈”經常用來指代戰爭

在我們的語言習慣中，“干戈”這個詞是戰爭、爭端的同義詞。像“干戈四起”、“大動干戈”、“化干戈爲玉帛”等等，都是把“干戈”等同於戰爭。那麼，“干戈”是什麼，爲什麼我們要用它來指代戰爭呢？

“干”和“戈”是兩種兵器。干指的是盾牌，戈則是中國古代獨有的一種兵器，這種兵器是在木柄的前端安裝一個橫置的刃，刃的形狀有點像鳥喙，整個戈的式樣則像長柄的鐮刀。戈主要用來勾殺和啄殺敵人，最早的戈是石製的，後來青銅戈盛行於商、周等朝代。有些學者認爲，戈就是由石器時代的石鐮、蚌鐮發展而來，也有些人認爲戈是古人看到鳥類喙的作用而發明的。

戈不僅在“干戈”這個詞中出現，很多與戰爭有關的字，也與戈有關，比如“戰”、“伐”、“武”等。

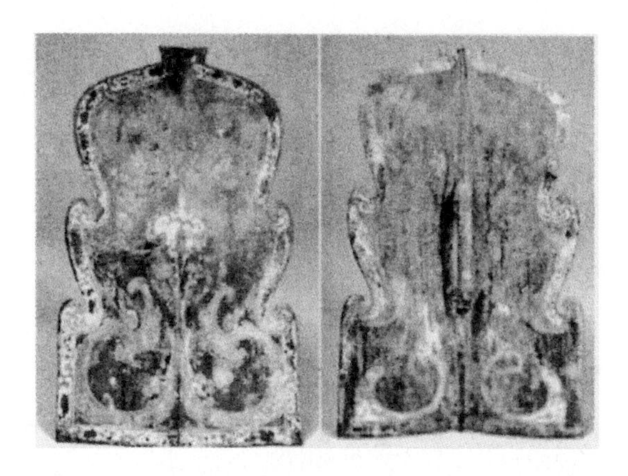

戰國漆盾。表面彩繪，邊緣的造型不僅美觀，而且具有鉤卡住敵方刀劍的功能。

在“干戈”這個詞中，干作爲盾牌，是最早的也是最重要的防護裝備，很具有代表性。但是戈只是古代衆多兵器中的一種，爲什麼用它，而不是用大衆眼中更具有代表性的矛、刀、劍等兵器來表示戰爭呢？

在商、周、春秋等時代，戰車是戰場上的主力兵種，步兵配合戰車作戰。戈比起同爲長兵器的矛更適合車戰。矛的攻擊方式是直線刺擊，戈則是左右揮擊。戰車體積龐大，衝擊力強。步兵用矛的刺擊方式，很難擊中高速奔馳的戰車上的武士，而以揮動爲主的戈，打擊面積比矛大，更容易將戰車上的人打下車去。反之，戰車上的武士，也適合用戈，因爲戈的揮動可以在更大的範圍內打擊步兵。

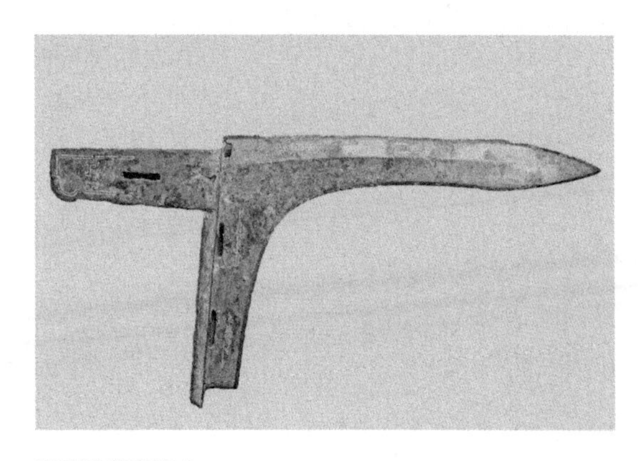

春秋時期青銅戈

當然，作爲短兵器的刀、劍，在車戰中就只能是輔助性武器了。雖然考古發現證明商代已經有了長柄刀，但是目前發現的商周時期的史料中還缺乏長柄刀大規模應用於戰爭的記載。

正是因爲戈具有適合車戰的特點，所以才成爲中華文明早期最重要的武器，並轉化爲戰爭的代名詞。身披甲冑，左手持盾，右手持戈，也成爲當時武士的典型形象。

戰國中後期，騎兵取代戰車，成爲戰場上衝擊力最大的兵種。一人一馬的騎兵，

“卜”字形戟

比起四匹馬拉的戰車，體積要小很多，而機動性則增強了。面對騎兵，左右揮舞的戈就不適用了，由持矛步兵組成的長矛陣，成了阻擋騎兵的最好方式。戈的輝煌時代，隨著車戰時代的消失而逐漸逝去。但是戈依然以另一種方式存在，就是和矛結合成戟。中國古代的戟就是在長矛的尖鋒下面橫置一個戈刃，整體呈“卜”字型，既能刺擊又能勾啄。戟曾經在漢代三國時期盛行，隋唐時期逐漸消失。在戟消失之後，戈就徹底告別了軍旅，只給我們留下了許多與戈有關的文字和詞語。

04

“五兵”指的是什麼

漢語中，除了用“干戈”來代表軍事以外，還經常出現的一個詞是“五兵”。這個詞在先秦文獻中常有出現，後世也可作爲兵器的泛稱，或者是對戰爭、武力的另一種說法。

通常來說，“五兵”指的是《周禮》中出現過的“五兵五盾”之說，按照鄭玄的注解，五兵指的就是戈、殳、戟、酋矛、夷矛。戈和戟我們前面解釋過了，殳就是安裝了金屬頭的木棒。夷矛就是長矛，酋矛則是一種短柄的矛。這主要是指車戰用的。而步戰的“五兵”，則去除夷矛，加入弓矢。

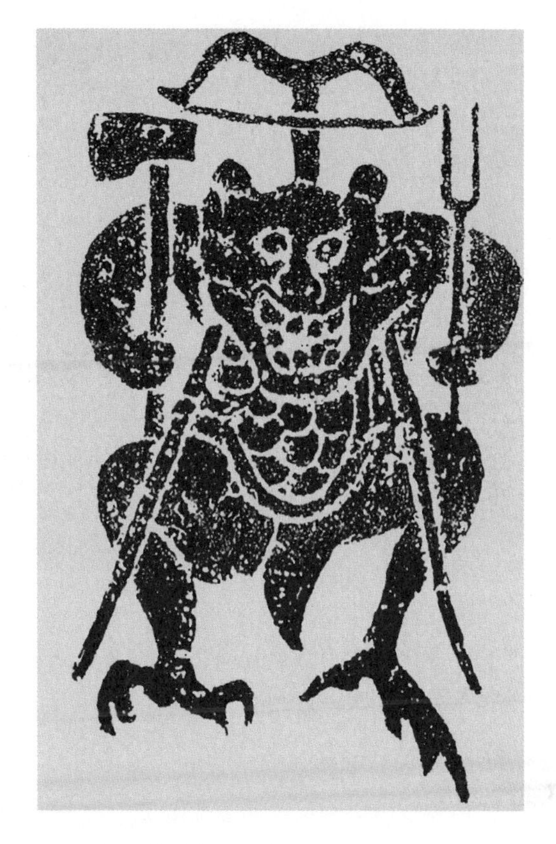
山東出土漢代畫像石中執五兵的蚩尤形象

此後，五兵的含義逐漸變化。在先秦時期，五兵還用於確指某五種兵器，但是到了秦朝以後，五兵就變成泛指了。

如果我們從軍事史的角度來看，“五兵”反映的主要是青銅時代的兵器狀況。中國的青銅兵器種類繁多，不過用的最多的還是長柄的戈、矛、戟等。這一時期，爲適應車戰的需要，長柄兵器往往都要遠遠長於後世。從考古發掘來看，戰國時期的長矛，可以達到四米半以上的長度。而從一些文獻記載來看，似乎還有更長的。使用這樣長的武器，主要是因爲戰車的體積龐大，武器短了根本沒法用。而步兵用的武器，就沒有這麼長。

“五兵”反映的是常用武器，而除了這些常用兵器之外，還有很多其他的武器，比如作爲刑具和儀仗用具的青銅斧、青銅鉞，作用類似於長矛、外形有點像長柄劍的青銅鈹，以及殳的“加強版”銅錘（也就是把殳的金屬頭做大）。

既然當時的兵器有這麼多種，爲什麼要特意選出五種呢？除了這五種是最常用的兵器以外，還和“五”這個數字有關。“五”在中國是一個很重要的數字，比如我們有“五行”、“五方”、“五色”、“五音”、“五味”等等，甚至在一些歷史人物、事件上也要湊齊“五”這個數，比如“春秋五霸”。據說因爲人的一隻手掌有五指，所以“五”這個數字就代表了全面、完整。也正因爲如此，“五兵”這個說法就可以泛指全部的兵器。

以“五兵”爲代表的青銅兵器，在中國應用了很長時間，技術上也越來越成熟。直到漢代，青銅兵器才全面被鐵兵器取代。

05

爲什麼鐵製兵器在中國普及得比較晚

中國人發現和使用鐵的時間，並不算晚。從考古資料中發現，早在西元前14世紀的商代，中國人就已經製作了一些鐵質工具了，不過那個時候的鐵主要是隕鐵。考古發現證明西周時期中國已經掌握了鐵的冶煉技術，鐵製兵器也已經出現，但是普及卻是很晚的事情。一直到春秋時期，中國人還是以青銅作爲主要武器。戰國時期，鐵製兵器終於得到了比較大規模的應用，但是卻仍然無法取代青銅兵器。直到漢代，鐵製兵器才全面取代青銅兵器。和世界上其他古代文明相比，我們使用鐵製兵器的時間要晚得多。

根據史書的記載，在春秋時期，青銅被稱作“美金”，是高檔金屬；鐵被稱爲“惡金”，是低檔金屬。青銅被用來製作兵器，而鐵則只能用來製作農具。按照我們一般的理解，鋼鐵比青銅要輕便鋒利，而且也有更好的強度，正是用來做兵器的好材料，但是在中國，鐵卻長期被青銅壓制，難以擺脫“二等公民”的待遇。

爲什麼古代中國人掌握了冶鐵技術，卻遲遲不願意用鐵來製作兵器呢？這當中的主要原因有兩個。

一是鐵的冶煉難度要高於青銅，不同的鐵礦石中雜質的含量不同，就形成了不同品位的鐵礦。一般來說，含鐵量在50%以上的鐵礦石，叫做富鐵礦；低於50%的叫做貧鐵礦。從我們現在的勘探得知，中國大陸的鐵礦以含鐵30%以下的貧鐵礦爲主，幾處富鐵礦大多是近些年來才被發現的。以當時的勘探技術，古人發現富鐵礦的機率很低。貧鐵礦中含有大量雜質，冶煉的難度非常大。古人發揮自身的聰明才智，研究出了很多去除鐵中雜質的辦法，但是想要把雜質含量較高的鐵礦石製造成強度、韌性都合格的鋼鐵兵器，還是要花很大的功夫，成本很高，所以我們有“百煉成鋼”這樣的諺語，以形容打造好鋼的不易。而農具對於韌性、硬度等方面的要求要低很多，所以用一些雜質較多的鐵來製作農具，對於生產的影響倒不是很大。對比來看，那些較早使用鐵的古代文明，接觸到的鐵礦石相對來說含鐵量要高一些，冶煉也更容易一些。

二是中國古代青銅冶煉技術十分發達，對鐵器的需求就沒有那麼緊迫。中國有著輝煌燦爛的青銅器文明，不僅較早就掌握了把銅、鉛、錫一起鑄成青銅合金的技術，而且還很早就探索出不同的銅、鉛、錫比例適於製造不同的器物。根據對考古發掘出的古代青銅兵器的研究，有些青銅兵器的硬度、韌性，甚至不遜於現代的普通鋼材。有學者考證，戰國時期已經出現了複合式青銅劍，就是一把劍的劍柄和劍脊用含錫量較低的青銅製作，而劍刃和劍峰則用含錫量較高的青銅，這樣製作的劍，韌性和堅硬鋒利的特點兼而有之。尤其讓人驚奇的是，有些青銅兵器居然還有很好的抗銹蝕性，比如在湖北出土的越王勾踐劍，在地下埋藏兩千餘年居然光亮如新，鋒利如故。這樣的青銅兵器，比起冶煉技術並不成熟的鐵製兵器，無疑具有很大的優勢。相比而言，很多早期西方文明，因爲缺乏來源穩定的錫礦，所以製造出的青銅兵器含錫量低，硬度不足，他們較早使用鐵製兵器，也就是順理成章的事情了。

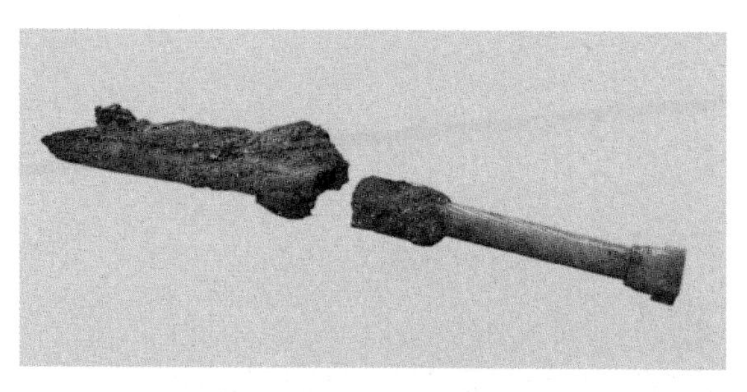

西周晚期玉柄鐵劍，它的發現，把中國冶鐵史向前推進了200年，稱的上是“中華第一劍”。

雖然中國的鐵製兵器使用較晚，但是進步卻很快。秦朝統一六國時，軍隊仍以裝備青銅兵器爲主，但是當時東方六國已經大批量裝備鐵製兵器了。後來古人又發明了多種鋼鐵冶煉方法，終於促進了鐵製兵器全面取代青銅兵器。

06

劍在古戰場上的作用有多大

劍指的是一種直身、尖鋒、兩刃的短兵器。在進入青銅時代之後，劍就是各個古代文明都普遍使用的武器。

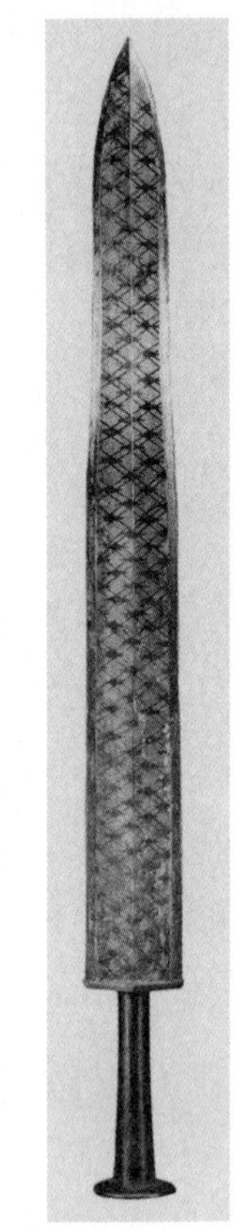
越王勾踐劍

中國的青銅劍已經有不少被發掘出土，目前發現的最早的青銅劍是商代製造的。春秋戰國時期，銅劍有了很大的發展，最典型的就是經常在各種傳說中看到的“干將”、“莫邪”等吳越地區的青銅劍。中國的青銅劍大體形制都差不多，劍柄和劍身一體鑄造，劍柄呈圓柱型，劍身橫截面是菱形，在劍柄與劍身連接處有格。

春秋晚期鑄造的越王勾踐劍，全長55.7釐米，錫含量高達18%，是這個時期青銅劍的代表。青銅中加錫越多，硬度越高，但是相應的韌性就會下降。所以這個時期的劍雖然鋒利，但是韌性不好，也無法打造得很長，因爲長了容易折斷。而戰國晚期和秦代的銅劍，樣式上基本沒有大的變化，劍身採用合鑄法，錫含量在劍脊處較低，鋒刃處較高，很好地實現了鋒利與韌性的結合，因此可以把劍做得很長，達到90釐米以上，而且不易折斷。

目前發現的最早的鐵劍是西周晚期的玉柄鐵劍。西周、春秋戰國的鐵劍，也時有出土。戰國時期的鐵劍就已經達到了一米以上的長度，這樣的劍，已經可以稱爲“鋼劍”了。到了漢代，煉鋼技術又有了進步，打造的鋼劍更加鋒利，一度成爲騎兵的重要裝備。

可以說，一直到東漢以前，劍的材質雖然由青銅變成了鋼鐵，但是大體形狀沒有改變，而且一直都是戰場上普遍應用的近戰衛體兵器。當然無論是青銅劍還是鋼鐵劍，都不是戰場上的主要武器，但是發揮的作用不可低估。爲了實戰需要，劍變得越來越長，而且劍刃也很寬，適合作爲砍殺刺擊的兵器。

西漢中期以後，更適合騎兵使用的環首鋼刀在軍隊中推廣，鋼劍就逐漸被取代。

晉代以後，劍就很少出現在戰場上，而是作爲儀仗、配飾來使用。這種不用於作戰的劍，劍身逐漸變窄變薄，重量變輕，而附著在劍身上的裝飾物則越來越多。這樣的劍，不出現於戰場，但是卻給文人墨客們帶來了很多談資。很多武俠小說中，劍的出場頻率也非常高，給人們一種大俠都是用劍的感覺。其實，這主要是因爲關於寶劍自古就有很多傳奇故事，而且劍本身輕盈靈活，正是習武者練習套路的好器具。

進入鐵兵時代以後，刀完全取代劍成爲近戰兵器，劍則成爲禮儀中的象徵性武器。

《列女仁智圖》中佩劍士人形象。早期封建職官等級服制的要求，使得佩劍成爲士人身份的象徵，進而形成一種劍配君子的文化傳統。

總的來說，劍曾經是古戰場上的重要武器，主要用於近身砍刺。後來隨著刀的發展，劍在這方面的作用就讓位給了刀，從而“退居二線”，變成了裝飾品。如果做一下對比，就會發現，古代的歐洲則一直把劍作爲砍殺、刺擊武器，他們的劍發展出了很多種，有的越來越寬大、厚重，成了步兵的重要武器，而有些則向著特殊功用的方向轉變。西方的劍一直沒有脫離戰場，這是與中國最大的不同之處。

07

古代的刀是什麼樣子的

商代青銅大刀

中國古代的刀同樣出現在商代，早期的刀是一種劈砍武器，刀身寬大厚重，裝在木柄之上，有長柄和短柄之分。西周和春秋戰國時期，青銅刀有一定的發展，但是在戰場上的應用並不多。

到了西漢，出現了一種鋼鐵製造、極爲鋒利的刀，叫做環首刀。這種刀和一般意義上的古代大刀不同，它雖然也是一面開刃，但是刀身是直的，長度可以達到一米以上，刀身較窄，但是很厚，刃部薄而鋒利，既可以劈砍又可以擊刺。刀柄首部有一個扁圓型的環，因此得名環首刀。這種刀具有較好的殺傷力，重量較輕，比較靈活，成了漢代騎兵最喜歡用的格鬥武器。漢末三國時期，煉鋼技術進一步發展，鋼刀的產量大增，而且出現了經過反覆鍛打製造出來的“百煉刀”。當時有一部分步兵就是一手持環首刀，一手拿盾牌的刀盾兵。

到了唐代，環首刀發展成爲著名的唐代橫刀。橫刀仍然是直體單刃，整體樣式與環首刀相似，只是多了刀身和刀柄之間的一個橢圓形的格。橫刀也叫佩刀，有

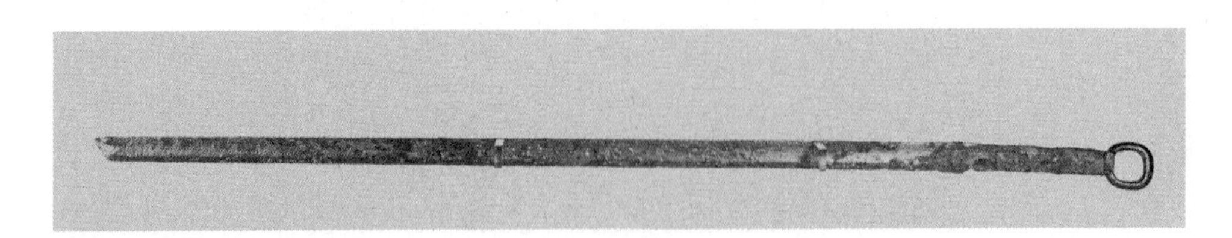

漢代環首刀

些資料說唐代士兵人手一把橫刀，唐代橫刀的製作工藝複雜，所用的材料也是精挑細選，所以價值不菲，不知能否真的做到人手一把。後來非常有名的日本刀，就是吸收唐刀技術成果，又加以改進製造出來的。不過非常可惜的是，唐刀製作方法在宋代就已經失傳，而日本刀的製作方法則保留下來了。

唐代陌刀是一種兩刃三尖的長柄刀

唐代還有一種長柄的陌刀裝備部隊，是主戰武器。陌刀長三米左右，刀身似劍，雙刃，尖部鋒利。很多藝術作品中的"三尖刀"，就是以陌刀爲原型。陌刀是一種很獨特的武器，既能像長矛那樣擊刺，也能作爲長柄刀砍殺。

宋代是長柄大刀的輝煌期，種類繁多，名稱也讓人眼花繚亂。宋代軍事著作《武經總要》，記載了十幾種刀的形制。很多我們在戲臺、小說中看到的刀，都能從這裏找到源頭。宋代主要用長柄刀對付騎兵，尤其是對抗金軍的重甲騎兵，一般把這類刀稱爲斬馬刀。與宋朝同時，北方的金政權出現了一種刀尖上挑、刀刃呈弧狀的短刀。

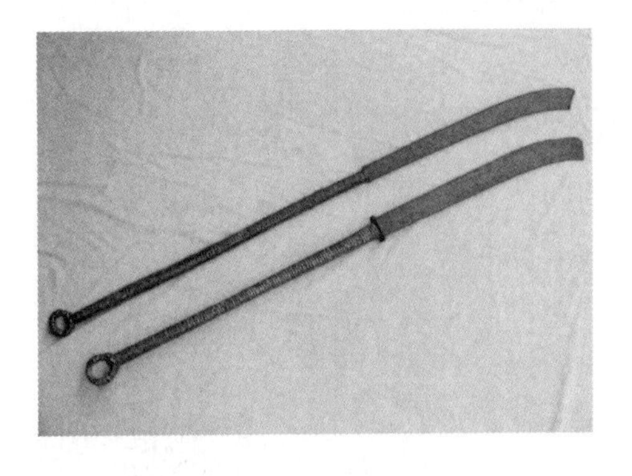

赫赫有名的宋代樸刀。爲"樸刀杆棒"揚名的名著《水滸傳》，將樸刀這一宋代民間防身格鬥利器的威猛迅疾刻畫得淋漓盡致。

清代官造雁翎雙刀

太平軍大刀。與官刀逐漸趨於象徵性儀式兵器的發展道路不同，這種大刀在民間繼續發揮著近戰搏殺的效能，這就是俗稱大刀片的大刀，一直沿用到抗戰時期，爲抗擊日本侵略者發揮了重要作用。

明代與宋代相似，都面臨北方少數民族政權的威脅，所以長柄刀在這個時代繼續得到發展，形制上與宋刀區別不大。在短刀方面，出現了著名的雁翎刀，主要給騎兵使用。這種刀與金代刀都是弧形刃，而且可以挎在腰間，也被稱爲腰刀。這種刀已經類似於中國大刀了，但是刀身依然比較平直，只在刀尖處略微上挑。

清代軍隊依然裝備長短刀，其中短柄刀的外形，已經和中國大刀一樣了。刀頭寬厚，刀身在接近刀柄處逐漸變窄，刀柄較長，可以雙手握持。柄首還有一個扁圓環，可見西漢環首刀的影響一直延續。不同於其他古代刀劍，我們只能借助古籍來描繪它們的作用，這種大刀，一直到近代都是軍隊中的重要裝備。抗戰時期，國共雙方都有裝備大刀的“大刀隊”，也爲抗擊日本侵略者發揮了重要作用。不過這也從一個側面顯示出我們裝備落後的無奈。

08

什麼武器在古代戰場上用得最多

雖說中國民間有“十八般兵刃”的說法，但是如果一支軍隊眞的裝備這麼多種武器，那肯定是要亂套的。不過人們看了很多歷史小說、演義，總是覺得武器種類多了就很熱鬧。另外，受到武俠文化的影響，大衆有意無意的都把那種上天入地的武術和戰爭聯繫在一起，誤認爲一些新奇的兵器能上戰場發揮威力。

無論是東方還是西方，古戰場上使用最多的武器就是長柄的矛、槍、戟這一類。即使是相對較短的劍，也大多沿著越來越長的方向發展。當然，這裏面也有例外，比如羅馬軍團就以裝備短劍而聞名。

戰國青銅矛

具體到中國古代戰場上，出場率最高的武器就是各種長

先秦時期稱霸戰爭的兵器——戟，先爲青銅武器，西漢時期爲鐵質。

柄兵器，比如長矛和長戟。中國古代也曾經有過長柄戈，不過這種兵器隨著車戰時代的結束而淘汰了，很早就退出了戰場。

戟是戈和矛的混合體，同時具有戈和矛的用途，也是在車戰時代大行其道。不過戟的命運要比戈好，在兩漢直到南北朝，都是軍隊中主要的作戰武器。戟還發展出了很多種類型，除了長柄戟，還有短柄、用於投擲的戟。爲人們所熟知的三國時代，就有很多武將喜歡用戟，比如董卓曾經和呂布生氣，就用短戟投擲呂布。曹操手下的猛將典偉，既會使用大戟，又會投擲短戟。

戟在南北朝時期仍然是重要的兵器，但是形態上發生了變化：戟的小枝，也就是戈的那部分，轉向前方，成爲了另一個槍刺。這樣的戟，看起來更像叉子。隋唐時期，由於矛的殺傷力越來越強，而戟這種兵器不再有優勢，於是就徹底退出了歷史舞臺。

長柄、尖頭的刺擊武器，就是矛。最早的矛是木矛，也就是把木棍的一端削尖，能夠用來擊刺就行了。後來有了石矛、骨矛、角矛等等，就是把石質或是骨、角製成的矛尖綁在長柄上使用。

以後出現的青銅矛和鋼鐵矛，也是在長柄上加上一個尖頭，只是這個頭的形狀、材質有所區別而已。在車戰時代，矛的重要性不如戈、戟。戰國晚期，青銅矛基本被鐵矛取代，漢代人還給矛加一些能起額外傷害的倒刺之類的部件。

無論是青銅矛還是早期鐵矛，外形都比較規範，矛頭越來越長，截面呈菱形，尖端鋒利。矛杆的材料不是普通的木棒，而是採用“積竹法”製造，就是以硬木爲芯，外包竹片，然後用絲或藤纏緊，再髹漆。這樣做出來的矛杆，硬度和韌性都很好，適合作爲武器。這種柄在長柄兵器上很普遍。

唐代的矛，矛頭減小，更爲輕便，使用的靈活性增加。從這時起，矛就逐漸被稱爲槍。槍桿的材質也在變化，尤其是白蠟杆的應用，槍桿的彈性大大增加。我們在很多小說中看到的那些大槍要得亂舞的描述，就是指這種裝了白蠟杆的槍。

宋代以後的槍，花樣更多，槍頭的形狀多變，而且有些帶有倒刺、鉤刺等等。大致上分爲步兵槍、騎兵槍和守城槍，明清的槍雖然樣式越來越多，但是基本也是延續宋代的思路。

關於矛和槍的區別，有一種說法認爲，矛的形制比較單一，使用較爲粗大的杆，重量大，尤其適合步兵們使用，在戰場上排成密集的長矛陣，很有震撼性。而槍相對輕巧，講求個人技巧，使用的方式也更多樣。

矛、槍類武器，在國內革命戰爭時期還在使用，甚至抗戰時期的一些民兵組織，因爲沒有足夠的槍械，也有很多人只能用長矛。當然這個時候就不能指望長矛在戰場上發揮多大的威力了。

09

關羽眞的用青龍偃月刀上過戰場嗎

一說到武聖人關雲長，我們很自然的就會想到那把讓敵人聞風喪膽的青龍偃月刀。除了關羽之外，很多猛將都有代表他們特點的武器，比如人們耳熟能詳、津津樂道的呂布的方天畫戟、秦瓊的雙鐧、李元霸的一對大錘，等等。在各種話本小說中，這些武器頻頻出現，是猛將的象徵。可是，這些武器眞的是用在實際戰場上的嗎？

眞正應用於戰場的武器，往往都有標準化、通用化的特點，比如現代軍隊中，一個國家的步兵往往都裝備同一種步槍，這是爲了後勤保障和戰術安排的方便。古代雖然比不了現代的標準化大規模批量裝備，但是大體的思路也差不多。一般來說，冷兵器時代士兵們使用的最基本武器就是矛或槍，而衛體近戰則用刀劍。在一些特殊情況

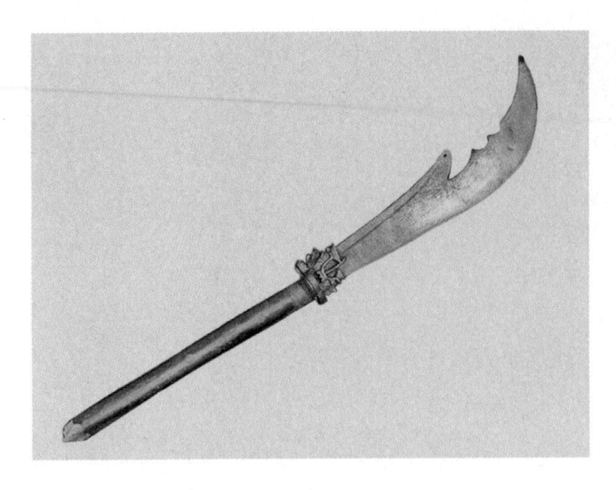
明代的青龍刀。青龍偃月刀其實是不折不扣的明代長兵器，漢代尚未出現，不可能是關羽兵器。

下，比如當年岳家軍面對重甲騎兵，就使用長刀破敵。總的來說，武器追求的是輕巧、鋒利、堅固，所以歷史上一些喜歡衝鋒陷陣的猛將，使用的武器也以矛、槍這類擊刺武器爲主，因爲這類武器輕巧而且殺傷力大，使用方便。

其實很多小說演義當中的名將，也都是用槍作爲武器，這是符合事實的。

《三國演義》中關羽使用的青龍偃月刀，則是一種過於“超前”的武器。這種刀的原形是宋、明等朝代作爲儀仗用的兵器“掩月刀”，或稱“偃月刀”。這是一種長柄武器，刀頭的重量很大，重心靠前，使用時極容易失去平衡。而後漢三國時期，馬鐙還沒有發明，馬上的騎士完全要靠雙腿夾住馬腹，才能保證不掉下馬。這樣，雙腿沒有著力點，身體基本處於半懸空的狀態下，騎士根本無法使出全力。在力量不夠的情況下，長柄大刀這種以砍殺爲主、重心不易控制的兵器就非常不適用。所以在戰場上關羽的武器肯定不是那把偃月刀。與之類似，像斧、鉞這類砍殺型武器，效率還不如大刀，雖然曾經在某些時代得到一些應用，但是大多數都只是作爲儀仗用具或是刑具。

至於錘、鐧這類沒有刃口的武器，在戰場上殺敵效率也很低下。雖然這類武器看似力道十足，也能造成敵人骨折和內出血，在面對穿重甲的敵人時有一定的效果。但是綜合考慮武器的殺傷力和便捷性，顯然不如直接造成出血的矛、刀等兵器。尤其是這類武器對使用者的要求很高，又比較笨重，總之屬於費力不討好的東西。除了一些特殊情況或是個別猛將使用之外，很少應用於戰場，與之類似的還有棍、棒、鞭這一類武器。當然，有些重視蠻力的少數民族士兵喜歡用這類武器，但是他們也會在棍棒上加上釘子做成狼牙棒，以增強殺傷力。

明代畫家繪製的《關羽擒將圖》，其中關羽的形象直接脫胎於明代《三國演義》。

戟是一種古代很常見的兵器，但是僅限於魏晉以前。而且眞正應用於戰爭的戟，和我們印象中的那種“方天畫戟”有著很大區別。歷史上呂布用的戟，或者說眞正用於實戰的戟，是戈和矛的混合體，即在矛尖的一側伸出一個起勾啄作用的小枝，整體呈“卜”字形。這種戟在春秋戰國時很流行，秦漢時期逐漸衰落，魏晉時期外形逐漸改變，隋唐時期就慢慢消失了。小說演義中呂布用的畫戟，是在長槍的槍尖兩側加裝月牙形的刃。這種兵器在宋代的《武經總要》中還稱爲戟刀，而在明代的一些資料中，就被直接稱爲戟，以至於成爲後世被大多數人認可的戟。這種戟在明代有一定的應用，但是主要還是儀仗用兵器。

總之，武器的發展基本是沿著越來越輕巧、實用、殺傷力強的路線前進的，而不是追求新奇和多樣化。從某種程度上說，我們常說的“十八般兵刃”，大部分也都是儀仗用或是特殊場合作戰用武器，眞正普遍應用於戰場的武器一直也就那麼幾種。

10

弓是如何由狩獵工具演變爲兵器的

冷兵器時代的戰爭，決定戰爭勝負的基本都要靠肉搏，但是遠射兵器也依然十分重要。中國自古即有“兩軍交鋒，以弓矢爲先”的傳統，弓是古代重要的遠程打擊兵器。

弓最早是作爲狩獵工具發明的，它的發明極大提高了人類狩獵的成功率和安全性。幾乎所有的古代人類文明，都知道製作和使用弓箭，應該說弓箭是各民族獨自發明的。具體到中國，傳說是黃帝發明了弓箭，而考古發現最早的弓箭來自距今約三萬年前的石器時代，這已經遠遠早於傳說中的黃帝時代。當然那個時代的弓比較簡陋，箭簇（即箭頭）都是石製，而弓則只是簡單將木或竹彎曲上弦而成。

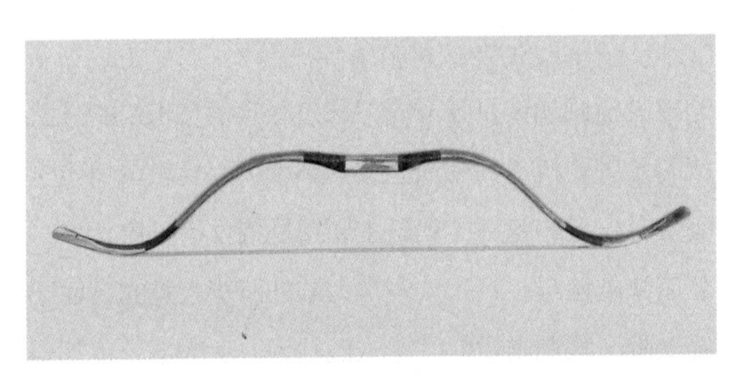

蒙古式複合弓

在距今五千多年前的大汶口文化遺址中，發現了一具成年男性的骸骨，手中握有武器，而在其大腿骨上則嵌入一枚骨製箭簇。這是弓箭用於人類之間爭鬥的直接證明，也說明這個時候弓箭已經不僅是狩獵工具，而且是兵器了。

製弓技術發展到成熟的標誌是複合弓的出現。複合弓是一種用不同材料粘合在一起製作的弓，可以綜合各種不同材料的性能優勢，使弓無需做得很大就可以射得很遠。西方認爲複合弓是埃及法老拉美西斯二世發明的，時間大概在西元前14世紀。而中國的考古資料表明，商代晚期中國就已經有複合弓了。

春秋戰國時期，中國已經有了非常成熟的複合弓製作理論。古籍記載，製弓需用“六材”，也就是“干、角、筋、膠、絲、漆”。其中“干”是弓的主體，選用彈性好的木材或竹片，經過長時間的技術處理而成；“角”是用整片的牛角片，附在干上，起了加強力道的作用；而“筋”則選用牛脊背上的大筋，也是經過多道工序加工而成，起了增強彈力的作用。其他三種材料，則主要起粘合、加固等作用。一把好的複合弓需要兩到三年的時間才能製成，工藝十分講究。

複合弓的射程很遠，開弓所需的力量也很大，所以古代多用幾斤、幾石來表示開弓的力量。歷史上很多猛將都能拉開幾百斤的硬弓，射程可以達到三百米。當然，一般的射手只能把箭射到一二百米以外。

蒙古軍隊西征時，使用威力強大的複合弓爲武器，給當時的歐洲人帶來很大震撼。據西方史料記載，蒙古騎兵用的複合弓，射程可達二百多米，很多歐洲騎士就在蒙古軍的弓箭下吃了大虧。

明代因爲火器的大量使用，對弓的重視有所降低，但是軍隊中仍然大量裝備弓箭。清朝八旗軍隊把騎射作爲看家本領，也非常重視弓箭的作用。不過此時歐洲的火器技術突飛猛進，早已把靠人力發射的弓箭甩在了後面。

雖說隨著火器時代的來臨，弓已經落後於時代，但是除了當時的歐洲軍隊之外，完全放棄弓箭的軍隊並不多。而在中國民間，到現在還有很多人延用古法製作弓箭，用來打獵。

射箭也是現代奧運會正式比賽專案，不過射箭運動的弓，用的是現代高分子複合材料弓片，這種弓也被稱爲複合弓，但和古代的複合弓已經不是一個概念了。

11

弩是什麼時候出現的

弩是一種裝有弩臂和弩機，能夠不用手臂而保持張弦狀態的弓。古人在製作弓的過程中，發現弓的力量增加是有一定限度的，那就是弓手的臂力。弓的力道過大，普通的射手就拉不開；即使是訓練有素、臂力出衆的射手，力量也有上限。可是弓的力

漢代畫像石中張弩的武士

量不增大，射程就不能增加，威力自然也受限制。

在這樣的情況下，古人給弓裝上一個木質的臂以及弩機，借助弩機來鉤住弓弦，把張弓和發射分解爲兩個動作，這樣就實現了延時發射。而且由於張弦與發射兩個動作分離，所以張弦就可以不止用臂力，完全可以用全身的力量，甚至可以借助畜力以及各種機械手段。

目前關於弩的最早的文獻記載和考古實物，都出現在中國。學者們發現了一些距今四五千年前的角、骨、蚌製的形狀特殊的穿孔片，與少數民族用的簡易弩機極其相似。中國先秦文獻中也不難發現弩的蛛絲馬跡。公認的對弩的最早文獻記載，是中國軍事名著《孫子兵法》。書中提到“甲冑矢弩”、“勢如彍弩，節如發機”，這都是當時戰爭中普遍使用弩的明證。孫武本人是春秋末年人，大概活動於西元前500年左右。關於《孫子兵法》具體成書時間、是否是孫武親自寫的，這些問題還有爭論。不過考古發現可以證明春秋時期已經有了青銅製作的弩機。弩機由金屬製作，就可以承受力量更大的弓，由此弩的威力開始成倍增加。

關於弩在戰場上大規模使用的最早記錄，是《史記》記載的齊魏馬陵之戰，發生在西元前342年。當時齊軍一萬名弩手埋伏在馬陵狹道的兩邊，等魏軍進入射程之後，萬弩齊發，魏軍損失慘重。主帥龐涓無奈之下，自殺身亡。

由於弩的威力強大，所以在戰國時期得到了極大的推廣。史料記載中，形容某國士兵的強悍，常常用能開多少石的弩爲標準。而且，戰國時期的弩最大的進步是出現了需要靠雙腳踩踏上弦的“蹶張弩”。這是一種利用全身的力量來上弦的弩，射程遠遠超過靠手臂上弦的弩，以及單純靠雙臂拉開的弓。從此以後，弩就奠定了相對於弓的射程優勢。

在秦始皇陵發掘出很多弩的遺物，經過科學家的還原複製之後，可以看出，這個時候的弩形制已經非常完備，弩機的形狀也已經固定。後世的弩雖然在射程和威力上逐漸提高，但是大體的外形，都與秦弩相似。

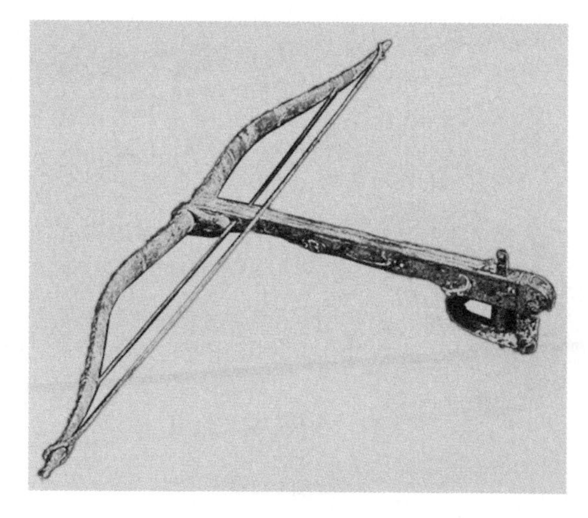

秦復原弩

弩是一種生命力很強的武器，即使在近代火藥武器普及之後，弩仍然在戰場上出現，而且並不僅僅是裝備那些落後的軍隊。直到第一次世界大戰期間，弩還在塹壕戰中有零星的使用。二戰之後，隨著近代材料工藝的進步，有了現代高分子複合材料作弩弓，弩又煥發出了新的活力。在各國特種部隊、特警部隊的裝備序列中，都能發現弩這種武器。相對于現代槍械，弩在某些方面還有優勢，適合一些特殊場合使用。而射弩雖然不是奧運會比賽項目，但是各國民間都有不少愛好者。看來這種古代武器的生命力，還將延續下去。

12

弩的威力有多大

弩作爲一種能夠延時發射的弓，理論上它的發射力量可以做到無限大，而無需像弓那樣受限於臂力。正是因爲弩有這個特點，所以中國的弩自古就發展成了兩個系列：一是單人就可操作的單兵弩，另一個是以多人的力量、甚至牲畜的力量來上弦的大型床弩。

從中國的古籍上看，弩的威力是很驚人的，這集中體現在弩的射程上。這裏需要

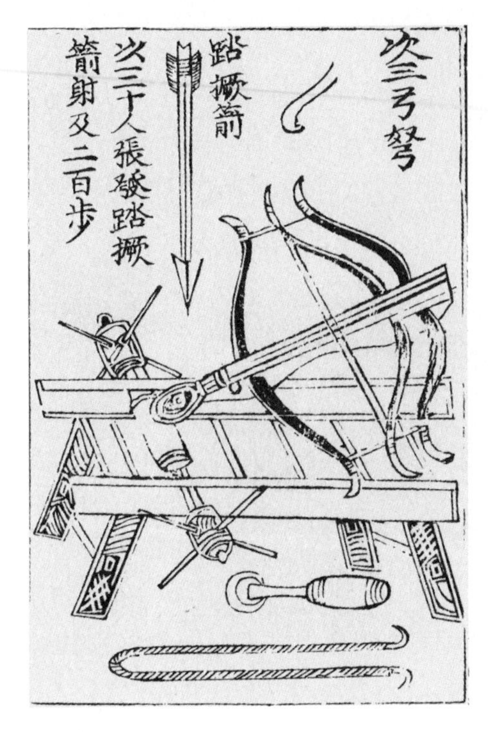

三弓弩

說明的是，古書上對弓弩的射程，都是用“步”爲單位來表示的。而“步”這個單位，到底折合今天公制的多少米，則說法不一。周代以八尺爲一步，秦漢以六尺爲一步，後來又規定五尺一步，兩步爲一丈。各個朝代的尺也不一樣，西周時期一尺大概不到二十釐米，秦漢則爲二十三釐米，宋明以後的尺則超過三十釐米，接近我們今天的市尺。另外，各朝代基本都規定以三百步爲一里。

以這樣算來，古時的一步大概在1.3米到1.6米之間。不過按照常識我們也知道，一個成年男子邁一步大概只有70~75釐米，恰好是古代一步的一半。這是因爲古人所說的步，是“舉足一次爲跬，舉足兩次爲步”，也就是一個人只邁出一步的距離，被稱爲跬；而左右腿各邁出一步的距離，才被稱爲步。當然也有少數情況下，人們把跬也稱作步，或者稱爲小步。

瞭解了計量單位，再看中國古代的強弩。《戰國策》中描述韓國的強弩，能射六百步遠，換算成公制，就是八百四十米。這樣的數字非常驚人，或者說超過了單兵作戰的極限。所以，這或許是當時一些遊說之士們有意誇大，也可能是這種弩並非一種單兵操作的弩，而是重型的床弩，又或者這裏是用小步爲計量單位。從復原的秦弩來看，當時單兵弩有效射程在二百米左右。

單兵弩按照張弦方式的不同，大致分爲臂張弩和蹶張弩（踏張弩）。臂張弩仍以手臂的力量張弦，威力比起弓來沒有明顯優勢。蹶張弩則以腳踏住弩弓（或弩弓前面的踏環），雙手拉動弓弦，這樣就可以把全身的力量應用上去，所以單兵用的勁弩都是蹶張弩。中國古代威力最大的單兵弩是宋朝的神臂弓，按照史書記載，神臂弓最大射程可達三百四十步，合今天的五百二十米。宋朝勁弩射出的箭可以在遠距離穿透金軍騎兵的重甲，在南宋抗金鬥爭中起了很大作用。

宋代的大型床弩也發展到了頂峰。在宋以前，這種大型弩被稱爲車弩，用巨木做弓，弩臂長度在兩米以上，要用絞車來上弦，發射一種類似長矛的巨箭。宋代把這種弩發揮到了極致，不僅用巨木做弓，而且往往多弓並聯，有雙弓弩、三弓弩甚至四弓弩。一次發射很多枝箭，其中一枝是形似長矛的主箭，其他的則是較小的箭。弩弓的力量極大，有的需要百人來上弦，或者是用八頭甚至十頭牛來拉開弓弦。史書記載，北宋早期的床弩射程可以達到七百步，後來經過改進，最遠可達一千步，合一千五百多米。即使按照小步來計算，射程也有七百五十米以上。在蒙古軍隊西征的時候，也用了從中原帶過去的床弩，床弩的巨大威力和超遠射程也可見於阿拉伯學者筆下。

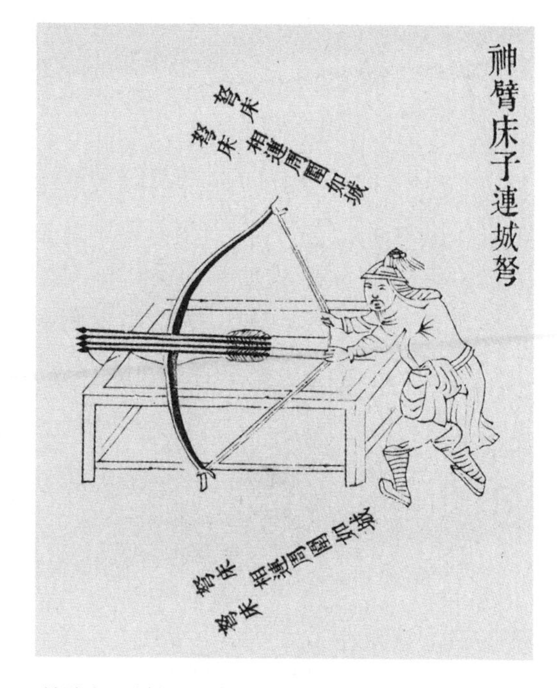

神臂床子連城弩

床弩是有記載的射程最遠的冷兵器，然而它雖然威力巨大，但是過於笨重，操作繁瑣，耗費人力畜力過多，射速太慢。所以床弩多用來作爲攻守城的器械，而不能用來野戰。

明代的弩仍得到了較大發展，但是隨著火藥武器的進步，弓弩的地位逐漸下降。清代已經不把弩列爲軍隊制式武器，即使偶有使用，也是一些輕型弩，其威力比起以前的強弩來，就不值一提了。

13

爲什麼小說中的大將都用弓卻沒有人用弩

中國以歷史爲題材的古典小說很多，而且大多數都是描寫亂世戰爭的，最典型的就是《三國演義》。在這些小說中，都著重描寫了一些武藝高強的猛將。“弓馬嫻熟”是形容武將的常用詞語，射箭技術是描述武將才能的重點。比較有意思的是，弓和弩都是軍隊中的重要武器，可是小說中的武將所用的遠射武器，大多數都是弓（個別的有一些奇特的投擲武器），卻從沒有哪個武將善於用弩。這是怎麼回事呢？

這裏要說說弓和弩各自的優勢和缺陷。弩與弓相比，威力更強，射程更遠，而且由於弩的上弦和射擊過程分開，所以瞄準與發射都比較容易，一個普通的農夫經過一段時間的訓練，就能夠掌握。

受限於臂力，弓的射程比不了弩。亞洲地區常見的複合弓，射程一般都在二百米左右。歐洲流行單體弓，最著名的單體大弓是英國長弓，用一整根紫杉木製成，曾經被傳說得很厲害，其實現代實驗證明射程也不過是二百五十米左右。而一般的單兵蹶張弩有效殺傷距離都可以達到三百米（當然很多戰例表明，單兵弩的作戰距離也多在二百米以內）。而且一名好的弓箭手的訓練難度要遠遠大於弩手，張開硬弓，瞄準射箭，這對力量和技巧的結合要求很高的。古時訓練一個優秀弓箭手往往需要很長時間，因而優秀的弓箭手數量總是比較少的。

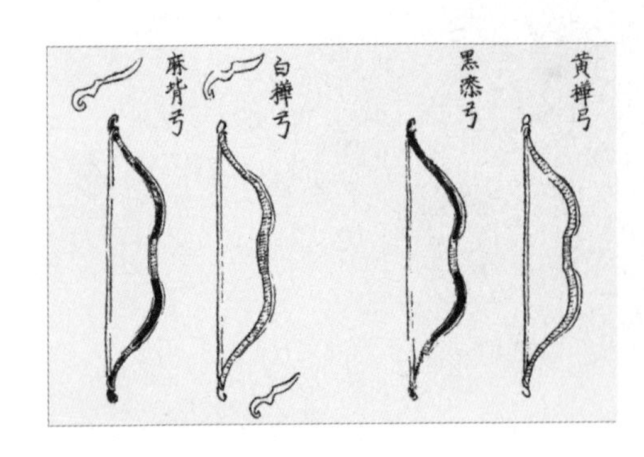

《武經總要》上的宋朝複合弓

但是弓也有優勢，那就是比弩的發射速度快，這在戰場上非常重要。而且騎兵顯然用不了蹶張弩，而臂張弩在威力上相比於弓也沒有優勢，這樣自然就會選擇弓作爲武器。從這一點上來說，小說演義中倒是沒有說錯。的確很少有騎兵把弩作爲自己的主要遠射武器。騎馬的武將們，主要會以弓爲武器。

歷史上確實有很多名將都善於射箭，這些都是史書有載，不是胡說的。西漢飛將軍李廣，射技精準，數次憑藉自己高超的弓箭技巧，打擊敵人。漢末軍閥呂布，爲勸解劉備和袁術的爭鬥，曾經表演過轅門射戟的絕技，在一百五十步外射中戟的小枝。以後的名將，像岳飛、韓世忠等人，都是善使硬弓的名將。

可以這麼說，使用弓箭的技術是“精英化”的，而使用弩的技術則是“平民化”的。所以，名將們不一定是不會用弩，但是無論是從騎馬作戰的實用性考慮，還是從將領的身份考慮，他們都選擇了用弓而不是用弩。

14

諸葛連弩是一種什麼武器

根據《三國志》的記載，諸葛亮曾經發明過一種新式武器，叫做連弩，也稱“元戎”。這種弩，可以連續發射十枝箭，箭尖還塗了毒藥，殺傷力很大。魏國能征慣戰的大將張郃，就是被連弩射死的。

後來連弩失傳了，有些人認爲連弩其實就是一次發射十枝箭的齊發弩，也有人把連弩神秘化了，認爲這一定是一種鬼斧神工式的武器，是古代的機關槍。

其實，明代兵書《武備志》中就記載了一種可以連發的弩，就叫元戎。這種弩的弩身裝有箭匣，通過一個槓桿來勾動弩弦，使弩弦作往復運動，達到把箭連續射出的目

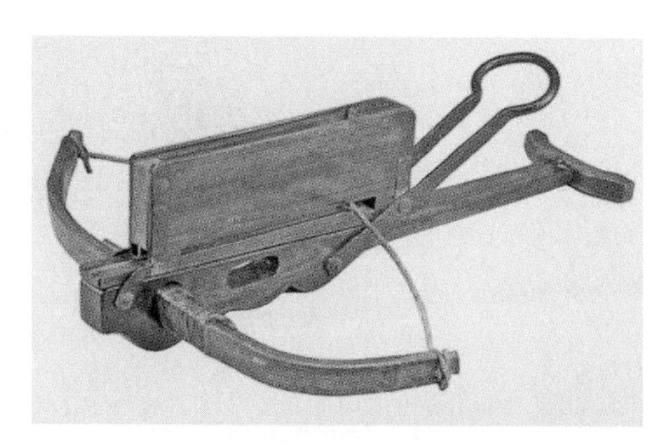

現代復原的諸葛亮連弩

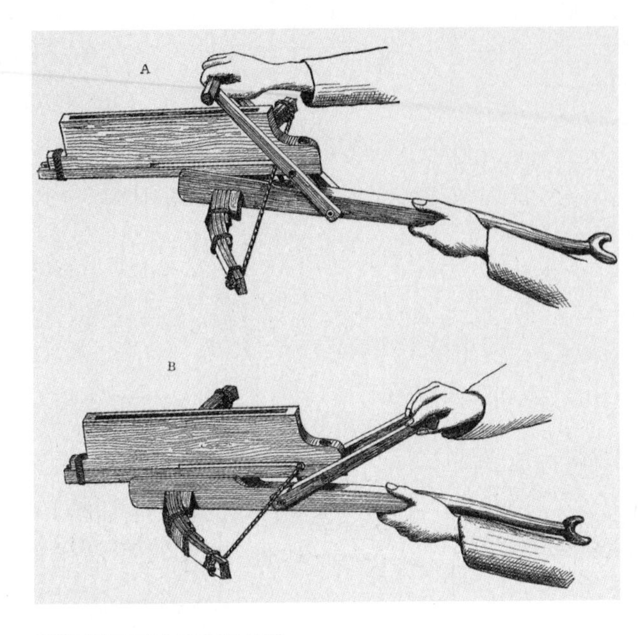

諸葛亮連弩發射原理演示圖

的。使用的箭是沒有箭羽的短箭，射程很近，而且箭枝的穩定性很差。當時就有人認爲，這種武器不是什麼戰場上的有力武器，而只是一些大戶人家看門護院用的。

連弩這種武器古已有之。考古學家們從一座戰國時代的楚國墓裏發現了一個奇怪的弩，後來經過民間能工巧匠的復原，已經弄明白了它的工作原理。這種弩有一個木質的連杆，上面裝有一個設計巧妙的弩機。通過連杆的來回運動，可以完成勾弦與放弦的動作。這種弩能裝二十枝箭，每次發射兩枝，所有的箭都可以在十秒鐘內發射出去。

有了這樣兩種連弩，諸葛連弩也就不那麼神秘了。我們可以確定的就是，諸葛連弩就是一種利用某種機關，能夠自動完成勾弦和放弦，同時安裝有弩匣的一種特殊弩。

一般的單兵連弩，只能用手臂操作，威力並不是很大，所以才要給箭尖塗毒，以增加殺傷力。不過有些資料記載，連弩也曾經被大型化。這種連弩的整體結構與明代記載的連弩差不多，但是尺寸要大很多。這種弩放在固定的支架上，需要士兵用全身的力氣來操作。據說中日甲午戰爭期間，清軍還用這種弩來守城。

不管怎麼說，弩畢竟是以儲存的人力來作爲發射動力的，所以無論如何它也和現代的自動武器不是一回事。電影《范海辛》中主角用的那種像衝鋒槍似的連發弩，也只能出現在魔幻世界裏。

15

古代的戰車是什麼樣子的

戰車是古代的一種重要武器，曾經盛極一時。從考古資料可知，從商朝一直到春秋，戰車都是軍隊中的主力突擊兵器。直到戰國時期，戰車才逐漸被淘汰。

甲骨文中“車”字，生動形象地演示出商代馬車（戰車）的特徵。

先秦時期的戰車都是木製，有一個長方形的車廂，獨軸，兩個一人來高的大輪子。前面有一個長長的車轅，用來拴住馬匹。拉車的馬一般是四匹，駕馭的難度較高。車上的乘員一共是三人，正常情況下，中間的一人是御者，也就是駕車的；左邊的稱爲車左，裝備有弓箭，負責射擊敵人，還配有短劍，用於近距離格鬥；右邊的稱爲車右，使用戈、矛等長兵器，用於格鬥，而且在遇到險阻的時候，還要負責推車。

古書記載的秦代小戎戰車

戰車上備用的武器也有很多，比如我們前面說過的車戰“五兵”，就是戰車上都有的武器。車左雖以弓箭爲主要武器，但在

《武經總要》中的宋代火車

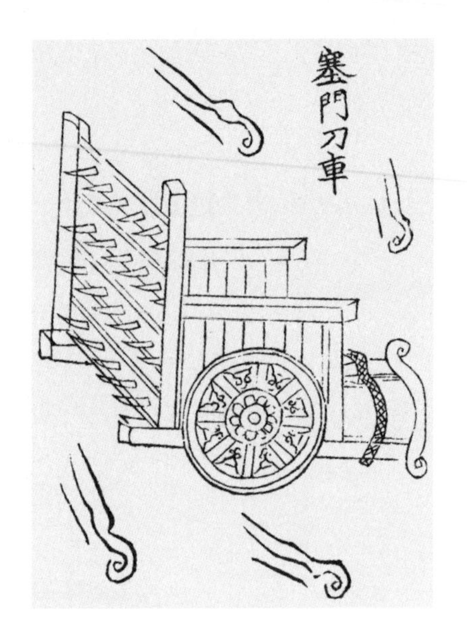

《武經總要》中的宋代塞門刀車

需要的時候也可以肉搏。車右雖然主要負責格鬥，但是也會使用弓箭射擊。除了御者的職責比較固定之外，車左和車右只有大概的職責分工。

如果某一輛戰車是指揮車，那麼情況又有不同。指揮車上武器要少一些，但是設置有指揮作戰用的金鼓（銅製的鐃鈸一類樂器），指揮官居於中間位置，負責發佈命令，御者就被擠到左邊去了，只好偏著身子駕車，車右的職責不變。

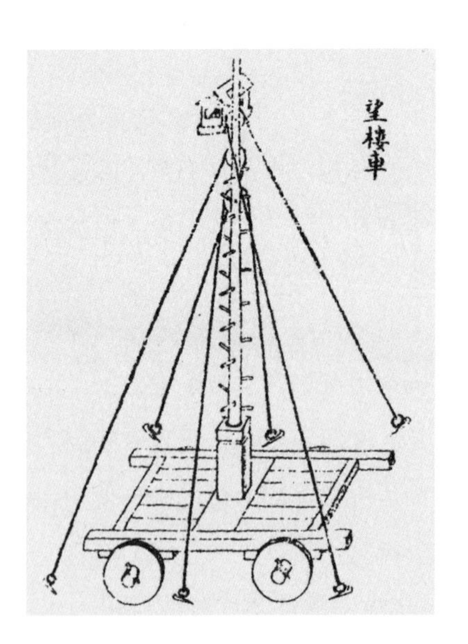

《武經總要》記載的望樓車

戰車的基本形制就是這樣，而商周春秋時期，戰車也得到了不斷的改進。比如在一些關鍵部位用青銅件代替木件，還用青銅板遮護戰車的車廂。有的則把車軸兩端的車套在車軸兩端的青銅部件，可以阻止車輪脫落）加長，做成矛尖的形狀，從而對步兵具有一定的殺傷力。

先秦時期，除了戰車以外，還有一種運輸輜重的車，被稱為“革車”。革車一般是牛拉，速度慢，也不能上戰場。

戰車在戰國時期雖然落伍，但是卻並沒有退出戰場。在運送輜重、攻城方面，戰車仍在發揮作用。不過這樣的戰車已經不是古代那個樣子了，倒是更接近於古代的革車。各種特殊用途的車，在古代軍隊中數量一直很多。尤其是明代，隨著火藥武器的普及，明軍發明了很多特種戰車，用於搭載形形色色的火藥武器。

戰國中後期，大規模的騎兵部隊出現，取代了戰車作為主要突擊兵器的地位。

16

為什麼會有“駟馬難追”的說法

“君子一言，駟馬難追”，這樣的成語已經成為人們日常交往中的常用語了。這個成語的意思是，一句話說出了口，就是四匹馬拉的戰車也追不回來。這就是要告訴人們，說話要算話，不能反悔。

秦代駟馬御車

這個成語雖然來源於五代十國時期，但是很顯然，“駟馬”與先秦時期的戰車有關。

早期的戰車有兩匹馬拉的，也有四匹馬拉的。四匹馬拉的戰車上，中間的兩匹馬通過輓具與車轅相連，稱為“服馬”；兩邊的兩匹馬則用皮帶直接拴上，稱為“驂馬”。四匹馬合稱為“駟”。

爲什麼一定要用四匹馬拉車呢？少用一些不行嗎？

先秦的戰車基本部件都是木製的，車軸和車輪之間的摩擦力很大，而馬的輓具也比較落後，難以完全發揮出馬的力量。這樣，只有用四匹馬拉車，才能保證速度。早期的戰車對於速度的要求沒有那麼高，車上士兵的裝備也相對簡單，所以能用兩匹馬來湊合。等戰爭的強度一上去，兩匹馬就不夠力了。

古人也意識到這些問題，所以後期的戰車上面，金屬部件開始增多。車軸和車輪連接的地方，用青銅包裹，這樣可以減小摩擦，提高效率。馬的輓具也不斷地改進，以便更好地利用馬力。不過可惜的是，這些有限的改進，並不能阻止戰車的沒落。

隨著近代工業的進步，畜力以及人力車的效率已經與古代不可同日而語了。由於現代軸承等技術的發明，近現代馬車可以在只用一匹馬的情況下也跑得飛快。而在現代工業體系下製造出來的人力三輪車，以一人駕駛，往往可以運載幾百甚至上千斤的貨物。

古代沒有現代的技術，無法發揮出馬力的極限，所以只有“駟馬”拉車，才能“難追”。要是兩馬或者三馬，車的速度上不去，也就不會“難追”了。

17

爲什麼說《三國演義》中的那些馬上戰鬥大多是虛構的

兩軍相遇，列陣叫罵。雙方大將出馬，在陣前鬥上一二十個回合，然後某一員大將手起刀落，斬敵將於馬下。接下來就是得勝一方的大軍趁勢猛衝，取得勝利。

這樣的場景，在以《三國演義》爲代表的很多古典小說中都常常出現。我們應該知道的是，古代的戰鬥不可能如此簡單，更不可能幾萬大軍的勝負就由兩個大將的鬥武來決定。而那些馬上戰鬥的描寫，也大多是不眞實的。

中國早期的騎兵，是以弓箭爲主要武器的，但是也可以用一些比較輕巧的格鬥兵器，他們所用的盔甲也相對簡單。後來騎兵們的裝備升級，出現了使用重型矛、甚至大刀、大斧等武器，而且還出現了裝備重鎧甲的騎兵。出現這樣的轉變，是因爲馬鐙的發明。

漢代騎士俑，策馬持槍，但腳下缺乏使騎士保持平穩的重要器物馬鐙，僅此足以使得騎士馬上比武難以實現。

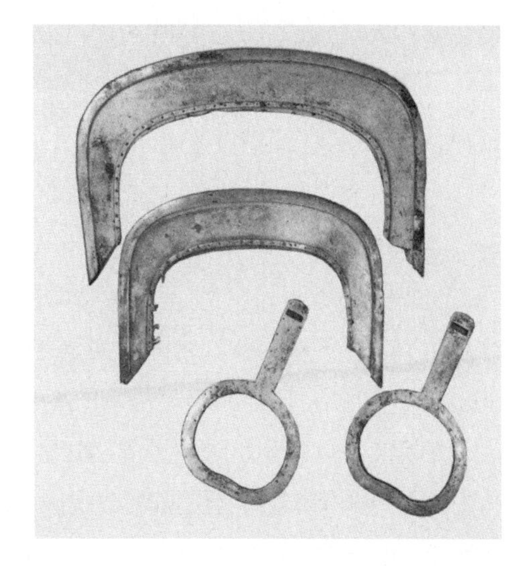

最早於南北朝時期出現的馬鐙，騎士可以用雙腳保持身體的平衡，從而把雙手解放出來，用來使用更多樣化的重型格鬥武器，格鬥的動作也可以變得更加複雜多樣。

馬鐙是掛在馬鞍兩邊的一對腳踏，可以幫助騎士方便地上下馬。馬鐙在軍事上的重要意義，在於可以支撐騎兵的雙腳，使之可以在馬上發揮自身的全力，而不至於跌下馬來。在馬鐙發明之前，騎兵們只能用雙腿夾緊馬腹，還要用手握住韁繩，這樣才能保證不掉下馬。

西晉就出現了一種單邊的馬鐙，但是這種馬鐙是用來上下馬的，對於馬上的戰鬥影響不大。根據考古發現，可以雙腳踩踏、在馬上支撐身體的眞正馬鐙，大概發明於西元3~4世紀。

馬鐙發明之後，騎士可以用雙腳保持身體的平衡，從而把雙手解放出來，用來使用更多樣化的重型格鬥武器，格鬥的動作也可以變得更加複雜多樣。但是在《三國演義》那個時代，目前還沒有任何證據可以證明馬鐙的出現，所以那些馬上戰鬥，是不符合當時的具體情況的。

當然，需要說明的是，即使在馬鐙發明並且普遍應用之後，大將陣前鬥個幾百回合的場面，也不大可能出現。古今中外的騎兵，主要作戰方式無外乎利用馬的速度與衝擊力，在奔馳行進中斬殺目標。如果像小說中那樣兩人纏鬥，那就失去了騎馬的意義了。

18

如何區分“輕騎”與“鐵騎”

在很多古典小說中，我們都能看到“輕騎一日奔襲數百里”、“鐵騎三千”等類似的說法。何爲輕騎、何爲鐵騎，二者有什麼區別呢？

漢騎兵俑。騎兵身穿比較輕便的盔甲，使用鋒利而又不失小巧靈活的武器。戰馬沒有盔甲裝備相對簡單，以弓箭遠射爲主要攻擊方式，這樣的騎兵就是輕騎。

南北朝具裝騎兵俑。兩晉十六國時期的北方遊牧民族中，出現了這種人穿全身鐵甲、馬披全身皮甲的鐵騎。騎士頂盔穿甲，鎧甲一直覆蓋到膝蓋部位。騎士使用重型的矛，或者刀、斧之類的武器。馬則從頭到尾都被保護在皮甲之下。

中國古代中原地區的騎兵，是通過學習北方遊牧民族建立起來的。早期的騎兵，裝備相對簡單，以弓箭遠射爲主要攻擊方式。騎兵身穿比較輕便的盔甲，使用鋒利而又不失小巧靈活的環首刀等武器。戰馬只有馬鞍、韁繩等裝備，沒有盔甲，也沒有馬鐙。這樣的騎兵就是輕騎。

按照先秦兵書《六韜》的記載，那個時候的騎兵，主要負責突襲敵軍陣地、擾亂敵人陣型、騷擾兩翼、追擊潰敵、截斷糧道等任務，當然，任何時代的輕騎兵都有偵查、警戒的任務。總的來說，在那個時候，戰車還是主要突擊兵種，步兵是主戰兵種，而騎兵則起輔助作用。當然漢代出擊匈奴的戰爭，是以騎兵爲主，但這是當時中原王朝模仿遊牧民族的作戰方式，帶有一定的特殊性。

這些早期的騎兵都是輕騎兵，他們沒有裝備厚重的盔甲，而且由於沒有馬鐙，所以攻擊力也有限。但是輕騎兵卻擁有出色的機動能力，這使得他們可以執行很多特殊任務。

隨著戰爭激烈程度的增加，人們開始重視騎兵的防護，騎兵的鎧甲由僅僅覆蓋前胸後背，向著覆蓋全身的方向發展。而馬匹，也開始裝備鎧甲。漢末三國時期，這種人和馬都裝備鎧甲的騎兵已經投入戰場。官渡之戰時，曹操就說過，袁紹有全套的馬甲三百具，而曹操自己則連十具都沒有。這說明當時的一部分輕騎兵已經開始使用重型防護裝備。

宋代《大駕鹵簿圖》中的宋代具裝騎兵，較之南北朝，馬鎧更加華麗，但用於實戰的不多，多用於儀仗。

兩晉十六國時期，馬鐙被發明並廣泛應用，騎兵即使穿上再重的盔甲，也不會從馬上掉下來。在這樣的背景下，眞正意義上的鐵騎，也就是重騎兵出現了。

所謂的鐵騎，就是穿鐵甲的騎兵。兩晉十六國時期的北方遊牧民族中，出現了這種人穿全身鐵甲、馬披全身皮甲的鐵騎。根據出土文物的描繪，我們可以清楚地知道那個時候的鐵甲重騎兵的樣子。騎士頂盔貫甲，鎧甲可以一直覆蓋到膝蓋部位。騎士使用重型的矛，或者刀、斧之類的武器。馬則從頭到尾都被保護在皮甲之下，只露出眼睛、鼻子、耳朵、尾巴和四蹄。

這樣的重裝甲騎兵具有很強的防禦力和衝擊力，可以作爲戰場上正面突破的主要力量。但是由於重騎兵的機動性差，作戰的適應性也不好，所以中原王朝到了唐代就很少見到重騎兵了。可是北方遊牧民族政權，依然重視發展重騎兵，比如女眞族建立的金朝，就有“鐵浮屠”、“拐子馬”這樣的重騎兵，並且因爲和岳家軍的大戰而爲人們熟知。

宋元之後，重騎兵很少見於戰場，但是仍有“鐵騎”這樣的說法。但那只是一種騎士裝備鐵甲，而馬匹不披甲的騎兵，和之前的重騎兵不可同日而語。而裝備簡易盔甲的輕騎兵，因爲其優良的機動性和戰場適應能力，則一直是戰場上的重要兵種，甚至一直到1949年10月1日之後很多年，騎兵這個兵種才被取消。

19

早期的盔甲是什麼材質

盔甲是古代最重要的防護器具，早在石器時代，先民們就學會用藤木、皮革等製成簡易的護體裝備。古代把頭盔稱爲“冑”，身上披的才叫“甲”。甲又被稱爲“介”、“函”。進入青銅時代以後，人們主要用皮革和青銅來製作甲冑。

夏、商、西周和春秋時期，鎧甲的材質以皮革爲主。最早的皮甲，只是用整片的皮革防護身體的要害部位。但是這樣的皮甲，對於身體的靈活性限制很大。後來人們學會把整片皮甲裁成小塊，再連綴成型。穿這樣的鎧甲，既保護身體，又增加了身體的靈活性。

皮甲的甲片，並不是簡單地將生牛皮裁成小塊就可以的。製甲的工匠，往往先將皮革進行各種技術處理，然後將兩層或者多層合在一起，並在表面髹漆。這樣製出的皮甲，堅硬強韌。除了牛皮，古人還用犀牛皮來製作皮甲。據近代一些獵人的捕獵經歷，犀牛皮甚至可以防禦近代獵槍的子彈，可見其堅韌程度。不過由於犀牛數量較少，犀牛皮甲也比較少見，屬於高檔鎧甲。皮甲基本上可以分為保護上體的甲身、保護下體的甲裙以及保護手臂的甲袖這三部分。不過大部分士兵穿的皮甲，往往都沒有甲袖，甚至連甲裙都沒有。

湖北隨縣出土的戰國皮甲

早期的鎧甲以皮製為主，這是與當時武器的發展水準相適應的。皮質鎧甲可以有效防護青銅劍、戈等武器的砍擊。對於古代的弓箭，也具有較好的防禦能力。

青銅時代的頭盔，也就是冑，主要由青銅製成。青銅冑是一體鑄造成型的，冑頂往往還設有一個銅管，用來插羽毛等裝飾品。銅冑盛行於商周時期。春秋戰國時期，出現了皮冑。皮冑由很多經過處理的皮甲片連綴而成，這種製作頭盔的方法，被沿用到了鐵器時代。戰國晚期，銅冑逐漸被鐵冑取代。早期

商代青銅冑

戰國鐵冑

的鐵冑，製作工藝也如皮冑那樣，由多片鐵甲連綴成帽子形狀。

隨著武器攻擊力的提高，尤其是弩這種強勁的遠射兵器開始應用，皮甲的防護能力受到了挑戰。商周時期人們就開始嘗試用金屬來製作甲。當然那個時候只是在皮甲外面嵌上銅釘、銅泡，起了加強防護的作用。西周時期，出現了用整片青銅板製成的護胸甲。春秋時期，又出現了銅製的護臂、護腿。秦漢之後，鐵甲才逐漸普及，漢代所說的“玄甲”，就是指鐵甲。

總的來說，先秦時期的盔甲以銅冑皮甲爲主。漢代以後，皮甲逐漸由鐵甲取代，但是卻並沒有消失。作爲一種輕型鎧甲，皮甲在軍隊中一直使用到明代。

20

鎧甲都有哪些種類

古代的鎧甲，從材質上來說，分爲皮甲、金屬甲、棉甲、紙甲、藤甲、木甲等等。藤甲、木甲是比較原始的鎧甲，除了上古時代出現過之外，很多少數民族軍隊都曾經穿過這種鎧甲。先秦時期皮甲是鎧甲的主流，而秦漢以後金屬甲（主要是鐵甲）則成爲軍隊中最主要的裝備。棉甲和紙甲比較輕便，對於遠距離射來的力道不大的弓箭具有一定的防護能力；不過也有人認爲，棉甲還有一些實用價值，而紙甲最多是檢閱軍隊時擺擺樣子用的。

從鎧甲的外形以及製作方法上，又可以分爲紮甲、魚鱗甲、鎖子甲、板甲。這種分類方法主要應用於金屬鎧甲。

紮甲就是將長方形的甲片用皮條、繩索等連綴起來製成的鎧甲。大部分的皮甲都是紮甲，而早期的金屬鎧甲也屬於紮甲。紮甲的使用時間很長，宋代步兵裝備了一種“步人甲”，重達七十斤，防禦力很強，是紮甲發展的頂峰。

紮甲是鐵製兵器時代最常見的鎧甲形態，一直沿用到近代，這是1940年代仍被西藏軍隊使用的紮甲。

魚鱗甲可以說是一種高級的紮甲。魚鱗甲也是由小塊甲片編綴而成，但是甲片之間互相重疊，狀似魚鱗。與紮甲相比，魚鱗甲與人體的貼合度更好，而且防護能力（尤其是對於箭矢的防禦能力）也更強。但是魚鱗甲的重量也要大於紮甲，而且製作工藝繁瑣複雜，所以在軍隊中往往是只有軍官才能裝備。從秦始皇陵兵馬俑坑發掘出的鎧甲來看，那個時候的皮甲在製作時已經注意將甲片進行簡單的疊加，以增強防護力。漢代出現了鐵製的半身魚鱗甲，重量可達二十多公斤。魏晉至隋唐魚鱗甲的地位有所降低，而唐代以後又成爲軍隊中最重要的鎧甲。

圖中三位武將身著三種中古時代較爲常見的鎧甲式樣，從左至右分別是魚鱗甲、山文甲、柳葉（紮甲）。

鎖子甲是用細小的鐵環相套形成的一種鎧甲。鎖子甲與身體高度貼合，相比於其他的金屬鎧甲，重量也比較輕，是靈活度最高的一種金屬鎧甲。鎖子甲對於刀劍的砍殺防禦效果較好，但是面對長矛的刺擊或者強弓勁弩射出的箭，它的防禦力就比較差了。三國時期的史料就出現過鎖子甲，不過從兩晉時期的資料來看，這種鎧甲大概是從西域流傳過來的。鎖子甲製作費時費力，在中原軍

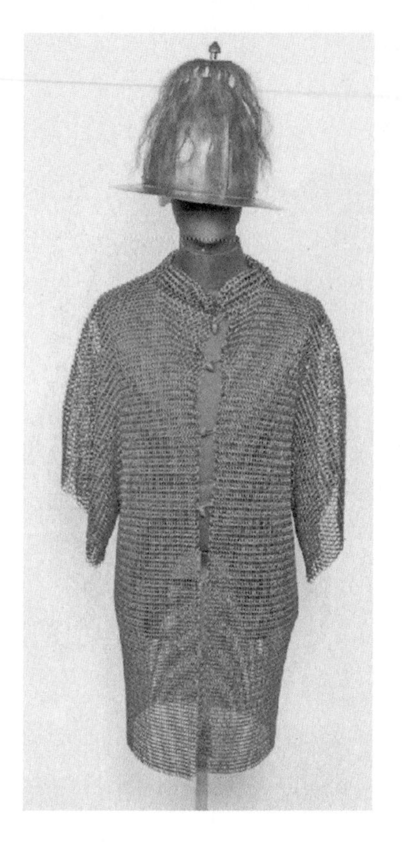

明鎖子甲

唐代是中國鎧甲發生顛覆性變革的時期，一改秦漢時代的鎧甲形式，代之以西域色彩濃郁的鎧甲形式，並在此基礎上演化出宋明時期鎧甲。這是從南北朝開始流行中國的明光甲的唐宋式樣。

隊中裝備數量一向較少。《西遊記》原著中孫悟空穿的鎧甲，就是鎖子甲。這種極具靈活性的鎧甲正好和孫悟空的猴子身份相符，可惜的是我們的影視作品中卻都給孫悟空穿上了魚鱗甲。

另外，在中國古代出現過一種獨特的“山文甲”，甲片的形狀像漢字的“山”字或“人”字。這種甲在很多藝術作品中都有所表現，比如各種雕像、畫像等等。山文甲通過甲片的枝杈互相咬合形成鎧甲，是一種介於鱗甲和鎖子甲之間的鎧甲。

板甲就是用大面積的整塊金屬組成的鎧甲。考古發現證實，中國先秦時期出現過用幾塊大的青銅板連在一起製成的鎧甲。魏晉到隋唐時期，盛行一種“明光鎧”，就是前胸後背各有兩塊大型金屬片來加強防護，其他部位則是紮甲或魚鱗甲，由於金屬片能夠反光，所以稱明光鎧。按照唐代史書的記載，還有一種制式鎧甲叫做“光要鎧”，有人認爲“要”同“耀”字，是一種能夠護住軀幹要害部位的鐵板胸背甲，不過難以考證。歐洲在15、16世紀盛行的那種包裹全身的鐵罐頭似的鎧甲，是板甲發展的頂峰。中國古代並沒有出現這樣的板甲。

棉甲、紙甲、絹布甲等非金屬鎧甲，大多裝備給不直接進行肉搏的弓箭手。沾濕的棉甲對於早期火槍具有不錯的防護力，所以在明代裝備了不少。清代八旗騎兵的鎧甲，是一種在棉衣裏面埋藏金屬片的鎧甲，可以說是紮甲與棉甲的結合。這種鎧甲既適應東北地區寒冷的氣候，同時又對早期火槍具有較好的防禦力。

北朝明光鎧武士

21

象棋中爲什麼有“炮”“砲”兩種寫法

象棋是中國群衆喜聞樂見的一種文娛活動，在各種棋類遊戲中，象棋的民間影響力是最大的。象棋最大的特點就是模擬古代戰場上的兩軍對陣，棋手運籌帷幄，彷彿戰場上的名將鬥智鬥勇。

象棋棋盤上紅黑雙方的棋子，多少有些不同。比如一般來說，紅方有“炮”，黑方則有“砲”。我們知道，“炮”指的是火炮，那麼“砲”又是指什麼呢？

石字邊的砲，其實比火字邊的炮出現得更早。別誤會，砲其實是拋石機。

據《三國志》記載，袁紹與曹操進行官渡之戰時，曾經築土山，設置箭樓，居高臨下射殺曹軍。曹操方面的謀士劉曄則設計了一種拋石機，名叫“霹靂車”，發射大

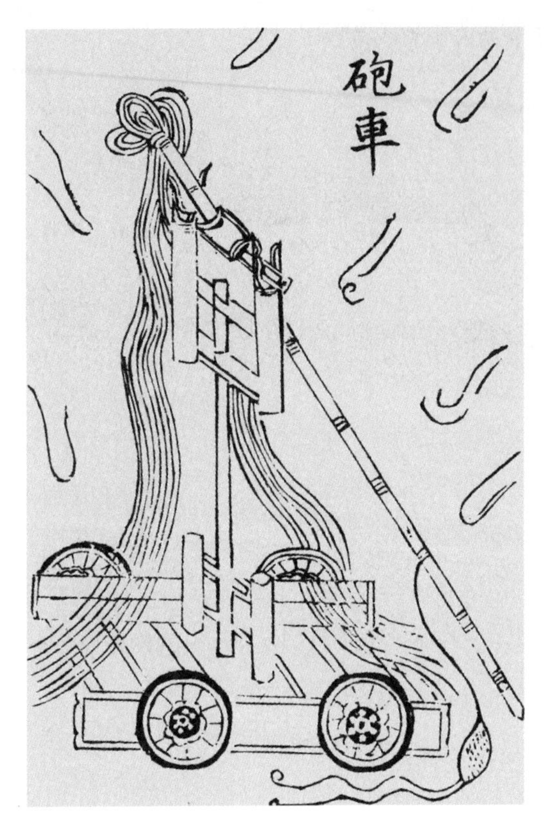

砲車是一種歷史悠長的攻城武器，早在戰國時期就有雛形，而且一直用到近代，是借助人力發射石質彈丸的拋射機。

石，擊毀了袁紹軍的箭樓。這是一種利用槓桿原理發射石塊的武器，用巨木製成槓桿，在槓桿的一頭設置皮囊，內裝大石塊；槓桿另一頭則設置數根繩索，每一根繩索由一個士兵來拉動。發射時，士兵們按照軍官的命令，一起拉動繩索，槓桿另一頭就像蹺蹺板那樣翹起，把巨石發射出去。

拋石機在中國古代的攻守城作戰中使用廣泛，爲了增大它的威力，甚至出現過數百人一齊拉動拋繩來發射石彈的巨型投石機。人們對投石機的稱呼也多種多樣，由“拋”這個字諧音爲“礮”、“砲”。後來隨著火藥的發明應用，拋石機的彈丸也由單一的石彈向火藥彈丸發展。宋代有很多燃燒性和爆炸性的火器，都需要用拋石機來發射，這些靠拋石機發射的火藥武器，就被稱爲“火砲”。因爲與火有關，有時也寫作“炮”。

宋元之交，大型金屬管型火器發明，也就是我們現代火炮的雛形。這種火炮，當時稱爲“火銃”，多爲銅製，用火藥來發射實心彈丸。由於這種武器在戰場上的作用和拋石機類似，也用來攻城守城，所以人們也稱其爲“砲”或者“炮”。因爲金屬管型火器與火藥相關，所以久而久之，“炮”這個字就變成專指火炮了。而由於拋石機在軍隊中仍長期裝備，所以“砲”這個字也就專指拋石機。

早期的炮比起拋石機來，在射程、威力方面其實沒有什麼優勢。不過炮畢竟是一種先進的武器，它比起拋石機來更爲靈活，耗費的人力也少，尤其是不需要拋石機那樣大的體積，所以更適合在軍隊中使用。當然我們也知道，在火炮與拋石機的競爭中，火炮是最後的勝利者。

明代鐵炮

象棋中“炮”、“砲”並存，充分反映了冷兵器與火器並用時代的特點。我們也知道，中國在軍事上眞正進入完全火器時代，已經是近代以後的事情了。從這個意義上可以說，象棋也是中國古代自宋朝以來基本戰爭模式的一種反映。

象棋中的砲和炮，使用起來完全相同。但是如果放在眞實戰場上，恐怕裝備砲的黑方，就要吃大虧了。

22

襄陽砲是什麼武器

金庸先生的武俠小說《神雕俠侶》中，提到了大俠郭靖守衛襄陽城、抵禦蒙古軍隊進攻的故事。有蓋世武功的郭大俠，依然也沒能阻止住襄陽城被攻破的命運，並在城破之際自殺身亡了。

我們當然不會把小說當成歷史，至於郭靖這個人物在歷史上是否有原型，恐怕也得去問金庸先生。歷史上的襄陽城，確切地說也不是被攻破的，而是舉城投降了。促使宋軍投降的一個重要因素，就是蒙古軍隊使用了一種新式武器：襄陽砲。

據史書記載，從1236年到1273年，蒙古軍隊和宋軍在襄陽城及其附近激戰了三十多年。蒙古軍屢次攻擊襄陽未果，就從西域尋找新式攻城武器。後來，在西域伊斯蘭

與中國傳統的抛石機不同的是，襄陽砲不是靠人力拉拽繩索來發射彈丸的，而是利用配重，用槓桿原理來發射。此圖爲歐洲大型配重投石機，襄陽砲與之原理相同。

教徒亦思馬因、阿老瓦丁等人的幫助下，製成一種攻城利器。因爲這種武器是從西域伊斯蘭教地區傳入的，所以蒙古人稱其爲“回回砲”。

在攻打襄陽的戰役中，回回砲首次使用，結果一砲擊毀襄陽城牆上的望樓。回回砲巨大的威力使得襄陽城守將呂文煥喪失鬥志，開城投降。於是回回砲威名遠揚，也被稱爲“襄陽砲”。

其實，襄陽砲就是一種抛石機。與中國傳統的抛石機不同的是，襄陽砲不是靠人力拉拽繩索來發射彈丸的，而是利用配重。同樣是利用槓桿原理來發射，襄陽砲是在槓桿的一端設置裝彈的皮囊，另一端懸掛重物（巨石、鐵塊或者裝滿砂石的箱子）。發射前，拉動槓桿，令懸掛重物那一端翹起。發射時，則使重物一端落下，將另一端的石彈發射出去。這種抛石機，正規的說法叫作配重平衡式抛石機。

配重平衡式抛石機比起人力拖拽的抛石機，具有操作人數少、射擊過程簡單，精確性好等優點。這種抛石機在歐洲應用廣泛，不過在中國，它一直也沒有完全取代傳統抛石機。後來隨著金屬火炮技術的進步，所有的抛石機類武器就都被淘汰了。

近代西方人復原了大型配重抛石機，並做了試驗。這種抛石機可以把一百多公斤重的石彈發射到近三百米遠，雖然威力驚人，但是射程卻並不突出。回頭再看看襄陽之戰，襄陽砲雖然在這一戰中大發神威，不過它發射的石彈也只是擊毀了襄陽城牆上的望樓，並沒有直接摧毀城牆的記載。其實襄陽城最後投降，主要是因爲外援斷絕，而城內的戰力也基本耗盡，想繼續抵抗已經不可能了。在這樣的情況下，襄陽砲這種新式武器的出現，徹底瓦解了守城軍民的戰鬥意志。所以說，襄陽砲其實只是壓倒駱駝的最後一根稻草。

23

古代的戰船有哪些

中國正式的水軍部隊設置於春秋後期，長江、錢塘江流域的吳、越、楚等國，都設置了“舟師”，也就是水軍。相關文獻中也有了水上戰鬥的記載。

中國古代的戰船種類繁多，名稱複雜，不同的朝代也往往有不同的稱呼。不過大體說來，古代的戰船一共有這樣幾類：

樓船

樓船，是古代大型戰船，往往作爲指揮艦來使用。樓船就是在船體上架起幾層高樓，裝載很多士兵，而且各種武器齊備。樓船由於高度太高，裝載的人員裝備又太多，所以穩定性往往不好，有很多遇到風浪就翻沉到水中的記載。

鬥艦，是中型主力戰船。船身沒有樓船那麼高大，一般只在甲板上起一層船艙。船的兩舷設有垛牆，士兵可以躲在後面發射箭矢。

艨艟，是船身蒙有生牛皮，能夠抵禦箭石攻擊的一種“裝甲艦”，往往用來衝擊敵陣。

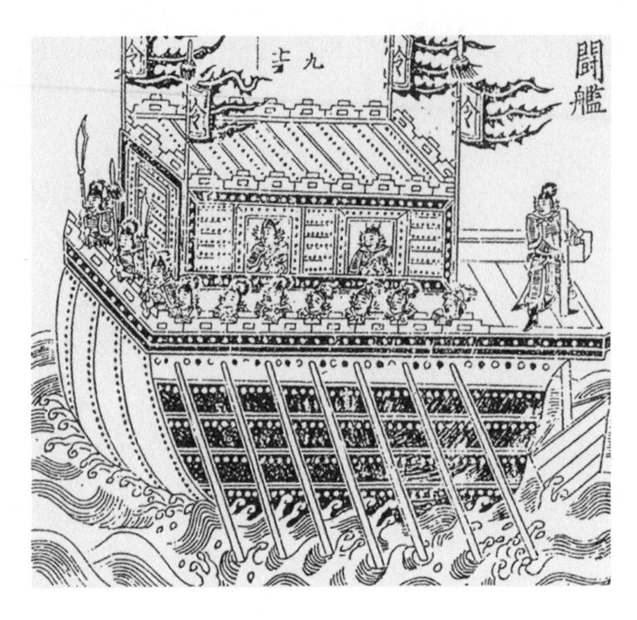

鬥艦

走舸，是一種速度較快的輕型戰船，船上有十幾名士兵，既划槳又持械作戰。走舸主要用於對敵軍進行騷擾性作戰，利用其機動靈活的優勢進行遊擊。

遊艇，也是一種輕型快速的戰船，配備多枝槳，主要用於通信、傳令、偵察等任務。

車船，這是中國古代一種特殊的戰船，也是一項重要發明。車船就是在船身兩側設置明輪，由人力踩踏轉動，激水行進的一種船。車船把划槳這種往復划水運動改為循環激水，大大提高了推進效率，所以速度很快。據說南北朝科學家祖沖之發明的“千里船”就是一種車船，但是沒有明確的證據。比較可靠的記載

艨艟

車船

是車船發明於唐代，到了宋代得到大規模使用。北宋末南宋初的鐘相、楊么起義，就在洞庭湖製造了大量車船。宋軍爲鎭壓起義，也製造了不少車船。南宋與金軍、蒙古軍的幾次水戰中，車船也發揮了重要作用。

以上介紹的戰船多用於內河水戰，也有一些是河海兼用的。唐代的海鶻船則是一種專用的海船，其外形頭低尾高，前大後小，能擊風浪，在近海行駛平穩。

鄭和下西洋是中國古代航海史上的壯舉，不過鄭和的船隊中大多數都是運輸船，而且船型大多較爲寬闊，以便抗擊風浪。鄭和的戰船長18丈，寬6.5丈，船上官兵攜帶各種武器用於作戰。

明代中後期以後，由於火器大量裝備軍隊，出現了裝備火槍、火炮的戰船。清代實行全面海禁，戰船的發展也逐漸停滯。如果拿同時代西方的戰艦來比較，清軍的戰船實在不值一提。

24

古代有哪些水戰武器

古代中國的水軍也和世界其他國家一樣，早期的裝備和陸軍裝備沒什麼區別。陸上的軍隊用刀槍弓弩，船上的軍隊也一樣用刀槍弓弩。早期的水戰，也不以擊沉敵船爲主要目的，而是儘量殺死敵船上的人員。交戰雙方的士兵往往在戰船互相靠近時，跳到敵船上進行搏鬥，以佔領敵船爲目的。

爲了適應這種接舷戰，早在戰國時期，一種獨特的水戰武器——鉤拒出現了。據說鉤拒是魯班給楚國水軍發明的，有人認爲“鉤”、“拒”是兩種工具，也有人認爲是一種工具。這種工具可以在一方佔優勢時鉤住敵方戰船，使敵方無法逃走，也可在一方處於劣勢時，將敵船擋住，使其無法追擊。

隨著時代的發展，戰船上的武器開始由擊斃敵人向擊毀敵船的方向發展。人們往往給弓弩配備火箭，用來燒毀敵船。大型的床弩也被抬上了戰船，發射巨大的箭，來摧毀敵船上的建築。

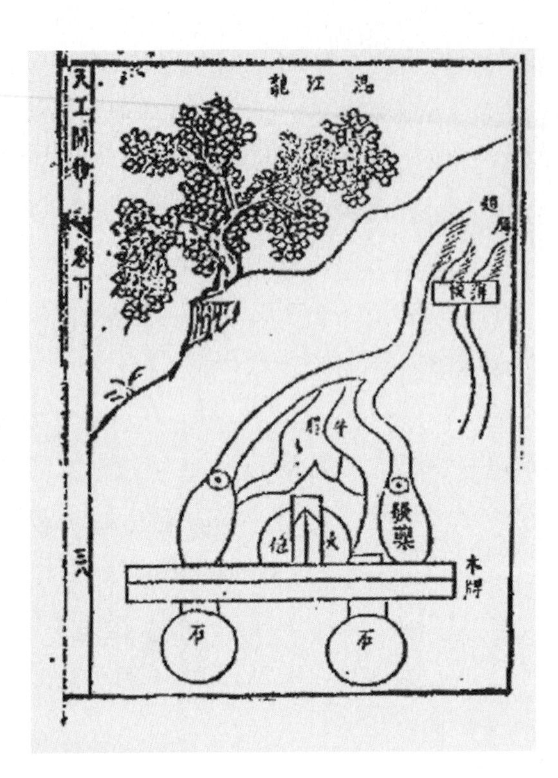

明朝宋應星著的《天工開物》一書中記載的一種叫做“混江龍”的觸發水雷。它的雷體用塗漆的皮囊包裹。在皮囊中懸吊有火石和火鐮。控制擊發的“索引機”佈設在水面上，索引機上有像雁翅一樣的裝置。當敵船碰到敷設的索引機時，火鐮就下墜碰擊火石，發出火星引燃火藥，從而引起爆炸。

後來拋石機也被裝備上船。拋石機拋出的巨石，對於戰船具有很大的破壞力，是一種水戰的利器。

但是拋石機用於水戰，也有很多缺點。陸戰當中，拋石機主要用來攻城守城。攻城時，拋石機面對的目標是靜止不動的城牆；守城時，拋石機面對的目標是成群的敵方步兵。打擊這樣的目標，對於準確性的要求不高。但是水戰中，戰船是能夠活動的，而且相對來說目標較小，拋石機很難擊中，因此威力就發揮不出來了。

為了彌補拋石機的缺點，南北朝時期出現了一種利用槓桿原理製成的武器，叫做拍杆。拍杆是中國古代獨有的水戰武器，其外形類似拋石機，即在戰船的兩舷或頭尾架起一根長木棍，木棍的一端拴著一塊大石頭，另一端有數根繩索。使用時，拉動繩索，使拴有巨石的一端高高翹起，然後戰船駛近敵船，再放鬆繩索。巨石在重力作用下狠狠砸向敵艦，完全可以破壞木製戰船的船體。拍杆可以說是把用於遠距離作戰的拋石機改裝成了近戰武器。

隨著火器的普及，各種火藥武器也參加了水戰。明代有種類繁多的水戰火器，除了火槍、火炮之外，還有各種火箭、爆炸性火器等等。明代有一種能沉在水底的原始觸發性水雷，叫做“混江龍”，還有一種漂雷，叫做“水底龍王炮”。這都是很有創意的水戰武器。

清代的水戰武器基本沿襲明代，也是冷熱兵器混用。熱兵器沒有明朝的繁多種類，主要就是鳥槍、小型火炮、爆炸性火罐等。這樣的裝備，遇上當時西方國家裝有幾十上百門火炮的木製風帆戰艦，結局當然是悲劇性的。

25

古代的城池是如何修築的

城池堡壘，是古代最重要的防禦工事。古書記載，大概中國自進入文明時代以來，就已經開始修築城池了。考古發掘也表明，早在四五千年前，古人就學會了修築城池。

中國古代的城牆，大多用夯土修築。在少數地區，則有用石頭修築的城牆。石頭城牆的修築成本較高，而且合適的石材並不是到處都有。夯土城牆的主要原料就是土，便於就地取材。夯土城牆還有一個優勢就是可以一體築造成型。

築城用的土，是經過處理的泥土。古代的築城工匠們，往往用羊血、雞蛋等材料加入泥土當中攪拌，以增加泥土的粘性。修築城牆的時候，每鋪上一層土，就要夯實、壓牢，然後再鋪第二層。這樣一層一層累加起來，就形成了高達十幾米的城牆。

很多夯土城牆外面還包上了磚，成爲包磚城牆。這樣就比單純的夯土城牆更爲堅固。夯土包磚城牆保留至今的代表作，就是南京城牆。

古代的城池往往依山傍水修建，城池周圍有水環繞，稱爲“護城河”。城牆頂部是平坦的，供士兵站在上面守城。城牆頂部還設置帶有垛口的矮牆，稱“女牆”，士兵可以躲在後面發射箭矢。城牆往往高達十幾米，攻城的士兵如果在城牆腳下進行破壞作業，城頭上的士兵就難以擊中他們。爲了消除這種射擊死角，人們在築城時就每隔一段距離，設置一個突出城牆的墩台，稱爲“馬面”或者“敵臺”。馬面與主城牆配合，就能有效消除射擊死角。

城池需要有對外通道，所以就在四面開設城門。城門是城牆防禦的薄弱處，在攻城戰中是敵方的重點進攻目標，所以古人很重視對城門的防禦。城門的正上方設有望樓，供主將在上面指揮守城。在主要的城門處設置有吊橋，平時放下，戰時拉起，保護城門。城門後面還設置懸門，以便在城門被攻破之後作爲備用城門。後來又有了“甕城”這種設計，就是在城門處額外修築一圈城牆。敵人如果攻破城門，還會有甕城的阻擋，甚至被甕城上埋伏的守城士兵打得措手不及。

夯土城牆、女牆、望樓、敵臺、吊橋、甕城，再加上環繞城牆的護城河，這些構成了中國古代的城池防禦體系。有了這樣一套完整的防禦體系，古代的城池就成爲了一個個易守難攻的堡壘。保存至今的北京宛平城牆，在“七七”事變中遭到了日軍野戰火炮的轟擊，但依然屹立不倒，至今我們還可以看到城牆上的彈坑。可見，即使是一般的近現代火炮，也難以完全摧毀城牆，而在缺乏大威力爆炸性火器的冷兵器時代，攻打這樣的城池無疑是進攻方的噩夢。所以我們在史書中看到了很多曠日持久、慘烈無比的攻城戰。有鑒於此，《孫子兵法》中明確告誡指揮官：“上兵伐謀，……其下攻城”，“攻城之法，唯不得已”。

26

什麼是“滾木檑石”

“滾木檑石”是我們在小說、曲藝中見得很多的守城武器。幾乎任何一次攻守城戰役，都會提到守城方用滾木檑石砸下，使攻城方傷亡慘重。很多人望文生義，認爲“滾木”就是用大木頭從城牆上滾下去，壓死敵人，“檑石”則是守城士兵舉起大石頭砸向敵人。這種誤解集中表現在很多影視作品中。

滾木也稱“檑木”，或者叫“木檑”。最早的滾木確實是一種大圓木，守城時直接從城頭推下，砸擊敵人。不過這種圓木並不是一次性武器，它上面連著繩索，有的還配有絞車。砸下去之後，城頭的士兵可以用繩索和絞車把圓木收上來，進行下一次攻擊。

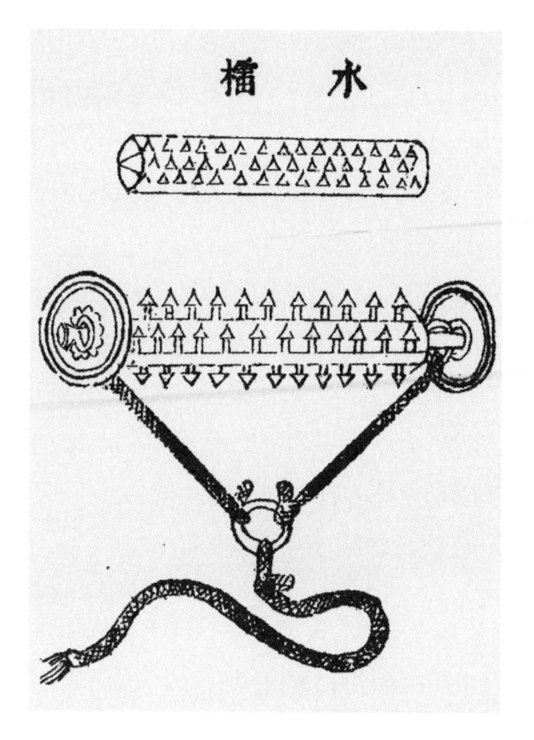

檑木

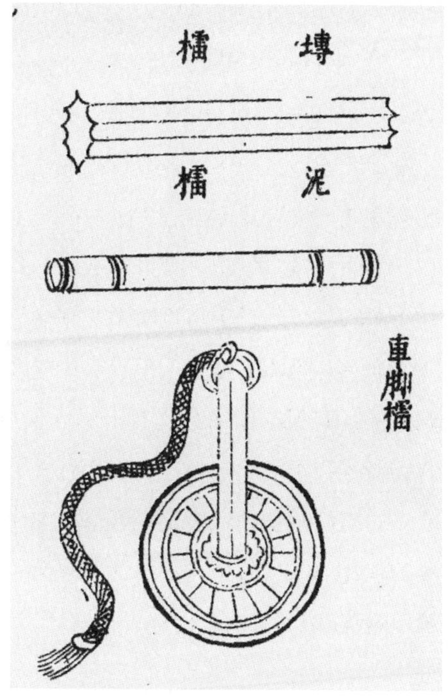

車腳檑

滾木對於在城下蜂擁攻城以及攀爬城牆的敵軍，具有很好的攻擊效果。但是古人還是覺得一根光溜溜的木頭殺傷力不夠，於是又給圓木加上鐵釘，做得像狼牙棒一樣。這樣的滾木砸下去，就是血肉橫飛的效果。

滾木的改進並不是到此爲止。爲了增加滾木的殺傷力，人們還用泥或者燒製的粘土來製作滾木。這樣的滾木（其實已經不是木頭了）密度比木頭更大，砸擊的力量也更強。

還有一種類似於滾木的守城器械，叫做狼牙拍。狼牙拍是用木頭製成的長方形木牌，上面佈滿狼牙狀尖釘，四個角用繩索吊起。使用時從城牆拍下，殺死攻城的敵人。

檑石也稱“石檑”，就是用來擊殺攻城敵軍的石頭。我們在很多影視劇中都能看到守城士兵高高舉起一塊大石頭，然後奮力向下砸去的鏡頭。其實這樣的鏡頭存在著

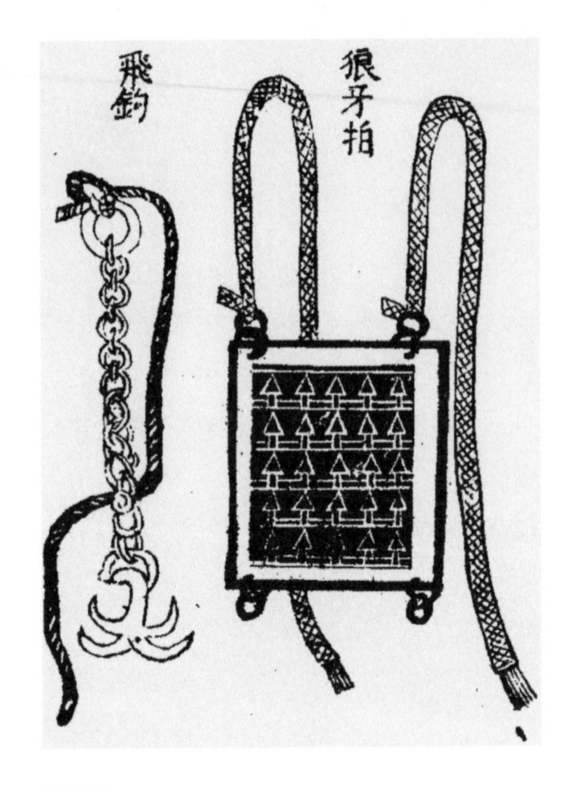

狼牙拍

錯誤。櫑石只是一種中等大小的石頭，一般都在十斤以下。這樣小的石頭能有殺傷力嗎？別忘了，守城士兵是站在城牆上面向下扔石頭，而古代大城的城牆基本都有十幾米高，相當於四、五層樓的高度。從這個高度扔下一個西瓜也足以把人打得半死。所以一塊十來斤的石頭從城頭扔下，足以使敵人喪失行動能力了。

守城的時候，也不是不用更大的石頭。但是幾十斤重的石頭大多用來破壞敵人的攻城器械，或者是當作拋石機的彈藥。守城方的資源畢竟有限，所以對付敵軍士兵時，能用小的就不用大的。而且守城士兵的體能也很重要，真要是每一次都舉起幾十斤的大石頭向下砸，那麼舉不了幾下就精疲力盡了。

滾木櫑石可以稱得上是最原始最簡單的守城武器了，但是越是簡單，生命力反而越旺盛。在古代戰爭中，只要有士兵爬牆這種攻城方式，滾木擂石就永遠有它們的用武之地。

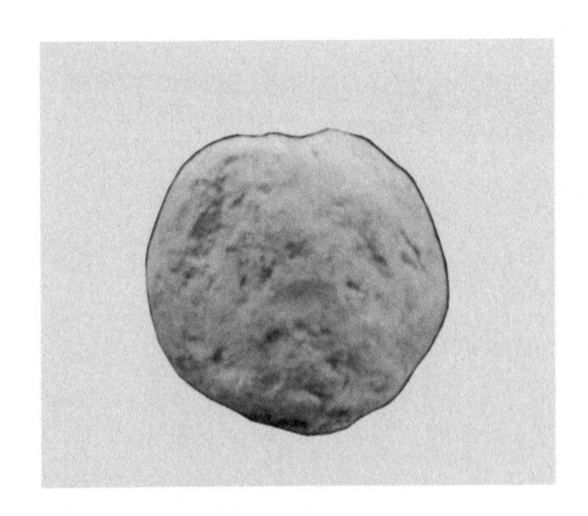

宋代擂石

27

火藥是何時發明與應用的

火藥是中華民族的四大發明之一，也是古代中國人對全世界人民的偉大貢獻。中國人能首先發明火藥，得益於古代對硫磺、硝石等藥物的長期研究。

火藥不同於其他引火物的一個重要特點，就是它是一種自帶氧化劑、可以隔絕空氣燃燒的物質。火藥中的硝石，就是起了氧化劑的作用。所以火藥能夠劇烈燃燒甚至爆炸，主要是因為加入了硝石這種氧化劑。

火藥是中國的煉丹家發明的，他們在配製丹藥的過程中，發現硫磺和硝石以一定比例混合之後，極容易產生劇烈的燃燒。8~9世紀的唐代煉丹家們，已經發現了硫、硝、木炭三種物質混合成火藥的配方。但是需要指出的是，火藥並不是煉丹家們希望出現的產品。他們記錄下火藥的配方，是為了告誡人們在煉丹時小心這幾種物質混燃所帶來的災難性後果。

到了宋朝初年，一些軍事將領和兵器工匠終於發現了火藥巨大的軍事價值，於是最早的一批火藥武器誕生了。

宋代軍事著作《武經總要》中記載了三個軍用火藥的配方，這是世界上最早的明確應用於戰場的火藥配方。這三個火藥配方都很複雜，除了硫磺、硝石之外，還有很多種含碳物質。這樣製作出來的火藥，雜質很多，一般是作為燃燒類火器使用。

宋代早期的火藥武器是火藥箭和火球。火藥箭是用弓弩發射、帶有火藥包的箭，能起引火燃燒的作用。火球是一

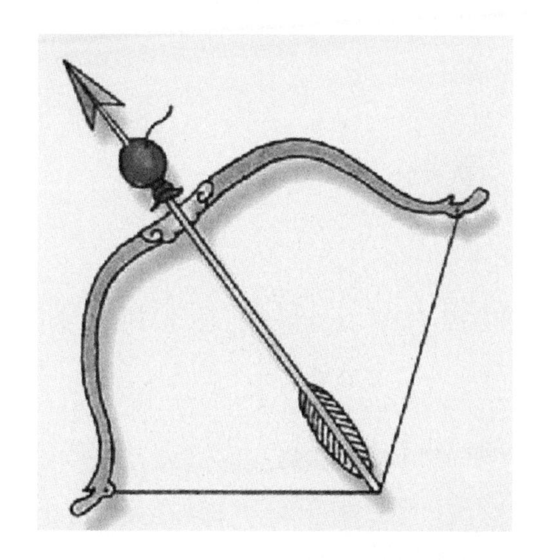

火藥箭是用弓弩發射、帶有火藥包的箭，能起引火燃燒的作用。

火球是一種用抛石機抛擲出去的發煙、燃燒類火器。

種用抛石機抛擲出去的發煙、燃燒類火器。

這兩種初級火藥武器，其實還只能算是古代火攻武器的一個延伸，並沒有發揮出火藥獨特的威力。尤其是這兩種武器的使用，都需要依賴傳統的冷兵器，所以嚴格地說，這兩種火藥武器還稱不上是熱兵器。

雖然早期的這兩種火藥武器非常簡單，沒能把火藥劇烈燃燒的特性利用起來，威力也不大，但它們畢竟是後世火藥武器的祖先，我們不能小看它們。

直到南宋時期，能夠充分利用火藥燃燒力量的管形火器出現，這才標誌著熱兵器登上了歷史舞臺。

火藥從發明到應用，經歷了一二百年的時間，從作爲引火物使用到發明眞正的熱兵器，又經歷了一百多年。從這裏我們也可以看出古人在技術進步的道路上走得多麼艱辛。

28

世界上第一支發射子彈的火槍是何時出現的

宋代工匠和軍事將領在製作和使用早期燃燒性火器的過程中，逐漸發現了火藥燃燒時產生的巨大力量，並把這種力量應用於軍事領域。

1132年，南宋軍事科技家陳規發明了一種長杆竹火槍，並用這種火槍燒毀了敵人的攻城器具。這種火槍以粗竹筒作槍身，內裝火藥。施放時，一人持槍、一人點火、一人輔助。點火之後，火藥燃氣從筒中噴出，起了燒殺作用。雖然這種竹火槍只是利用火藥燃燒產生的高溫氣體來灼燒敵人，但比起北宋時期的火球和火藥箭，無疑是一大進步，也眞正開始利用了火藥燃燒產生的巨大能量。從這個意義上說，陳規發明的竹火槍是槍炮的雛形。

與南宋對峙的金朝軍隊，也製作了一種可以噴火的武器，取名爲飛火槍。飛火槍是把冷熱兵器結合在一起的武器，以厚紙卷成紙筒，裏面裝塡火藥與鐵渣、磁末的混合物，綁在長矛前端。士兵自帶火種，戰鬥時點燃火藥，火焰伴著鐵渣、磁末一起噴出，能飛出一兩丈遠。而在射擊完成之後，士兵們還可以用長矛繼續進行格鬥。1233年，金軍使用這種武器夜襲蒙古軍營，燒毀了蒙古軍隊的營寨，取得了一次難得的勝利。

從史書記載中可見，金軍的飛火槍是一種單兵武器，而且它已經不僅僅是靠噴火來殺傷敵人，而是加入鐵渣等物質來增加殺傷力。雖然飛火槍還不能打出子彈，不過它向著槍械的方向又前進了一步。

宋元鐵火槍

又過了二十多年，金朝滅亡，蒙古軍南下攻擊南宋。南宋壽春府（今安徽壽縣）軍民，在1259年製造出了一種“突火槍”。突火槍是對竹火槍、飛火槍的改進和發展。突火槍以巨竹爲筒，內裝火藥與子窠，點燃後，子窠從竹筒中飛出，擊殺敵人。

由此可見，突火槍比起竹火槍和飛火槍來，最大的進步是用火藥燃燒爆炸的力量來發射彈丸。這樣的火器，已經具備了槍炮的三個要素：身管、火藥、彈丸。雖然對於子窠的形狀、材質我們不得而知，但是至少有一點可以肯定，這是一種靠火藥氣體發出的彈丸，而不是粉末。

雖然這種火槍有很多缺點，比如竹筒槍身難以承受火藥氣體的壓力，容易炸膛，威力較小，射程有限，難以瞄準等等，但是這畢竟是世界上最早的發射子彈的火

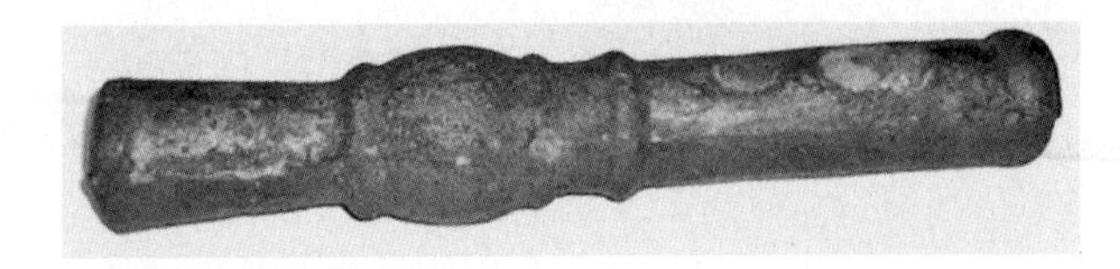

元代火銃

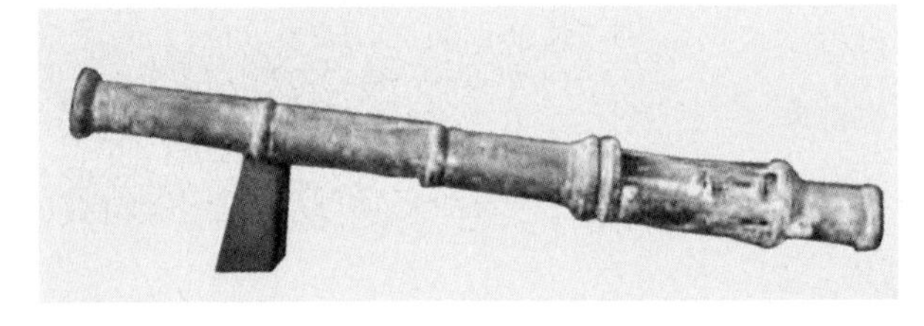

明代子母銃

槍，奠定了後世所有槍炮的基本原理。所以，突火槍是世界公認的槍械鼻祖。

在突火槍出現後不久，元朝發展了突火槍的技術，用金屬來製作管形火器，稱爲火銃。金屬管顯然比竹筒更能耐衝擊，所以威力也就更大。後來金屬管形火器不斷地發展、完善，最終發展成爲了現代槍炮。

29

大炮是何時出現的

火炮是一種大型身管武器，主要用於戰場上的火力支援。其實槍和炮的基本原理是相同的，都是利用火藥爆炸產生的高壓氣體將彈丸發射出去的武器。現代區分槍炮這兩類武器，主要也是看口徑的大小。口徑在20毫米以上的，稱炮；20毫米以下的則爲槍。

正因爲槍和炮之間只是大小的區別，所以突火槍既是槍的祖宗，又是炮的祖宗。眞正意義上的火炮是元代發明的，元以前的炮，大多指的是拋石機。蒙元軍隊在滅金、滅宋的過程中，瞭解到了飛火槍、突火槍的製作方法，並開始嘗試用金屬來鑄造這種火器。在宋元之交，金屬製造的火銃就開始裝備部隊了。

近年來，在中國東北、內蒙古、西北等地發現了很多元代銅火銃。這些火銃有的刻有紀年，有的沒有。結合史料，學者們認定這些火銃是元世祖忽必烈爲平定北方蒙古諸王叛亂時使用的，其年代在13世紀晚期，也就是蒙元滅南宋之後不久。這些火銃中，大部分是所謂的“手銃”，也就是由士兵握持使用的。但是也有一些是重量比較大的火銃，是放在架子上使用的。

黑龍江阿城縣曾經出土了一件沒有紀年的銅火銃，長340毫米，口徑26毫米，重3公斤多。銃身分爲三部分，前面是前膛，中間是藥室，後面是尾銎。藥室部分隆起，用於裝發射火藥。尾銎則用來安裝木柄，便於士兵握持。阿城銃的年代大概是1287到1290年之間，是一種單兵使用的手銃，雖然口徑夠大，但是與其說它像炮，倒不如說更像步槍。

元至正十一年銅銃

現存最早的刻有紀年的銅火銃，收藏於內蒙古上元民族藝術博物館，銃身銘文爲“大德二年”（1298年）。火銃全長347毫米，口徑93毫米，銃身也分爲前膛、藥室、尾銎三部分。由於銃口呈碗口形，所以也稱碗口銃或盞口銃。火銃重達6公斤多，無法單兵手持，所以要架在木架上使用。

中國國家博物館收藏的元至順三年銅火銃，也是一種碗口銃。火銃全長353毫米，碗口直徑105毫米，銃尾直徑77毫米。這種火銃也是放在架子上使用的，作用類似於現代大炮。

用金屬來鑄造管形火器，比起用竹子製作的突火槍，是一個巨大進步。首先就是金屬明顯比竹子堅固，能夠多裝火藥，增加威力；其次是便於統一規格、批量製造，而且火銃的外型也可以製作得更加合理；最後就是金屬火銃的內膛更加光滑，這樣發射的彈丸威力更大，而且也便於清理炮膛的殘渣。

無論是從發射原理還是從使用方式上看，元代的大型碗口銃就是現代大炮的祖先。當然，這種原始的火炮還存在著很多問題，威力和準確度都不高，對戰場的影響力與被稱爲“戰爭之神”的近現代火炮完全不可同日而語。但是元代銅火銃畢竟開創了金屬管形火器的先河，以後火炮的技術無論怎麼進步，基本原理都和早期的銅火銃是一樣的。

30

“紅衣大炮”有什麼突出之處

火藥以及槍、炮等火器的故鄉都在中國，但是中國火槍、火炮技術的發展卻非常緩慢。明代前期，中國的火槍、火炮和世界其他地區的水準相差不大，但是到了中後期，則停滯不前，迅速被西亞、歐洲等地超越。

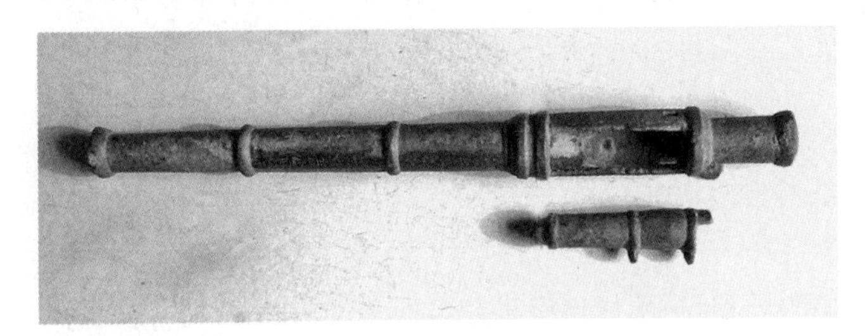

佛郎機

明朝軍隊很重視火器的作用，但是威力和射速一直是各種火銃的兩大技術瓶頸。明代嘉靖年間，葡萄牙殖民者騷擾南部沿海，被明軍擊退，葡萄牙軍艦上的火炮也被繳獲。這種西洋火炮具有子母炮結構，一個母炮配4~9個子炮。子炮提前裝好彈藥，使用時輪流放入母炮發射，因此大大提高了發射速度。明朝大量仿製了這種火炮，取名“佛郎機”（佛郎機是“法蘭西”的音譯，由於當時中國人並不瞭解西方，所以把歐洲人大多統稱爲佛郎機）。

佛郎機的引進代表明朝火器技術已經落後，但同時也表明明代人並不排斥在技術領域向西方學習、交流。

明朝後期，西方傳教士來到中國，帶來了比較系統的西方近代自然科學知識，同時也把一些西方軍事技術介紹到中國。明朝軍隊通過傳教士，向西方購買了一批用於戰艦上的大型加農炮。據說是，這些火炮最早是從荷蘭人手中買的，明代稱荷蘭人爲“紅夷”，故稱“紅夷大炮”。但是從史書記載來看，紅夷大炮大多是在澳門從葡萄牙人手中買來的。

紅夷大炮代表了當時歐洲火炮製造技術的最高水準，相比中國傳統的口徑大、身管短的火炮，它身管較長，而且炮壁從前至後逐漸加厚，藥室部分最厚。爲增加裝藥量、防止炸膛，炮身上還設置數道鐵箍。紅夷大炮一般長3米左右，口徑110~130毫米，重達數千斤。

紅夷大炮

紅夷大炮與傳統火炮相比，裝藥量大、射程遠、發射的彈丸重量也比較大。據史書記載，有的紅夷大炮射程可遠至十多里。參考同期的歐洲史料，我們知道這種記載是有根據的。

包括紅夷大炮、佛郎機在內的西式大炮被明軍用於抗擊後金的戰鬥中，與城牆結合，取得了非常好的效果。

明軍認識到紅夷大炮的優越性，所以在不斷從澳門買進的同時，也自己仿製。久而久之，紅夷大炮的樣式就成爲了明清兩朝火炮的標準樣式。

紅夷大炮雖然威力大，但是較爲笨重，所以一般用來攻守城池，野戰的效果並不好。紅夷大炮被明軍用於抗擊後金的戰鬥中，與城牆結合，取得了非常好的效果。比如明末守衛寧遠城的戰役中，紅夷大炮就發揮了巨大威力。

清朝建立以後，大量製造紅夷大炮。因滿清統治者忌諱“蠻夷”等字眼，所以便改紅夷大炮爲“紅衣大炮”。紅夷大炮在清朝康熙年間的數次平叛戰爭中都發揮了巨大的作用。

31

中國的近代武器工業始於何時

鴉片戰爭之後，中國開始了近代百年的屈辱史。面對西方列強的近代化軍隊，以冷兵器爲主要裝備的清軍，屢屢失敗，一些有遠見的大臣已經看出，西式近代化裝備將會成爲戰場上的主宰。

在鎮壓太平天國運動的戰爭中，曾國藩、李鴻章、左宗棠等人都體會到了西式槍炮的巨大作用。1861年，清軍攻下長江重鎮安慶，曾國藩便立刻在安慶設立軍械所，生產西式槍炮。由於這個軍械所隸屬於湘軍內部，因此稱“安慶內軍械所”。

安慶內軍械所是晚清洋務運動的第一個成果，它是中國最早的新式軍工企業，同時也是中國近代機械工業的開端。以現在的眼光來看，安慶內軍械所還有很多原始之處，比如開創階段的生產主要還是依靠手工，所需資金全由湘軍內部供給，生產的產品也都歸湘軍無償調撥，其組織形式與市場化的近代企業相去甚遠。但是它畢竟是中國第一家能夠生產近代武器的兵工廠，其意義十分重大。

安慶內軍械所建立時規模較小，但是貫徹“自辦”宗旨，所用人員都是中國人，而不用洋人。其主要產品是子彈、火藥、步槍、火炮，產量有限，且技術水準也不高，很多產品實際上還是舊式槍炮的加強版。後來逐漸引入機械生產，並召集了很多當時國內優秀的科技專家，如徐壽、華蘅芳、李善蘭、徐建寅等等。以這些專家爲骨幹，安慶內軍械所還有兩項足以彪炳史冊的成就：一是在1862年，製造出了中國第一台蒸汽機，標誌著中國擁有了生產近代工業機器的能力；二是在1862年底，又試製了中國第一艘蒸汽動力輪船，成爲以後著名的“黃鵠”號的雛形（很多史料認爲中國第一艘蒸汽輪船是“黃鵠”號，其實早在“黃鵠”號之前，安慶內軍械所就開始試製蒸汽船了）。著名的“黃鵠”號輪船也是安慶內軍械所的傑作，其主要設計人員就是徐壽、華蘅芳等人。

1864年，湘軍攻克太平天國首都天京（即南京），安慶內軍械所的主要人員、設備即遷往南京。1865年，李鴻章將其在上海建立的洋炮局遷往南京，與原安慶內軍械所合併，改建爲“金陵機器製造局”。金陵機器製造局的規模比起前身安慶內軍械所來，要大大增加，生產水準也有較大進步，是當時僅次於江南製造總局的第二大近代軍工企業。

雖然自安慶內軍械所開始，洋務派興建了很多近代軍工企業，其中有一些還維持了相當長的時間，具有很高的技術水準，但是這些企業都是秉承“官辦”思想發展起來的，不以盈利爲目的，其生產資金是上級撥款，產品也歸軍方無償調撥，並無近代企業的籌資、生產、銷售等模式，因此實際等同於負責生產的衙門。在這種環境下，洋務企業繼承了晚清官場內耗嚴重的弊端，生產效率低下，成本也居高不下，很多都陷入難以爲繼的困境。當然，儘管存在種種不足，但是洋務企業畢竟開啓了中國工業近代化的進程，其意義不可低估。

32

“定遠”、“鎮遠”是什麼樣的軍艦

說起北洋水師的主力戰艦“定遠”、“鎮遠”，實在有太多的話題能夠使人動容。它們既代表了近代中國海軍的驕傲，也代表了中國海軍的恥辱。它們是近代中國人追求自強的見證，也無奈地承擔了失敗。

在晚清建設海軍的熱潮中，北洋水師得到了清廷最多的經費支持。李鴻章對於世界海軍的發展形勢十分關注，認識到大型鐵甲戰艦的作用，於1881年向德國伏爾鏗船廠訂造了兩艘大型鐵甲艦，還派劉步蟾、魏瀚等人去船廠監製，李鴻章親自爲兩艦定名“定遠”、“鎮遠”。

兩艦本應在1884年交貨，但是建成之時恰好中法戰爭爆發，德國作爲中立國，按國際慣例，不能在戰爭期間交貨。直到1885年，中法戰爭結束，德國方面才派人將兩艦送回中國。

“定遠”和“鎮遠”是同型軍艦，在艦種方面屬於鐵甲艦。鐵甲艦指的是以鋼鐵作艦體，擁有裝甲防護（鋼鐵的艦體不等於裝甲）的主力戰艦，其地位相當於戰列艦（實際上，鐵甲艦確實發展成了近代戰列艦）。“定遠”型鐵甲艦滿載排水量7670噸，艦長94.5米，寬18米，吃水6米。兩艦的總功率有所區別，“定遠”艦爲6200馬力，“鎮遠”艦爲7200馬力，因此在航速上，“定遠”爲14.5節，“鎮遠”爲15.4節（1節=1海里/小時，1海里=1852米）。艦上的主要武器爲：305毫米口徑的巨炮四門，裝在艦體中部兩舷，四門炮可同時指向艦首方向；首尾各有一門150毫米口徑火炮，作爲副炮；75毫米舢板炮四門；各種口徑機關炮十餘門；魚雷發射管三具。另外每艘戰艦上還攜帶魚雷艇兩艘。裝甲材質爲熟鐵和鋼，最厚處達到356毫米。

“定遠”和“鎮遠”兩艦歸國之後，成爲了遠東地區最強大的戰艦，即使放眼全世界，這兩艘戰艦也稱得上名列前茅。兩艦均劃歸北洋水師，“定遠”艦成爲北洋水師旗艦，管帶（艦長）爲劉步蟾，“鎮遠”艦管帶爲林泰曾。這兩艘巨艦的出現，極大地震懾了周邊不懷好意的勢力，尤其是日本。1886年，北洋水師六艘主力艦組成編隊出訪，先後到達了朝鮮元山、俄國符拉迪沃斯托克、日本的東京和長崎。日本朝野震撼，紛紛思考如何對付此兩艦。此後，日本朝野上下節衣縮食，瘋狂建設海軍。到甲午戰爭前，日本海軍的總噸位已經超過中國。

1894年，甲午戰爭爆發。1894年9月17日，“定遠”、“鎮遠”作爲主力，參加了著名的黃海大東溝海戰。戰鬥中，“定遠”、“鎮遠”成爲全軍中流砥柱，一直堅持戰鬥。事後統計，“定遠”艦中彈一百五十多發，“鎮遠”艦中彈二百二十多發。但是兩艦均沒有受到重大損害，給日軍造成很大威脅。“定遠”艦上的305毫米主炮還曾經擊中日軍旗艦“松島”號，一炮即擊破敵艦船舷，使其彈藥庫起火，被迫退出戰鬥。大東溝海戰以北洋水師沉沒五艦、日軍五艦受重創而結束。

大東溝海戰之後，北洋水師不再出海作戰，致使日軍取得了黃海的制海權。1895年2月4日，日軍魚雷艇偷襲威海衛，“定遠”艦左舷中雷，不得不移至淺灘擱淺，作爲固定炮臺使用。2月9日，日本陸軍攻佔威海衛陸上炮臺，北洋水師已經被日軍水陸合圍。2月10日，劉步蟾下令炸毀“定遠”，隨後即自殺。日軍攻佔威海衛，“鎮遠”被日軍俘虜，編入日本聯合艦隊服役，艦名仍爲“鎮遠”，於1911年退役，次年被作爲廢鐵拆解。

這兩艘曾經的遠東第一大鐵甲艦，卻以這樣淒涼的結局收場，實在令無數中華兒女扼腕歎息。“定遠”、“鎮遠”兩艦的落幕，是近代中國海軍建設的一大挫折。自此之後一百多年的時間裏，中國海軍再未擁有如此噸位的戰艦，已經逝去的“定遠”、“鎮遠”兩艦，還長期掛者“中國史上最大戰艦”的頭銜。直到二十一世紀，隨著人民海軍一批新式大型戰艦服役，才使這兩艦摘掉了“第一”的名號。

 33

近代中國建造的最優秀的戰艦是哪一艘

得益於近代軍事工業的建立，中國晚清海軍當中，不僅有外購軍艦，也有不少是本國自產軍艦。左宗棠創建的福建船政局，是國內造艦的主力廠家，一度號稱遠東第一大船廠。除了福建船政局，還有江南製造總局等洋務企業，也可以建造近代軍艦。自洋務派開始自造軍艦以來，僅福建船政局所造艦船，就達到了四十艘，總噸位四萬多噸。

在這些數量繁多的自造軍艦中，性能最爲優秀的，無疑是鋼甲海防艦“平遠”號。

1886年，福建船政局參考當時國外的新式近海防禦軍艦，準備建造一艘具有國際先進水準的近海防禦鋼製軍艦，福建船政學堂前學堂第一屆製造專業畢業生魏瀚、鄭清濂等負責設計監製。該艦從1886年12月開工，1889年5月竣工，命名爲“龍威”，加入福建船政水師。

“龍威”艦因性能出色，於1890年調入北洋水師。北洋水師的主力戰艦，均以“遠”字命名，因此“龍威”亦改名爲“平遠”。

說起“平遠”艦的北調，還有一個故事。當“平遠”（當時還叫“龍威”）北上駛向天津時，出了一些機械故障，北洋大臣李鴻章便趁機詆毀，稱此艦性能不可靠，乾脆別北上了，即使來到北洋，也沒有人接收。時任船政大臣的裴蔭森被李鴻章嚇壞了，急忙上書朝廷，還要把負責監造的幾個人都革職。其實這是李鴻章擺了裴蔭森一道，“平遠”艦只有一些小故障，並非大問題，即使李鴻章從國外買來的軍艦，也免不了出故障。李鴻章這樣一要脅，就佔據了主動，明明得了一艘優秀軍艦，還得便宜賣乖，彷彿他自己吃了虧似的。經北洋水師提督丁汝昌和英國總教習琅威理的檢查，“平遠”艦性能可靠，完全可以接收。

“平遠”艦設計定位爲海防裝甲艦，即有著較強裝甲防護、主要在近海活動的戰艦，可以看作是鐵甲艦的近海縮小版。“平遠”艦滿載排水量2650噸，長59.99米，寬12.19米，吃水4.4米。總功率2400馬力，航速10.5節。其裝甲最厚處238毫米，編制爲220人。艦上主要武器有260毫米前主炮一門，150毫米副炮兩門，中口徑火炮和機關炮8門，魚雷發射管四具。該艦各項性能絲毫不遜色於歐洲同類艦艇，達到了當時的世界先進水準。

“平遠”艦由李和任管帶，在甲午戰爭中，也參加了1894年9月17日的黃海大東溝海戰，只是爲了保護運兵船，所以參戰較晚。但是在管帶李和指揮之下，依然奮勇作戰，擊中“松島”號兩炮，而自己也中彈受傷。1895年2月，日軍攻陷威海衛，“平遠”艦被俘，編入日本聯合艦隊。1904年，“平遠”艦參加了日俄戰爭，觸雷沉沒。

“平遠”艦是中國近代軍事工業的重要成果，也代表了中國科技人員努力追趕世界先進步伐的決心。但是畢竟晚清的工業基礎薄弱，“平遠”艦的很多關鍵零件都需要進口，建造成本甚至高於直接外購軍艦。甲午戰後，中國的國力進一步衰落，已經無法造出像“平遠”這種高水準的軍艦了。

中國人應知的

古代軍事常識

The Knowledge of Military Affairs

兵種軍制

兵種軍制

34

中國古代主要有哪些兵種

軍隊是由不同的軍種和兵種組成的。我們現代軍事體制中，陸軍、海軍、空軍是軍種稱呼，而步兵、炮兵、裝甲兵等等則是兵種稱呼。但是在古代，軍種和兵種的區分沒有這麼嚴格，我們籠統地以“兵種”來稱呼他們。

如果按照產生的時間來排序，中國古代的兵種依次是步兵、車兵、水兵、騎兵。步兵是最早、最基礎的兵種，可以說在有戰爭的那一天起，就有了步兵。車兵至少在商代就已經常見，盛行於春秋。春秋末年吳、楚等國發生了激烈的水戰，說明專業的水上作戰部隊即水兵已經出現。戰國中後期趙武靈王進行“胡服騎射”的軍事改革，向遊牧民族學習騎馬技術，建立起了成建制的騎兵。值得一提的是，在有些朝代，炮兵也有一定的獨立地位，蒙元軍隊爲了攻打堅城，建立了相對獨立的襄陽炮部隊，可以算是炮兵的雛形；明代隨著火藥武器的進步和普及，專業的炮兵部隊開始出現，但是總體來說，炮兵是從屬於步兵的。

在較長時間裏，步、騎、水這三個兵種是最主要的，基本上歷朝歷代的軍隊，都是由這三個兵種組成。而車兵則是輔助兵種。比如漢朝的高級武官中，就有材官將軍（漢代稱步兵爲材官）、騎將軍、輕車將軍、樓船將軍等職務。僅從字面意思來看，就是分管步兵、騎兵、車兵和水兵的將軍（但實際上的職責並非完全如此）。

然而由於時間、環境的不同，即使是步、騎、水這三大主要兵種，在不同的時代也不是同時具備。有些內陸的割據政權就沒有水軍，而一些比較偏遠的割據勢力，往往連成規模的騎兵都沒有。

總的來說，步兵作爲最基礎的兵種，在任何時代都是不可缺少的。騎兵在北方少數民族建立的政權中比較普遍，而對於中原王朝來說，往往是武力強盛的朝代騎兵的規模較大，而武力衰弱的朝代騎兵較少。水軍也是歷朝歷代都要設置的，但是古代的水軍多是內河作戰，海戰很少，而且水軍往往很難發揮戰略性的作用。車兵曾經盛極一時，但是最後淪爲輔助兵種。炮兵則是後起之秀，但在古代也一直沒有脫離步兵完全獨立出來。

35

古代步兵的地位如何

步兵是歷代軍隊構成中的主體，以兵法而言，就是奇正之分的“正兵”，是軍隊的核心。

步兵是古代軍隊中數量最多、所占比例最大、設置範圍最廣的兵種。但是數量最多、比例最大並不意味著地位最高。

在最早的戰場上，只有步兵這一個兵種，戰術簡單，武器原始，無所謂多兵種配合。商周時期車戰盛行，高級貴族都是乘車作戰，低級貴族和平民士兵才徒步作戰，車兵是地位最高的兵種，步兵淪爲了車兵的附屬，甚至失去了作爲獨立兵種的地位。

春秋中後期，脫離戰車，獨立的步兵部隊又出現了，到了戰國時期，步兵終於重新崛起，再度成爲主力兵種。據《戰國策》記載的當時遊說之士的言論，秦楚等大國都是“帶甲百餘萬，車千乘，騎萬匹”，把步兵放在了戰車的前面，可見步兵的重要性大大增加。

漢、唐等朝代，對北方遊牧民族採取攻勢作戰的策略，所以非常重視騎兵建設，騎兵的數量多、戰鬥力強，是主戰兵種，步兵的重要性相對較低。而宋朝這樣對遊牧民族主要採取守勢的朝代，騎兵的比重變得非常低，由步兵擔負主要的作戰任務。

古代的步兵有些是戰時招募農民臨時組建的，有些則是經過嚴格訓練的專業化步兵。古代的軍隊中對於專業步兵的要求非常嚴格，比如戰國時期魏國建立選拔“武卒”的制度，被選中的武卒可以享受到減免賦稅的待遇，但是要求士兵能使用力道達到十二石的弩，還要能背負全套鎧甲、武器以及三天的乾糧，半天之內急行軍百里。專業的步兵必須具備多種作戰技能，即要學會使用遠端武器（主要是弩），又要具備近戰格鬥的能力（當然在實際作戰中，還是各有側重）。

由於騎兵在作戰時的優勢，所以歷代中原王朝在條件允許的情況之下，都傾向於盡全力發展騎兵。當然，中原王朝爲抵禦北方遊牧民族，也發明了不少以步制騎的辦法，經過嚴格訓練的步兵，在與騎兵的正面對抗中也不落下風。但是總的來說，由於騎兵具備遠遠超過步兵的機動性，所以步兵在騎兵面前是比較被動的。

步兵作爲基礎兵種，也具有很大的優勢，就是訓練比較簡單，而且成本也低。即使是嚴格訓練的步兵，其訓練和作戰的花費也遠遠少於騎兵。再加上從古至今中國在人口數量方面都具有很大優勢，大批徵發的步兵就理所當然成爲歷朝歷代軍隊中的主要部分。

古代的步兵並不是最受重視的兵種，在大多數時期地位也不高，但是從數量上看，步兵卻是無可爭議的戰爭主力。正因爲如此，縱觀整個古代戰爭史，步兵絕對稱得上是最重要的兵種。

36

“乘”是一個什麼編制

中國的先秦時代，有“千乘之國”、“萬乘之君”的說法，用來形容一個諸侯國軍事力量的強大。“千乘”、“萬乘”中的“乘”，是指四匹馬拉的一輛戰車，而其延伸意義，也可以指一種以戰車爲中心的編制單位。

前面在介紹戰車時已經說過，戰車是商代到春秋時期的主力突擊兵種，一輛戰車上一般配備三名士兵，使用各種長短兵器。除了車上的士兵，每一輛戰車都有配合作戰的步兵，二者組成一個基本作戰單位，就是“乘”。“乘”是車戰時代最基本的編制單位。那麼一輛戰車一般配給多少步兵呢？

著名兵書《孫子兵法》中有“凡用兵之法，馳車千駟，革車千乘，帶甲十萬”之說，如果直觀地理解，似乎一輛戰車對應的士兵數是一百人。不過古代學者早有注解：《孫子兵法》中的“馳車”指的是戰車，而“革車”是輜重車。一輛“馳車”有車上作戰的士兵三人，車下徒步作戰的士兵七十二人；一輛“革車”則包括輜重兵二十五人。以此計算，一千輛戰車出征，需要配備一千輛輜重車，作戰人員和非作戰人員總數是十萬人。這是一些古代學者通過研究《周禮》等典籍所得出的結論。但是《詩經》中又有這樣的語句：“公車千乘，公徒三萬”。以此來推論，一輛戰車配屬的士兵人數是三十人。關於一輛戰車配屬的兵力是多少，還有很多說法，大概從二三十人到一百人不等。

兵馬俑坑中的戰車作戰單元，是很能代表戰國時期普遍情況的。

既然史料記載不一，我們怎

麼去理解千乘之國有多少實力，又怎麼去知道萬乘之君有多少家底呢？

其實，雖然資料記載不一，但是我們卻能從中發現規律，那就是春秋早期的資料中，一輛戰車配屬的步兵人數較少，大概在二三十人左右。而到了春秋晚期，資料中記載的人數大大增加，達到百人。這說明，隨著春秋時期列國諸侯之間的戰爭越來越激烈，軍隊的數量也急速膨脹，相應的每輛戰車配屬的士兵人數也就大大增加了。

根據當代一些學者的研究成果，步兵與戰車的配合是一種臨時的作戰編組。根據戰爭的需要、戰場環境的變化，與戰車配合作戰的士兵，可以多也可以少，沒有一定之規。有時在山地作戰中，甚至只以步兵參戰，不用戰車。既然只是臨時編組，那麼隨著軍隊規模的擴大，戰車的配屬步兵人數增多，也是理所當然的。戰國時期，步兵已經從編制上完全脫離了車兵，只是在需要的時候才配屬給戰車，協助作戰。這就像我們現代戰場上步兵跟在坦克後面衝鋒，一輛坦克後面跟隨多少步兵，也是不固定的。

車兵其實是一種局限性很大的兵種，只適用於平原地區作戰。隨著古代戰爭的方式越來越複雜，戰場的範圍也逐漸擴大，戰車漸漸失去了用武之地。隨著步兵的重新崛起，以及更爲機動靈活的騎兵出現，戰車終於在戰國後期退出了主戰兵種的行列，轉而成爲輔助兵種。

37

騎兵是何時出現的

騎兵是古代的重要兵種，在很多遊牧民族政權中，騎兵也是軍隊的絕對主力。中國北方草原地區的遊牧民族，很早就學會了騎馬，並將騎馬射獵的技術應用到了戰場上。那麼，中原地區是何時出現騎兵的呢？

傳統的說法是，在戰國中後期，趙國君主趙武靈王，有感於北方邊境屢被少數民

中國最早的騎兵無疑出現在北方遊牧民族當中，這是先秦時代的胡人騎兵。

族騎兵騷擾，決心以其人之道還治其人之身，向北方的少數民族學習騎馬射箭技術，推行更適合騎馬的少數民族服飾，建立獨立的騎兵部隊，史稱“胡服騎射”。從此之後，中原地區才有了大規模成建制的騎兵部隊。

近現代不斷有人對這個說法提出質疑。從殷墟出土文物來看，早在商代，就已經有了騎馬的技術，所以有人主張騎兵應該在商代就已經出現。另有學者根據戰國策等典籍的記載，認爲戰國早期就已經出現了騎兵。而先秦典籍《韓非子》中記載，春秋時期秦穆公爲支持晉文公重耳回國即位，派出了“革車五百乘，疇騎二千，步卒五萬”，其中的“疇騎”就是騎兵，這說明在春秋前期的秦國，就已經建立起了騎兵部隊。雖然秦國的地理位置比較偏僻，但畢竟也是周天子冊封的諸侯國，以此而論，中原地區的騎兵史，應從春秋時算起。這最後一種說法的影響力比較大，很多比較專業的軍事史著作也採用這種說法。

但是細加分析，這些看法都不一定站得住腳。商代固然有騎馬的技術，但是目前我們沒有證據表明騎士已經出現在戰場上，更不要說形成獨立的兵種了。而《戰國策》中雖然提到了騎兵，可是《戰國策》這本書畢竟是西漢時期的人根據流傳的戰國遊說之士的言論整理的，經常發生張冠李戴、誇大事實的情況，把戰國後期人的言論僞託給戰國前期人，也是常見現象，所以不足爲據。

至於《韓非子》中提到的“疇騎”，首先是“疇騎”這個詞，並沒有直接的證據表明指的就是騎兵。其次，在先秦諸子典籍中，提到古人古事，大多是寓言性質，只爲說理，並不一定眞的有史實依據，所以即便“疇騎”的確是騎兵，但是韓非子畢竟是戰國晚期人，由他來追述的春秋早期的事，並不一定完全符合史實。何況以我們瞭解的春秋前期列國的軍事實力和編制體系來看，韓非子這段話偏離史實甚多。比如春秋時期，步兵從屬於車兵，在大的戰役中，提到參戰兵力時都會說兵車多少乘，而從不單獨列出步卒多少人。而且，春秋前期的戰爭規模還不是很大，參戰兵力不多，各國的常備軍數量也有限，根據史料記載，很多大國舉國兵力也就是兩三萬人，而當時的秦國還算不上是一等強國。秦國只爲護送重耳回國，就派出五萬步兵，這個已經超出秦國的國力了。韓非子其實是在以戰國時期的戰爭方式來敘述春秋前期的事情，自然當不得眞。

秦國墓出土早期騎兵俑，頭戴中亞斯基泰式風帽，異族特徵明顯。

綜合各種資料來看，我們還是認爲，西元前307年趙武靈王下詔進行“胡服騎射”的軍事改革，是中原地區出現大規模成建制騎兵部隊的開始。在這之前，雖然已經有了騎馬的技術，甚至軍隊當中也出現了騎士，但是這些騎士只是單個的執行一些輔助性任務，如傳遞命令、偵查等等，沒有集中使用，更稱不上是一個兵種。只有在“胡服騎射”之後，騎兵作爲一個獨立兵種才被固定下來，並成爲古代軍隊的重要組成部分。

38

爲什麼中原王朝總是吃騎兵的虧

中國歷代中原王朝都深受北方遊牧民族之苦，來去如風的遊牧民族騎兵，往往給中原王朝帶來巨大破壞，可是以步兵爲主的中原軍隊，又很難與騎兵抗衡。爲了對付騎兵，中原王朝的軍隊往往採取修築城牆工事、加強步兵訓練、發展弓弩等遠射武器等方法。但是這些畢竟只是被動、消極的辦法。對抗騎兵，最好的辦法是發展自己的騎兵。

然而在歷史上，除了少數朝代在短時間內發展出一支強大的騎兵之外，大多數時間，騎兵的發展都是非常艱難的。在面對遊牧民族的騎兵時，中原王朝大部分時間都是在消極防禦。

中原王朝難以發展出大規模的騎兵部隊，主要的原因有兩個。

一是中原地區不出產好的馬匹。自進入文明社會以來，中原地區原產的馬匹就被用來拉車、馱載重物等等。經過長時間的繁衍，這些馬雖然能拉車幹重活，但是馬匹在速度、衝擊力等方面就大大退化了。這樣的馱馬不適合在戰場上騎乘，當然也不能用來組建騎兵。好馬的產地大多在北方，除了草原地區以外，西北也出產馬匹。但是只有中原王朝在鼎盛時期才能控制這些地區，像宋朝這樣的朝代，因爲失去了西北馬匹產地，不得已只能通過與北方政權“互市”的辦法，來購買馬匹。有時爲了獲得好的馬種，中原王朝甚至不惜刀兵相見。史載漢武帝爲了獲得西域良馬“汗血馬”的馬種，就發動了對西域大宛國的戰爭，最終迫使大宛交出馬種。但是在中原地區的飼養環境下，即使是好的馬種，經過幾代之後也會退化。漢、唐、明等朝代都極爲重視馬政建設，用各種辦法鼓勵甚至強制民衆養馬，可是卻只能取得短暫的效果。待國力衰落之時，馬政也就維持不下去了。馬匹問題一直是困擾中原軍隊的主要難題。

二是中原地區的騎兵花費巨大，訓練和維持費用高昂，而戰鬥力卻很難趕上遊牧民族的騎兵。以農耕爲主的中原地區，大部分人沒有從小騎馬的經歷，只有在進入軍隊以後才開始訓練騎馬的技術，這樣論作戰能力，當然比不了從小在馬背上長大的遊牧部落騎士。而且對於遊牧民族來說，騎馬射獵是平時的一種生活方式，不僅無需刻意訓練，而且也不需要額外的費用。在戰鬥中，遊牧民族騎兵的後勤保障也相對容易。他們往往一人備有數匹馬，長途行軍時不至於使馬力過渡消耗。在糧草不濟時，可以獵取鳥獸爲軍糧，而隨軍的母馬也能提供馬乳。這些特點，中原的騎兵是很難模仿和學習的。

漢朝爲了與匈奴進行騎兵大會戰，積累了幾十年的國力，在不世出的名將衛青、霍去病等人的指揮下，經數次大戰，雖然將匈奴趕到漠北，但是漢朝的國力也遭到極大消耗，再也無法維持大規模的騎兵部隊。唐朝爲了吸取少數民族騎兵的優勢，大量招攬番兵番將進入軍隊，雖然保持了軍隊的戰鬥力，但是卻間接導致了後來的安史之亂。漢唐這兩個武功極盛的朝代尚且如此，其他朝代的騎兵處境也就可想而知了。

 39

古代何時有水軍

反映古代水戰的岩畫

水軍也稱舟師，在古代四大兵種（步、車、騎、水）中，水軍的地位一般不高，除了個別朝代之外，水軍都不是朝廷的重點建設兵種。但是水軍畢竟是一個獨立的兵種，任何朝代也不能忽視水軍的建設。

從各種考古成果來看，早在文明時代以前，舟船就已經被發明出來並廣泛運用了。古籍上也有不少舟船應用於軍事領域的記載，比如周武王伐紂時，就在孟津渡口坐船渡過黃河，打到了商都郊外的牧野。春秋時期，秦國派軍隊護送晉文公回國，也是用舟船渡過渭水，在晉國境內登陸的。在這些軍事行動中，舟船的作用就是運輸部隊，因此還算不上是水軍。

有歷史記載的最早的水軍出現在長江流域。西元前549年，楚國與吳國發生戰爭。楚國派出一支水軍沿著長江去進攻吳國，但是沒有取得什麼戰果，就退了回來。史書上稱這次戰役爲“舟師之役”，特意用舟師來命名一次戰役，這說明在此之前，還沒有類似的戰役，或者即使有，也不怎麼出名。

從這條史料來看，楚國是最早組建水軍的諸侯國。楚國組建水軍的目的，則主要是爲了與東邊的吳國進行戰爭。自舟師之役以後，楚國數次出動水軍作戰，基本上都是以吳國爲作戰對象。吳國方面則針鋒相對，組建起了自己的水軍，以此和楚國抗衡。

吳國對水軍的發展做出了重大貢獻，這不僅是因爲吳國的舟師戰鬥力較強，而且吳國舟師還是最早進行海上作戰的部隊。西元前485年，吳國派出一支舟師，從海路襲擊齊國。吳軍在齊國境內順利登陸，但是隨後卻吃了敗仗，這次軍事行動以失敗告終，這是中國古代有記載的第一次大規模海上軍事行動。儘管在這次戰役中，吳國只是用水軍進行了運輸登陸作戰，但是這次戰役畢竟告訴了中原地區的諸侯國，大海也已經成爲了戰場的一部分，以後靠海的方向也需要加強防禦，不再是平安無事的

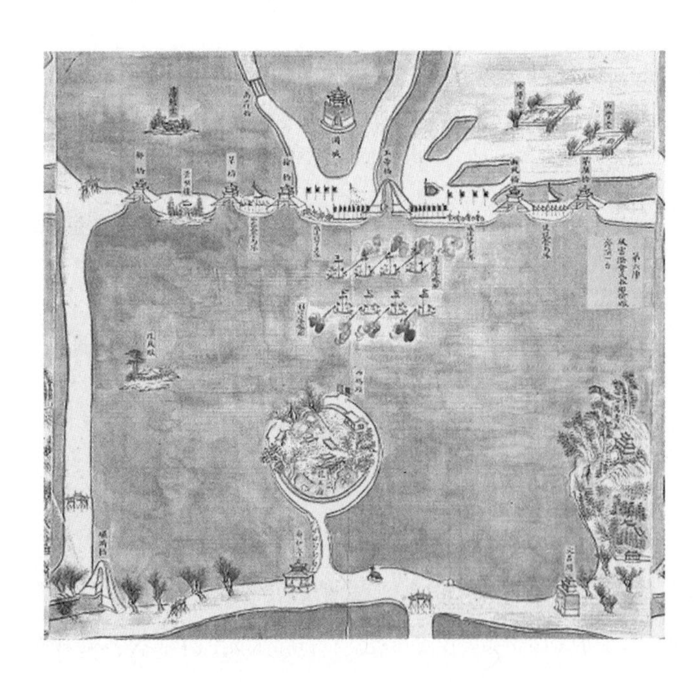

清代水師在昆明湖舉行水戰演習

了。由於吳國以一支具備水上作戰能力的正規水軍，進行了一次海上的軍事行動，所以我們可以說，中國的海軍史，應該從這個時候算起。

近代軍隊一般分爲陸軍和海軍這兩大體系，最早的空中力量也是分屬於陸軍和海軍的。而在中國古代，並沒有陸軍和海軍之分，水軍的職責覆蓋內河以及大海。在古代水軍看來，內河又遠遠比大海重要，大海只是一個意義不大的作戰領域。也正是因爲如此，很多材料中都認爲只有清末洋務運動建立起來的幾支海軍部隊，才是中國最早的海軍。

40

秦朝的軍隊爲什麼戰鬥力那麼強

先秦典籍《荀子》中，有一個《議兵篇》，其中有句話流傳很廣："齊之技擊不可以遇魏氏之武卒，魏氏之武卒不可以遇秦之銳士。"這是說，齊國的精銳部隊"技擊"比不了魏國的精銳部隊"武卒"，魏國的"武卒"則比不了秦國的"銳士"。由此可知，秦國軍隊的戰鬥力是最強的。

秦軍強大的戰鬥力是其統一六國的保障，當時六國的士兵都害怕秦軍，稱其爲"虎狼之師"。秦軍爲什麼戰鬥力如此強悍呢？

秦國地處西部邊陲之地，自建國伊始就在和周邊的少數民族部落進行著不斷的鬥爭。西部地區開發較晚，自然環境比較惡劣，生活條件差。在這樣的環境下，秦國民衆養成了彪悍兇狠、尙武好鬥的風格。這就構成了秦軍勇敢善戰、不怕犧牲的基礎。

戰國中期秦國任用商鞅進行了變法改革，商鞅以嚴刑峻法來管理國家，對百姓的約束極其嚴格。而同時，商鞅又建立起了一套完整的以軍功來授予爵位的制度。在這個制度下，戰場上殺敵有功的戰士，可以獲得土地和房產作爲獎賞，同時還有很多政策上的照顧。可是如果在戰場上不奮力作戰，吃了敗仗，那就要受到非常嚴酷的懲罰。秦國百姓的負擔很重，生活比較艱苦，所以到戰場上去立功，就成爲了秦國一般百姓改善生活待遇的唯一途徑。在這樣嚴密的賞罰制度下，秦國的士兵當然會奮勇殺敵。史書記載，秦國士兵聽說有仗可打，一個個都歡呼雀躍，唯恐自己不能出征。相比之下，其他諸侯國雖然也實行獎勵軍功的制度，但是都沒有秦國做得徹底。齊國獎賞在戰場上殺敵的士兵，但是卻不論戰爭的勝負，而且也沒有嚴格的懲罰措施。因此齊國的技擊之軍打小仗還可以，遇到大場面就完了。魏國的武卒待遇是減免賦稅，可是士兵長期服役，年老體衰而難以更新，國家也不能取消他們所享受的優待，這樣時間久了，國家的稅收就沒有保障，國力必然衰弱。只有秦國的制度，用賞罰逼著老百姓去作戰，能夠維持士兵長久的戰鬥力。

荀子的這句話經常被人引用，但是我們也要注意，這句話的後面還有內容，這就是“秦之銳士不可以當桓、文之節制，桓、文之節制不可以敵湯、武之仁義”。在荀子看來，秦國的軍隊也不是最厲害的，最強的軍隊應該還是商湯、周武王率領的“仁義之師”。由此我們也可以看出荀子本人的儒家立場。

 41

中國古代如何徵兵

要打仗，就要有兵。兵從哪裏來？當然是從老百姓當中徵集而來，沒有哪個人天生就是士兵。

中國古代的兵員徵集制度，大致可以分爲部族兵制、徵兵制、世兵制、募兵制等幾類。

部族兵制是最古老的兵役制度，商周等朝代以及少數民族建立的朝代都採用這一制度。這一制度的特點是，占統治地位的部族全族的男子都要承擔兵役，平時進行軍事訓練，戰時則組成軍隊出征。

徵兵制在戰國時期出現，指朝廷以法律規定全國適齡男子都有服兵役的義務，平時輪流當兵，遇到大規模戰爭時則全面徵發。這個制度與近現代的義務兵役制相似。

戰國、秦漢時期，徵兵制盛行，唐朝的府兵制也屬於徵兵制度。唐朝以後的朝代，徵兵制就較少採用了，直到近代義務兵役制度建立。

世兵制是指由政府指定一部分民戶爲“士籍”或“軍戶”，由這些民戶承擔服兵役的義務，並且世代當兵，不得擅自脫離軍籍。世兵制始創於漢末三國，盛行於明代。這種制度與族兵制有一定的相似性，都是以法律的形式規定某一部分家族世襲爲兵，不得更改。很多少數民族政權都規定本族人必須世代服兵役，比如清代八旗制度，既可以說是部族兵制，也可以說是世兵制。世兵制雖然也稱得上是一種職業兵制，但是由於世代當兵的規定弊端太多，所以這種制度大概是各種兵役制度中最不合理、期望値和效果反差最大的一種了。

募兵制是由政府出資徵募士兵的一種制度，相當於歐洲的雇傭軍制度。在這種制度下，當兵完全成爲了一種職業，國家政權與軍人之間也形成了一種雇傭關係。由於在募兵制度下士兵有軍餉收入，可以做到完全脫產，以加強軍事技能的訓練，因此募兵制可以說是一種最典型的職業兵制。戰國時期齊國的技擊、魏國的武卒，就是經過徵募並長期服役的職業兵，他們作戰可以得到政府的獎賞，具有募兵制的色彩。漢末三國時期，募兵盛行。而宋代的軍隊，則完全採用招募的形式。明代雖以世兵制爲主，但是由於明朝後期軍戶基本沒有什麼戰鬥力，所以也經常招募士兵。清代的綠營和後期的勇營，也都屬於募兵制。

歷朝歷代往往同時採用多種兵役制度，而且各種兵役制度之間也有交叉，有時難以完全區分。比如世兵制和少數民族政權的部族兵制之間，就有一定的相似性。而徵兵制又是商周時期部族兵制的一種延伸和擴展。大體上來說，募兵制和少數民族政權的世兵制都屬於職業兵制，但是在徵兵制下，有些殘暴的軍閥也會強迫士兵完全脫產、終身服役，而並不一定給予報酬。

總之，兵員徵集制度的發展是循序漸進的，基本的發展趨勢是追求士兵的職業化以及兵源的穩定化。

42

中華文明早期的兵役制度是什麼樣的

在戰國以前，中國的兵役制度以部族兵制爲主。這種制度也是與當時的城邦制國家政權相適應的。

周朝建立以後，將一些功臣以及王族子弟分封到各地爲諸侯。當時的諸侯國就是以一個都城爲中心，對都城周圍地區進行鬆散控制的政權。諸侯國的都城被稱爲“國”，都城之外的地方被稱爲“野”。都城中的居民，大多是國君的同族，或者是貴族的遠支，被稱爲“國人”。都城之外的居民，往往是被征服的部落民族，被稱爲“野人”。

諸侯國政權對野人只有較爲鬆散的控制，一般只是收稅。野人沒有什麼政治權力，對於自己的國家認同感也很低，還經常編些歌謠來諷刺國君、貴族們。但是國人就不同了，他們不僅與國君、貴族多少有些親緣關係，而且還要當兵打仗。當時的兵役制度就是“國人當兵，野人不當兵”。在當時來說，當兵打仗並不是什麼壞事，應該說既是義務，也是權利。因爲國君的統治基礎就是軍隊，國人當兵，就表明他們有參與政治的權力，甚至他們的態度還會決定國君的廢立，所以國君一般不敢得罪國人，否則自己的統治就會崩潰。西周末年，周厲王殘暴無道，不讓國人議論朝政，於是國人們奮起反抗，把周厲王趕下了台，這就是歷史上有名的“國

西周人形陶范，刻畫出典型國人男子的形象，是西周、春秋早期軍隊的主要兵源。

人暴動”。在西周、春秋時期，軍隊中的戰車兵和高級步兵，都是由國人中的低級貴族“士”來擔任，而一般的平民則只能擔任低級步兵或者輔助兵種。

由國人組成的軍隊，帶有強烈的貴族軍隊特色。他們一般都接受過貴族的“六藝”教育，懂得各種禮儀制度，會射箭、駕車，在戰場上則按照“軍禮”的規定來打仗。正是因爲如此，春秋時期的戰爭，往往體現出一些“溫情”色彩，比如戰場上遇到敵方國君還要行禮，給敵方主帥贈送禮物等等，看起來不像是在打仗，倒好像是在進行體育比賽。這種戰爭方式，與歐洲中世紀的騎士戰爭頗有相似之處。

戰國帛畫，描繪出先秦貴族武士的特質。

僅由國人來組成軍隊，那軍隊的規模當然不會很大。春秋前期，齊桓公任用管仲改革內政，建立起三萬人的常備部隊，這已經是當時非常強大的軍事力量了。然而隨著戰爭規模的擴大，戰爭慘烈程度的增加，僅從國人中挑選兵源，已經不能滿足戰爭的需要，於是很多諸侯國就把徵兵範圍擴大到了野人。這樣，族兵制就漸漸向徵兵制轉變，以至於在戰國時期就出現了數十萬大軍混戰的場面。

43

什麼是府兵制

府兵制是一種兵農合一的軍事制度，是南北朝到隋唐時期歷朝政府所採用的主要的兵員徵集制度。

府兵制源於少數民族政權的部族兵制。鮮卑人建立的北魏政權分裂爲東魏和西魏後，實力相對較弱的西魏爲了增強軍事實力，將徵兵範圍由鮮卑族擴大到漢族，建立起了府兵制。

早期的府兵制就是部族兵制的擴展，被選中的府兵戶籍單列，終身服役。隋朝政權建立以後，實行了府兵制改革，取消了府兵的特殊戶籍，從全國適齡男子當中抽選府兵。

唐朝建立以後，對府兵制進行了完善，在全國各地設置折沖府，每三年對所有成年男丁（20～60歲）進行檢點，檢點的比例開始爲“十丁抽二”，唐太宗以後改爲“十二丁抽一”，選拔財產較多、兄弟較多、身材魁梧的人爲府兵。府兵一旦被選中，終身都有服兵役的義務，在服役期內不承擔其他徭役。府兵平時耕作，到了農閒時節就到當地的折沖府接受軍事訓練。府兵在服役期內要輪番去京師宿衛，或者到邊境地區戍守，這叫做“番上”。

唐朝在中央設置“十二衛”，管理所有的折沖府。遇到大規模戰爭時，由朝廷下旨徵發府兵，並臨時任命行軍大元帥來指揮部隊。戰事結束之後，兵散於府，將歸於朝。十二衛只有管理府兵的職責，但是對府兵沒有指揮權。戰時任命的將帥雖有指揮權，但是戰爭結束後就無權管理府兵。這樣就避免了武將專權。

府兵制的基礎是均田制，也就是通過政府授田的方式保證所有民戶都有一定的田產，以保證社會上能有相當數量的自耕農階層。府兵就來源於這些自耕農。府兵在出征時，需要自備隨身的武器、裝具和乾糧。這是一筆不小的費用，如果不是有一定經濟實力的家庭，是負擔不起的。再加上府兵每年一般都有半年左右的時間是脫離生產來服兵役的，所以朝廷在挑選府兵時需要以經濟條件好、家中兄弟較多爲條件。

府兵所需的武器裝備，在名義上是自備的，但在實際執行過程中，則是府兵向官府的軍資庫中繳納一定的財物購買武器，然後在需要時則從府庫中將武器領出。因爲只有官府控制下的手工業，才能提供標準化、制式化的武器裝備。府兵的口糧平時也是存放於軍資庫中，管理軍庫人員要按照規定發給府兵“食券”，府兵則憑食券領取自己存入的糧餉物資。

隨著均田制的破壞，有一定經濟實力的自耕農數量逐漸減少，府兵制所賴以存在的基礎也就沒有了。到了唐代中期，不得已主要依靠募兵的辦法來組建軍隊。府兵制在天寶年間被徹底廢止，從此以後，中國再也沒有出現過類似的制度。

44

哪個朝代的職業兵最多

中國儘管人口衆多，但是歷史上大多數朝代，常備軍數量基本都在幾十萬人上下，很少有超過百萬的，比如武功極盛的唐朝，軍隊數量也只有五六十萬人。宋朝卻是例外，它的統治範圍沒有唐朝極盛時期的一半，但是僅僅是宋朝中央軍的禁軍數量，在北宋中期就超過了一百萬人，這還不包括廂軍等地方部隊。在中國歷代統一王朝中，宋朝的養兵數量是數一數二的，遠超之前的漢、唐等朝代，與實行世兵制的明朝不相上下。如果只論軍隊的職業化程度，宋朝是名副其實的史上第一。

唐朝的府兵制是一種小範圍的徵兵制，而宋朝則主要實行募兵制，士兵都有軍餉，與國家政權構成雇傭關係。既然是花錢養兵，士兵也完全脫離生產，是職業兵，那麼以常理說，應該實行精兵政策，士兵的戰鬥力要強，但數量則不必那麼多。比如歐洲的職業雇傭軍，往往以戰鬥力出衆著稱，甚至被各國視爲精銳。但是宋朝的募兵制卻恰好相反，軍隊數量比實行徵兵制的朝代還多，但是對外卻屢戰屢敗，只能靠交

宋代武人

納“歲幣”的方式，花錢贖買和平。

宋朝實行募兵的目的，是爲了在災荒之年將難民收募爲兵，以防止難民造反作亂。尤其是一些兇悍難治之徒，更是天災之年造反的主力，所以要優先把這些人吸收到軍隊中來。在這樣的方針政策下，軍隊的數量無限制膨脹，但卻充斥著各種道德品質低下之人，士兵的素質也越來越低。地方上的廂軍還往往由罪犯組成，這樣軍人就更被社會嫌棄。從軍被當成低賤的行業，士兵們在社會上也被人歧視。爲了防止士兵逃亡，新兵還需在臉上刺字，待遇等同囚犯（當然，在士兵臉上刺字，並非始於宋朝）。就是在這樣的社會環境下，出現了“好鐵不打釘，好男不當兵”的俗諺。

宋代武人

宋朝的皇帝認爲，他們這種養兵的制度可以“利百代”，但是我們遍觀兩宋歷史，各種農民起義並不比其他朝代少。當然，我們也不能認爲這種制度完全無效，畢竟宋朝沒有爆發大規模席捲全國的農民戰爭，應該說募兵制在其中起了重要作用。如果說在穩定內部方面，募兵制發揮了一定作用，那麼在對外戰爭方面，這種兵制可以說一無是處。政府募兵，不是爲了建立一支戰鬥力出色的精兵，而是爲了吸納社會上的反抗力量。這種畸形的國防建設思路，必然會造成嚴重的後果。後果之一就是，北宋朝廷養兵的費用占了財政收入的十之七八，軍隊卻依然不堪使用。後果之二就是在面對北方少數民族政權的入侵時，軍隊根本無力保護國家，以至於北宋被金朝所滅，而南宋則亡於蒙元之手。

宋朝多養軍隊卻打不了勝仗，反而給國家財政帶來了巨大負擔，出現了"冗兵"問題。統治者耗費鉅資建立起了一支在人數上是歷史之最的職業化軍隊，但是卻沒有表現出職業化軍隊應有的戰鬥力，最終也無力抵擋外族的鐵騎。

45

明朝是怎樣養兵的

元朝和其他的少數民族政權一樣，最早都實行部族兵制。後來在部族兵制的基礎上，建立起了世兵制。明朝沿襲了元朝制度，仍實行世兵制。

明太祖朱元璋統一全國後，將所有軍人的戶籍單列爲"軍戶"，並在各地設立衛、所機構，管理軍戶。軍戶世代爲兵，除極特殊情況外，不得脫籍。明朝還將屯田制度與世兵制結合起來，由朝廷撥出一部分土地，分配給軍戶耕種，實行"以屯養軍"的制度。軍戶的管理完全和民戶分開，即使軍戶之間的訴訟案件也由軍隊系統審理。軍戶既進行軍事訓練也從事農業生產，所以算不上職業兵。

明代每個衛下轄五個千戶所，千戶所下設有十個百戶所，百戶所下設兩個總旗，總旗下再各設五個小旗，以十名士兵爲一小旗。所有軍戶，均歸當地衛、所管理。

全國的衛所都歸五軍都督府管轄，五軍都督府則歸兵部調派指揮，以兵部尚書爲最高長官。

明朝這一整套管理士兵的制度，一般叫做"衛所兵制"。這個制度在很多方面與唐朝的府兵制相似，都是兵農合一，而且將領不帶私兵，所有士兵的管理、調動權都在中央。但是衛所兵製作爲世兵制的一種，與府兵制也有相當大的區別。一是府兵制下，政府面向全國農戶定期揀選府兵，屬於部分徵兵制，而衛所兵制下的徵兵範圍只是軍戶；二是府兵有服役期限，而且無需世襲，而衛所兵制則是軍戶世襲的。

由於衛所兵不完全脫產，在軍糧方面能夠做到自給自足，所以政府的財政負擔相對較輕。明朝的衛所制維持了相當長一段時間。但是衛所制的弊端也十分明顯，比如軍隊的訓練水準低、軍戶沒有人身自由等等。明朝中後期，衛所的長官大多把軍戶當成自己的佃戶或者苦力看待，訓練廢弛，軍戶的生活狀態也十分淒慘。明代不允許軍戶隨便改爲民籍，而且科舉考試也對軍戶限制極多，基本把軍戶排除在外，斷絕了軍戶子弟改變自身社會地位的希望。民戶如果與軍戶通婚，子女也要受到連累。軍戶也不能將自己的子侄過繼給民戶，以保證其不脫離軍籍。甚至民戶犯罪，也往往以充作軍戶來作爲處罰。這一系列措施，都使得軍戶地位大大低於普通民戶，幾乎淪爲國家的奴隸。如此一來，軍戶的士氣低下，無論是訓練還是出征，都沒有任何積極性可言。在明中葉以後，衛所制就不能爲朝廷提供有效的軍事力量了。

世兵制失去作用，明朝廷不得已只能依靠募兵的辦法來維持武裝力量。戚繼光爲了抗擊倭寇，招募了一批軍隊，號稱“戚家軍”，取得了不錯的效果。後來北方的邊防部隊和中央軍也完全靠招募了，明朝的國防力量實際已經走上了職業化的路子，作爲世兵制的衛所制度則名存實亡。

46

八旗制度是怎麼形成的

八旗制度是清朝創始人努爾哈赤根據滿洲傳統創立的一種制度，八旗既是社會組織形式，也是軍事制度。努爾哈赤在統一女眞各部的戰爭中，勢力不斷擴大，掌握的人口也越來越多。爲了進行有效的管理，努爾哈赤於1601年創立八旗制度。這一制度剛建立時，實際只有四旗，分別以黃、白、紅、藍爲旗號。後來隨著人口的增加，1614年，努爾哈赤又在原來四旗的基礎上增編鑲黃、鑲白、鑲紅、鑲藍四旗，形成了正黃、正白、正紅、正藍、鑲黃、鑲白、鑲紅、鑲藍這八旗，把後金管轄下的所有人都編在旗內。

正藍、鑲藍旗軍旗

八旗制源於滿族人的狩獵習俗。滿族先祖女眞人是狩獵民族，每到狩獵季節，就由當地有名望的人當首領，以氏族或村寨爲單位，進行集體狩獵，這種制度就稱爲牛錄製。八旗的基本單位就是牛錄，一牛錄下轄三百人，設牛錄額眞一人，五牛錄爲一甲喇，設甲喇額眞一人；五甲喇爲一固山，設固山額眞一人。滿語中的“固山”就是“旗”的意思，固山額眞就是一旗的管理者，順治時期改爲漢稱“都統”。

八旗是一種兵民合一的制度，所有後金控制下的居民都被編入八旗，在旗男子都有服兵役的義務。他們平時從事生產，戰時則按照各旗的編制出征爲兵。八旗的各種機構平時管理民政，戰時則成爲軍事機構。在八旗中，正黃、鑲黃、正白三旗，被稱爲“上三旗”，由皇帝直接掌握，其他五旗則由王公、貝勒們統領。

隨著後金不斷地對外征戰，一些蒙古部族投靠了後金，被按照八旗制度進行管理，稱爲蒙古八旗。後金在與明軍作戰的過程中，俘虜、招降了大批明朝士兵，也將他們編爲八旗，稱漢軍八旗。蒙漢八旗也都採用滿洲八旗的旗色，基本編制與滿洲八旗相同，但是蒙漢八旗的人數要遠少於滿洲八旗。

在清軍入關之前，八旗是其主要的軍事力量。此時的八旗制度具有典型的部族兵制特點。而在清軍入關之後，八旗制度就向著帶有職業化色彩的世兵制轉變。清朝統治者將八旗分爲常居京師的駐京八旗和分佈在地方的駐防八旗兩部分，駐京八旗又名“禁旅八旗”，相當於禁軍。在旗的滿人必須世代爲兵，不得從事他業。朝廷定期給八旗兵丁分發糧餉，而八旗兵也從朝廷獲得屬於自己的份地，一般由兵丁本人及其家屬耕種。

由於滿族人口的不斷繁衍，八旗的人數也在膨脹，但是糧餉和土地卻相對固定，再加上旗人不得從事其他行業的規定，所以很多旗人也變得窮困潦倒。到了清朝康熙、雍正年間，八旗的戰鬥力下滑就已經非常嚴重了，一些重要的軍事行動不得不主要依靠綠營。到了清末，八旗實際上只是成爲了一種身份的標誌，在軍事上的意義已然不大。

需要說明的是，清末民國時期一般將滿人與旗人混稱，是不準確的。且不說八旗制中還有蒙、漢八旗，即便是滿洲八旗中，也不一定都是滿族人。滿洲八旗中還包括很多東北地區的少數民族，比如鄂倫春族、赫哲族、鄂溫克族等。

隨著清朝滅亡，八旗制度也就煙消雲散了。

47

何謂綠營

綠營兵是清代軍隊中的重要組成部分。清朝在入關期間，陸續收編了一些明朝軍隊。這些軍隊，按照明朝的編制，以營爲基本單位，以綠旗爲旗號，稱綠營。

清軍入關之後，綠營分駐各地，被清朝統治者當成地方治安部隊。由於綠營是明軍投降部隊收編而來，編制與明軍相同，但明末軍隊的編制已經混亂，所以綠營兵的編制也比較混亂。雖然綠營以營爲單位，但是各營的兵員數量又各不相同，多的有一千多人，少的只有二百人。營以下的編制也不統一，而是按照地區，分“汛”駐防，各“汛”分設千總和把總，所轄兵員數量也各不相同。各省的綠營兵歸本省的提督統領，而不設提督的省則由巡撫統領。若干省的綠營兵則組成類似於軍區的總督轄區，由總督統領。各總督轄區的綠營兵員額也不一致，統領兵力最多的爲直隸總督和兩江總督。

總的來說，清朝的綠營兵制比較混亂，具有相當大的隨意性。而且朝廷也沒有改變這種狀況的想法，這就使得綠營的編制混亂狀況一直延續到清末。

綠營在建立時，是八旗的輔助力量，在作戰中配合八旗的行動。但是隨著清軍入關後八旗迅速衰落，戰鬥力不復從前，綠營兵就成了主要作戰力量。康熙、雍正、乾隆三朝的幾次平叛戰爭，都是以綠營兵爲主力。整個清朝綠營兵一般保持在五六十萬的規模，而八旗兵則只有十幾萬。

一些清朝題材的影視劇往往給人們一種印象，八旗似乎都是騎兵，而綠營則都是步兵。其實八旗當中也有步兵，綠營當中也有騎兵。綠營兵是由政府發給軍餉的職業化軍隊，他們的餉銀不如八旗，但比起當時的普通農民來說，也算是收入豐厚了，因此從軍也算是一種出路。可是清朝嚴格控制綠營兵的數量，招募比較嚴格，一般是缺一補一，而且招募的對象主要是原綠營士兵的子弟，以避免像宋朝那樣軍隊無限制擴張的弊端。在這些措施下，綠營兵也帶有世兵制的色彩。

在清朝中期以後，政治腐敗，綠營中吃空餉等現象相當普遍，綠營的戰鬥力也急劇下滑。再加上綠營的兵制本身就具有很大的缺陷，在面對大規模戰爭時往往不堪使用。嘉慶年間鎭壓白蓮教起義的戰爭中，綠營基本不能發揮作用，朝廷只好在當地臨時徵集兵員，組建軍隊，這種臨時招募的士兵，被稱爲“勇”。此後，咸豐年間鎭壓太平天國起義，也是靠湘軍、淮軍等勇營的力量。清末，綠營數經裁汰，被改編爲巡防營，完全成爲地方治安力量，失去了國防軍的作用。

48

何謂勇營

勇營是清朝中後期的一種軍事力量。在清代，“勇”不同於兵，指的是在八旗、綠營等正規軍編制之外，臨時招募的士兵。

清朝嘉慶年間，四川、湖北、陝西、河南、甘肅等省爆發白蓮教起義，由於這次起義分佈範圍廣、規模大，再加上八旗、綠營都已腐化墮落，平亂不足、擾民有餘，清政府陷入極大的困境之中。甘肅河州知州龔景瀚上書朝廷，建議由地方士紳出資，招募鄉勇團練，以保衛地方。這項建議被朝廷採納實行，並依靠鄉勇的力量鎮壓了白蓮教起義。戰爭過後，鄉勇都被遣散。

1840年鴉片戰爭期間，林則徐在廣東組織鄉勇民團來對抗英軍，取得了一定的戰果。而且從這個時候開始，鄉勇開始向正規軍的方向發展。但是隨著林則徐的離職，廣東團練也被清廷解散了。

1851年，洪秀全領導的太平天國運動爆發。太平軍一路勢如破竹，短短幾年之內就席捲清朝半壁江山，清朝政府在長江以南的統治幾近崩潰。八旗、綠營在對太平軍作戰時屢戰屢敗，士氣低下，毫無戰鬥力可言。清廷無奈之下，只好允許各地另行招募新軍。於是各地紛紛組建團練，以對抗太平軍。其中，以曾國藩在湖南編練的湘軍影響最大、最爲典型。1853年，曾國藩開始在家鄉湖南編練新軍。在一年的時間裏，他依靠師徒、親戚、好友等人際關係，建立了一支地方團練，稱爲湘勇，史稱湘軍，並於1854年出征，討伐太平天國。

曾國藩編練湘軍，借鑒了明代戚繼光練兵的方法，尤其重視學習戚繼光《紀效新書》、《練兵實紀》等著作。湘軍分水陸兩部，陸師基本單位爲營，每營包括戰兵、輜重兵和營官親兵等，共五百人，裝備抬槍、刀矛等兵器。水師每營也是五百人，裝備長龍、快蟹、舢板等戰船。在營以上，湘軍無固定編制。

與湘軍並列爲清末重要武裝力量的是淮軍，淮軍的創始人李鴻章本是曾國藩幕僚，後來離開湘軍系統獨當一面，建立起了以江淮子弟爲主力的淮軍。淮軍的基本制度學習自湘軍，但是更加注重裝備近代西式武器，可以說比湘軍要進步一些。

湘軍、淮軍統稱勇營，他們最終將太平天國運動鎮壓下去。在這之後，按照慣例，勇營要予以裁撤。但是除了曾國藩自行遣散了大部分湘軍之外，勇營的編制一直保留到清朝滅亡。在八旗、綠營已經不堪使用的情況下，勇營實際上成了清朝的主要國防力量。清末的收復新疆、中法戰爭、中日甲午戰爭中，主力部隊都是勇營。

作爲古代中國最後的一支職業軍隊，勇營的戰鬥力達到了古代職業軍隊的高峰。

其實勇營的兵力一直不多，湘軍鼎盛時期超過十萬人，但大多數都被曾國藩遣散了，淮軍最多的時候也不到十萬人。清廷就是靠著這樣的軍隊規模維持其後期四面透風的統治。儘管勇營戰鬥力強悍，但是時代已經不同，列強軍隊已經完全近代化。淮軍雖然也裝備近代槍炮，但是編制體制落後，訓練水準也低。勇營以五百人的營爲基本作戰單位，而同時期的列強軍隊則以萬人左右的師爲基本作戰單位。勇營作爲裝備了新式武器的舊式軍隊，完全無法應對近代大規模戰爭。在甲午中日戰爭失敗後，清廷中一些大臣開始探索完全以西式方法編練近代化軍隊，建立了新軍。勇營作爲一支落後的軍事力量，也就逐漸被淘汰。

 49

古代的軍隊是怎樣訓練的

俗話說，“養兵千日，用兵一時”，這說明士兵戰鬥力的養成，是一個長期的過程。無論通過什麼途徑徵募過來的士兵，都必須經過訓練，才能投入戰場，成爲合格的戰士。

漢代畫像石描繪的武士練武圖

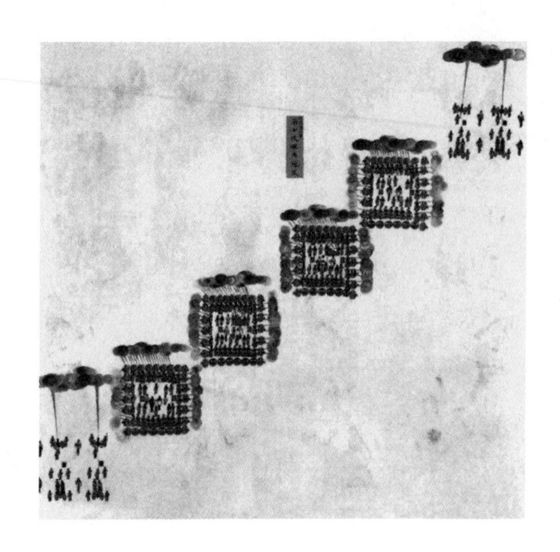

明清火器普及後，針對軍隊掌握火器技能的訓練得到增強。這是清代《伏虎開山陣式圖冊》中的繪圖，描繪的是清軍火器營的訓練。

西周、春秋時期，軍隊中的骨幹是低級貴族"士"。按照周禮規定，貴族必須從小接受"六藝"的教育，六藝中的"射"和"御"，就是直接與戰爭相關的。而"禮"當中也包括戰場上的交戰規則、軍隊的紀律等等。而音樂也是軍隊中不可缺少的，它可以調整軍隊步伐，保持佇列節奏，以及作爲信號來傳遞指揮官的命令。可以說，經過"六藝"教育的貴族，已經具備了符合當時戰爭需要的軍事素養。

除了這種貴族教育，西周、春秋時期還組織各種佇列訓練、野戰宿營訓練等集體馴練。而最重要的訓練活動，就是狩獵。大規模的圍獵活動，等同於軍事演習。這種活動一般在仲冬舉行，完全按照實戰要求集結部隊、演練戰鬥陣型、演習各種戰術行動等等。

戰國時期實行普遍徵兵制，軍事訓練普及到全體適齡男子。這個時期的單兵訓練重點是體能和射箭技術，而團體訓練則主要是佇列，因爲嚴格的佇列訓練可以培養士兵的標準戰術動作，以及服從命令的習慣。

秦漢以後的軍事訓練，一向把射箭當成重點內容，尤其是兩宋軍隊，平時的訓練內容中百分之八十是弓弩，然後才是各種近戰技巧。而漢、唐等重視騎兵的朝代，對於騎術訓練的要求也很高。值得一提的是，漢代還把體育運動與軍事訓練結合起來，用"蹴鞠"，也就是古代足球來作爲軍隊中的輔助訓練手段。史載衛青、霍去病在領軍出塞時，即使駐紮在荒漠中，也會在營中開闢蹴鞠場地。

隨著明代火器的推廣，各種火器的使用也是軍隊日常訓練的重要內容。

總的來說，在中國古代，穩定、統一的時期，軍隊的訓練也比較系統、規範。而戰亂時期，軍隊的訓練就比較隨意，經常有大量未經嚴格訓練的民夫被拉到戰場的情況。但是戰亂時代的強軍又大多是通過戰場鍛煉出來的，經過實戰檢驗，戰鬥力也不一定差。歷朝歷代雖然都制定了比較嚴格的軍事訓練制度，但是往往實施不了多長時間，在承平日久之後就懈怠、廢弛，以至於每個朝代到中後期幾乎都出現了國家正規軍不堪使用，需要另組軍隊的窘況。

50

將軍是自古就有的嗎

“將軍”一詞，是對古代高級武官的稱呼，這種稱呼有時是官銜，有時則只是尊稱。

將軍並非自古就有。商周等早期王朝都有負責軍隊管理的官職，但是不叫將軍。比如按照《周禮》記載，周代負責國防事務的最高官職是大司馬，而沒有將軍之說。

一直到春秋時期，在古代國家的制度體系下，文官和武官還沒有完全分開。司馬只是負責日常的軍政管理，並不具有指揮全國軍隊的權力。當時實行國人當兵的制度，所有的貴族都有參軍的義務，相應的高級貴族就成爲作戰時的指揮官。最高級的“卿”一級的貴族，就是高級將領。平日裏，卿士們負責處理國政。一旦發生戰爭，卿士就要帶兵出征。

這種高級貴族出將入相的現象，在春秋諸侯國中是較爲普遍的，比如晉國有欒氏、荀氏、趙氏、韓氏等世家大族，這些大族世代承襲卿士爵位，輪流擔任執政。當時軍隊的最大編制是軍，一軍的統帥有主將和佐將，都由卿士擔任。晉國在春秋時期大部分時間有三個軍的編制，主將和佐將共六人，都是卿士（最多時有六個軍，十二名卿士）。而中軍的主將則同時是三軍主帥，也是一國的最高執政長官。

在春秋時期，“將”這個字主要當作動詞使用，即“統帥”的意思，所以某卿士統帥某支部隊，一般稱“將某軍”。後來“將”發展成名詞，遂有“軍將”的說法。

到了春秋末年，“軍將”就演化成了“將軍”。但是終春秋之世，“將軍”只是對卿士的另一個稱呼，而非官職名稱。很多古籍記載，春秋後期，晉國的智氏、中行氏、范氏、趙氏、魏氏、韓氏六大世襲卿族把持政權，稱“六卿”，也叫“六將軍”。此時的將軍等同於卿士。

戰國時期，文臣武將不分的局面發生改變，專業武官出現，將軍就成為了正式的官職，但是這個官職的地位、權力依然不固定。一直到西漢前期，將軍這個官職的設置仍然帶有一定的隨意性。西漢中後期到東漢，將軍的設置才固定化，並且區分了等級。將軍成為高級將領擔任的固定官職，從地位最高的大將軍到隨處可見的雜號將軍，中間有好幾個層級。

有些朝代，比如宋朝，將軍不是官職名，而只是一種稱號。而清朝的將軍則更多地成了一種軍銜或者爵位，即使作為官職，也未必是指武將。在現代軍銜制度中，軍銜為將官的軍官，也可稱為將軍。

51

元帥與將軍有何不同

在中國象棋中，與黑方的“將”相對應的，有紅方的“帥”。元帥可以說是一個非常顯赫的武將頭銜。

在某些朝代中，將軍是一種正式的武職，而且是制度化、固定化的。相比之下，元帥則不然。“帥”這個字，最早當作動詞用，有率領、統率的意思，後來則名詞化，指軍隊的統帥。

春秋時期，晉國與楚國之間爆發城濮之戰，晉文公在戰前任命先軫為三軍主帥，先軫就是有記載的歷史上第一個得到元帥頭銜的人。在春秋戰國時期，元帥只是對軍隊主將的一種稱呼，而不是官職。

兩漢時期，將軍成為固定官職，高級武官一般都稱將軍。而遍觀兩漢歷史，很少有人稱元帥。

在南北朝時期，元帥終於成爲一個官職。當時大軍出征時，軍隊的主將就被封爲元帥。但是，這樣的官職具有臨時性，並非固定設置。元帥一職，其實相當於我們今天所說的“前敵總指揮”。

在南北朝之後，隋、唐、宋等朝代都設置元帥一職，但仍爲統率軍隊出征時臨時授予，並不列入朝廷的正式官僚體制之中。而由於部隊主將受封元帥成爲慣例，所以當時的軍官、士兵也往往稱自己的主將爲元帥，不論其是否得到朝廷的封號。

元代在邊疆地區設置元帥府，元帥一職成爲相對固定的官職，類似軍區司令。明代在開創時期也設置過元帥職銜，但是不久就取消了。明代統軍出征的總指揮一般也不再授予元帥之職，而是稱經略、總督，更高一級的往往稱督師。

到了清朝，也沒有元帥這種官職，統軍出征的大將一般就稱某某將軍。到了清末，勇營崛起，“大帥”這個稱呼又在勇營中興起。在勇營中，能夠統領數營獨當一面的將領，都有資格被屬下稱爲大帥。

民國建立之後，軍閥混戰，很多軍閥也被稱爲大帥。雖然北洋軍採用的是近代軍銜體系，但是民國時期正式的軍銜中並沒有元帥這一級，所以這些所謂大帥們，也都是俗稱，直到南京國民政府建立，這種亂稱大帥的習俗才得以遏制。

總的來說，在古代武官體系中，元帥一般只是一個臨時授予的職務，不屬於正式的官職，甚至在很多時候僅僅只是一種習慣性稱呼。而將軍則基本上是正式的固定官職。從名詞所代表的意思上來說，只有一支軍隊的主將才能稱爲元帥，其職務相當於總指揮，而軍隊中的高級將領都有可能被稱爲將軍。元帥只能有一個，將軍可以有很多。這就是帥與將的區別。

52

古代如何選拔將軍

唐代武將比武圖。唐代以後，將官的選拔大多借助武舉這種形式。

將領的選拔，是古代重要的軍事制度。在西周春秋時期文武不分的情況下，高級貴族所經歷的教育中，就有如何帶兵打仗這一項。在卿士為將的體系下，世襲的卿、大夫同時也是軍事將領。這個時候無所謂選拔將領的制度，高級貴族，在成年之後自然就獲得了帶兵的權力。戰國時代，原來的低級貴族“士”崛起，並在各個領域取代了傳統貴族。那些學習過軍事理論知識、具備戰爭指揮能力的“士”階層，成為各國軍事將領的主體。

秦漢以後，軍隊中的將領，主要有三個來源。

一是起於行伍之間，也就是由普通一兵經歷多次戰爭，成長為將領的。這一類將領大多是從小武藝出衆，弓馬嫻熟，從軍之後作戰勇敢，屢立戰功，在軍隊中的職務也一步步提升，最後成為高級將領。戰國時期，各諸侯國就已經習慣從士兵中按照軍功選拔將領。歷朝的開國功臣，也大多是行伍出身。在歷朝著名將領中，出身於普通士兵的，占了相當大的比重。比如知名度很高的李廣、呂布、秦瓊、狄青、岳飛等等。

二是出身世家。應該說西周春秋時期的卿士命將體制，就是一種武將世襲的制度。在秦漢之後，武將世襲在很多朝代並沒有成為制度，但是無論是否有這樣的制度，很多名將的後代也確實比較容易成爲統兵將領。比如漢代李廣的兒子李敢，以及孫子李陵。一些立有戰功的名將，朝廷也往往對其子弟有一定的照顧，使其從軍之初就能擔任低級軍官。即使沒有這些政策照顧，由於家學及成長環境等原因，武將的後代在軍隊中也往往表現突出，很快就被拔擢而起。少數民族政權實行部族兵制，軍官往往世襲。實行世兵制的明代，也規定軍官世襲，但是承襲職位之前要經過考試。戚繼光就是世職出身。清代開始只有八旗軍官世襲，後來綠營也可世襲，但是這種世襲僅僅只是提供一個參軍的出身，實際從軍時仍要從基層做起。

三是考試選拔。隋朝建立的科舉制度，只是選拔文官。唐朝武則天當政時期，首次舉行武舉考試，選拔軍事將領。但是武舉的設置並不固定，到宋朝得到完善，而元朝又取消。明清兩朝的武舉已經制度化、固定化，並一直延續至清末。

除了這三種選拔武將的制度以外，由於自宋代以後中國政治領域很常見的“以文制武”的傳統，文官統軍的現象越來越多。開始時，朝廷往往派文官作爲監軍，這些文官由於不懂軍事，在戰場上胡亂干預指揮，往往造成失敗的後果。但是到了明朝後期，出現了一大批精通兵事的文官，擔任督師、經略等職務，比較著名的有盧象升、孫承宗等等。清代後期鎭壓太平天國運動時，文官統軍現象再次興起，曾國藩、李鴻章、左宗棠等都是文官統軍的代表。

53

武舉從哪個朝代開始

從隋朝開始，中國開始以考試來選拔官員，這就是科舉制度。但是剛建立時的科舉，選拔的是文官，而非武將。中國自古有文武相對的傳統，既然有文科舉，那就應該有武科舉。武舉制度的創立，是由武則天完成的。她在長安二年（702年）首次舉行武舉考試。從此以後，武舉就作爲一種將領選拔制度留傳下來。

與文科舉在歷朝的重要地位不同，武舉的受重視程度要遠遠低於文科舉。歷史上

南北朝時期，受異族統治者尚武習俗的影響，北魏乃至北周都有在無人中比武的習俗，這一習俗到了唐代形成了最早的較爲完備的武舉制度。

以武舉出身成爲名將的，也非常少。唐代大將郭子儀，是我們所知的唐朝唯一一個武舉出身的名將。

宋朝，武舉制度得到完善，並固定化。宋朝的武舉考試內容有射箭、馬上格鬥技術、兵法、邊防策略、法律等等。武舉每三年考試一次，也比照文科舉，設武進士一、二、三名。但是宋朝實行重文抑武的政策，武官的地位很低，很多武進士並不願意從軍，而是像文科進士那樣，進入文官系統謀發展。金朝也學習了宋朝的武舉制度。

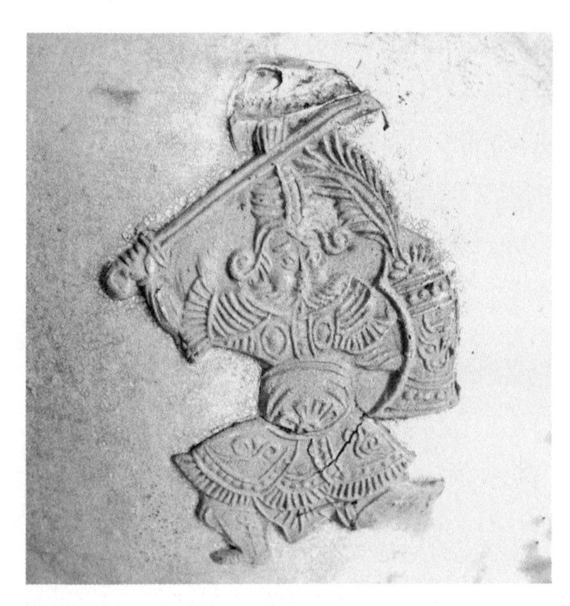

唐代青瓷壺中刻畫的演武武士圖，揭示了唐代武舉的一些特徵。

元朝在初期根本不開科舉，後來科舉也是興廢無常，文科舉尚且如此，自然也就沒有武舉制度。

明朝的武舉制度比較完善，與文科舉相仿，武舉生員稱“武生”，也有鄉試和會試。到了明末崇禎年間，又設置武舉殿試，由皇帝欽定一甲一二三名，第一名稱武狀元。由於明代武舉制度比較正規，實行的時間也長，所以有不少武舉出身的軍官，比如抗倭名將俞大猷。當然，武舉出身的將領也有一些名聲不好的，比如引清軍入關的吳三桂。

清代的武舉制度承襲自明代，開始只針對漢人，八旗軍官由於是世襲，所以並不參加武舉。雍正年間，允許滿人也參加武舉。清代武舉的規章、流程與文科舉完全相同，也分鄉試、會試、殿試，殿試一甲的前三名也有狀元、榜眼、探花之名。清代武舉的考試內容有馬上射箭、馬下射箭、技勇（揮舞大刀、舉重石、拉硬弓等等）、策論（包括《論語》等儒家典籍和兵法）。清代武將中出身武舉的不少，但是很少有能統帥一方的高級將領。鴉片戰爭中力戰殉國的定海總兵葛雲飛、安徽壽春總兵王錫朋，都是武舉出身。

清代武舉項目之一舉石鎖。自武舉誕生之日起，舉重歷來是考核武人的主要項目。

總的來說，武舉制度雖然自創立起，就是朝廷選拔武將的重要途徑，但是基本上武舉出身的優秀將領，在歷史上是比較少的。

54

兵符在戰爭中有什麼作用

《信陵君竊符救趙》是一個著名的戰國故事。故事說的是西元前260年，秦國在長平之戰中消滅趙軍主力四十五萬人，接著進攻趙都邯鄲。趙國向列國求救，魏國派出大將晉鄙率軍十萬援趙，可是魏王擔心遭到秦國報復，不敢讓晉鄙真的與秦軍作戰。魏國的信陵君就利用魏王寵妃如姬竊得兵符，矯詔奪了晉鄙兵權，然後率領部隊擊敗秦軍，救了趙國。

在這個故事中，兵符的作用非常重要，有了它，就可以調動十萬大軍。那麼兵符

戰國秦虎符，呈虎形，分左右兩片。

到底是什麼呢？

兵符是古代君主為保持對軍隊的徵發、調動權而使用的一種憑證。早期的兵符是青銅鑄成，呈虎形，分左右兩片。在任命指揮官時，君主將虎符的左片交給指揮官，而右片則自己保存。到了需要調動軍隊出征的時候，君主就派使者持右片前往軍中發佈命令。統軍將領必須將兩片虎符合為一體，嚴格驗證後，才能調動軍隊。

除了兵符，可以代表皇帝統軍權力的信物還包括節（一根八尺長的竹竿，竿頭裝飾以犛牛尾）、檄（將皇帝的命令刻在木簡上）等等。古代任命一些方面軍將領時，往往有“持節”的說法，也就是君主給與這個將領調動軍隊的全權。

唐朝為了避祖先李虎之名諱，虎符改為了魚符，而且改為左半片留在皇帝手中，右半片交給將領。兵符在唐宋等朝依然是調動軍隊的常用手段。宋朝不僅有各種兵符，而且還有與兵符作用相似的權杖。宋高宗曾以十二面金牌調岳飛回師，所謂的“金牌”就是一種權杖，當然這種金牌本身並不是調動軍隊專用，而只是起傳遞緊急命令的作用。遼、金等少數民族朝代也沿用兵符制度。

元代雖然也有兵符，但是已經不起調動軍隊的作用，而主要是將領的一種身份標誌。明清時期，軍營中建立起了比較完善的文書印信流轉制度，重要的調兵命令都通過文書來傳達，並形成制度。兵符這種傳統的調兵信物，也就因此壽終正寢了。明清兩朝雖依然有“信牌”，但是僅僅只是起了傳遞官方文件的作用，不再具有調兵的權力。

55

眞的能“將在外，君命有所不受”嗎

春秋時期，重大的戰爭一般都是諸侯國君親自領兵作戰，有的在作戰中受傷，有的被俘虜，甚至還有陣亡的。但是隨著戰爭規模的擴大，戰爭複雜程度的增加，到了戰國時代，國君親自領兵的現象就大大減少了。遇到重大戰爭，國君需要委派將軍出征，戰前的命將儀式往往非常隆重。在儀式上，君主將代表權力的斧鉞等權杖交給將軍，表示前線所有事情都由將軍處理。而將軍則向君主要求不要干涉軍政。戰爭結束後，將軍回朝，交出指揮權。

當時的軍事理論，普遍認爲君主不能干涉將軍的指揮權，比如《孫子兵法》中就說：“凡用兵之法，將受命於君……途有所不由，軍有所不擊，城有所不攻，地有所不爭，君命有所不受。”《孫臏兵法》中還把國君干涉前線將領的“御將”列爲戰爭失敗的五個主要原因之首。

西漢時期，漢文帝去周亞夫的軍營慰問，守營軍官不給開營門，表示一定要得到將軍的命令才能開門。後來皇帝只好派人找到周亞夫，這才進了軍營。周亞夫雖然出來迎接皇帝，但是身穿甲冑，手持兵器，如臨戰狀態，還要求皇帝必須遵守軍營中的法規。漢文帝沒有因此生氣，反而稱讚周亞夫。這表明在漢代，君主不得干預統兵將領的習俗，仍有較

先秦時代將軍出征，戰前的命將儀式往往非常隆重。在儀式上，君主將代表權力的斧鉞等權杖交給將軍，表示前線所有事情都由將軍處理。而將軍則向君主要求不干涉軍政。戰爭結束後，將軍回朝，交出指揮權。

大的影響力。

隨著一些手握軍權的大將擁兵自重甚至篡奪皇位，“將在外，君命有所不受”的習慣開始動搖。其實有零星史料記載，春秋晚期就有了君主向軍隊中派監軍的制度，以加強對軍隊的控制。宋朝皇帝爲了加強軍權，不僅以各種手段制約領軍大將，甚至在戰前皇帝還要授予將領“陣圖”，強調戰爭中必須按照陣圖的佈置來打仗，將領在前線的自主性降低到驚人的程度。許多宋朝皇帝喜歡在戰爭中亂發命令，發佈一些讓前線將領摸不著頭腦的指令，其效果也就可想而知了。

明清時期君主對前線將領的干預，不像宋代那麼嚴重，但是“君命有所不受”仍然是君主們不能接受的。在明朝和清朝前期，後方遙制前方、皇帝對軍事部署亂發指令的現象很多。直到清末太平天國運動中，這種後方干涉前線指揮官的制度才因不合時宜而逐漸淘汰，前線指揮官的權力有所恢復。

56

監軍是什麼職務

監軍制度是古代一種重要的軍事制度，在這種制度下，由皇帝派出身邊的親信，到戰場上監督軍隊統帥的行動。這是皇帝爲防止統兵在外的大將脫離控制而採取的一種制度，目的是保證皇權對軍權的控制，加強君主專制。

有明確記載的監軍制度最早出現在春秋。春秋末年，齊國遭到晉國、燕國的進犯，齊景公任命司馬穰苴爲統帥，率兵抵禦晉、燕的軍隊。司馬穰苴以自己出身卑微、資歷不足爲由，請齊景公派一個親信官員來軍隊中“監軍”。齊景公派出了大夫莊賈。但是莊賈無視軍令的嚴格，因各種應酬耽誤了報到時間，被司馬穰苴斬首示衆。這個莊賈就是我們所知最早的監軍。但是在這個故事裏，“監軍”還只是一個動詞，是“監督軍隊”的意思，而並非固定的職務。

西漢時期，漢武帝開始委派“監軍御史”到前線去監察指揮官。到了東漢，監軍成爲制度，皇帝委派朝中大臣爲“監軍使者”，必要的時候甚至可以代理指揮。

在三國兩晉南北朝時期，監軍甚至成爲了戰區的統帥。當時的制度是這樣的，如果是一般的監軍，對於軍隊就只有監督權，而沒有指揮權。如果是監軍同時具有“持節”或者“假節”的權力，那麼監軍就是實際上的戰區最高指揮官，各路將領都要聽從監軍的命令。

唐玄宗時期，爲了控制藩鎮力量，開始派太監當監軍。由於太監不懂軍事，所以這一制度在一開始效果就很不好，一些有能力的將領因被太監舉報丟了性命，有時本來形勢很好的戰局也因爲太監的瞎指揮而惡化。但是對於皇帝來說，身邊的太監最值得信任，所以太監監軍的制度就一直沿用下來。

北宋時期吸取唐朝教訓，不再以太監爲監軍。不過宋朝的監軍實際地位與軍隊指揮官等同，也具有指揮作戰的權力。這樣一來，監軍就失去了原來監督軍隊的意義。北宋初年文官和武將都可出任監軍，但是到了北宋中期就是“以文馭武”，由文臣來擔任監軍了。

明朝恢復了文官監軍的制度，而且監軍的職責也僅僅是監察軍隊，而不能干預指揮。在明成祖朱棣時期，以太監爲監軍的制度也恢復了。雖然出現過鄭和這樣能力出衆的太監，但是大多數太監監軍都是成事不足、敗事有餘。然而這樣的制度還是實行到明朝滅亡。明朝中後期實行以文臣擔任戰區總指揮的制度，各督師、經略也都有監軍的性質，但是主要的任務還是統軍作戰。

清代沿用了明朝時期以文臣爲軍區總指揮的制度，並將其固定化，在地方上設置八大總督，一般不再設置監軍。

57

古代王朝如何實現“以文馭武”

對於皇帝而言，賴以維持統治的支柱就是軍隊，所以對軍隊的控制是維持皇權的

明代武將向文官跪拜。

重要內容。相應的，歷史上武將擁兵自重甚至發動政變改朝換代的事情也不少。一般來說，皇帝對統軍大將都有所忌憚，也在想方設法限制將領的權力。用文官來限制武將，就是加強皇權的重要措施。

在宋朝以前，皇帝們只是把自己信任的人派到武將身邊監視，是爲監軍。監軍不一定是文官，也有一些是武將，或者太監。但是監軍畢竟只是起了監視作用，沒有軍權，所以眞遇到想要造反的將領，監軍往往連性命都不保，更談不上對武將的監視制約了。

宋朝鑒於前朝教訓，建立了一套以文馭武的制度。在這一政策體制下，武將的級別被大大降低，而且處處受到文官的壓制。在中央，最高軍事機構是樞密院，樞密院的長官稱樞密使、樞密副使，後來樞密院事務常由“知樞密院事”、“同知樞密院事”掌管。無論樞密院的長官是誰，都必須是文官，而不能是武將。北宋名將狄青因戰功升任樞密使，立即遭到文官集團的一致反對，他們爲了羅織狄青的罪名，甚至編造各種離奇的傳說。最後狄青終於卸任，並抑鬱而死。

如果某個地區發生戰事，朝廷就派出朝臣以安撫使、經略使、都監、總管等職位來統帥軍隊。在北宋初年，統軍的官員還有文有武，可是很快就變成純由文官來統軍了。武將職位再高，也不能成爲戰區指揮，而是要聽從朝廷派遣的文官的命令。

明朝本不實行文官統軍，但是到了明中後期，由於世兵制已經發揮不了太大作用，朝廷被迫允許將領們招募士兵，這就出現了武將割據的苗頭。爲此，明朝採用了與宋朝類似的文官統軍制度，由朝廷派出文官擔任督師、總督、經略等職務，成爲戰區負責人。不過明末武將對自己手中的軍隊控制得也比較嚴密，朝廷很難染指，所以統軍的文官與武將之間更多的是一種合作關係，而不是像宋朝那樣文官完全壓制武將。如果手握重兵的武將拒不服從文官節制，朝廷和文官都沒有辦法。

清代建立地方督撫制度，在全國設置直隸、兩江、湖廣、雲貴、兩廣、四川、陝甘、閩浙八個總督轄區，設置總督，管理軍政民政。清代後期又設置了東北三省總督。沒有設置總督的省份，則由巡撫負責軍政事務。總督、巡撫雖然是正式的地方軍政官員，但是同時也在中央部門掛職，以示其仍爲中央派出官員。總督和巡撫只能管轄綠營官兵，而在要地駐防的八旗，則不歸總督、巡撫節制。清朝的這一套制度確實限制了武將專權，但是在太平天國興起後，這個制度的弊端就顯示出來了。後來曾國藩等漢臣興辦勇營，清末的軍制因此而發生了重大變化。

58

古代統治者爲何總用“強幹弱枝”的方式部署軍隊

任何國家的軍事力量都是有限的，在部署時需要有所側重。一般國家都把軍隊的主力放在國家的主要戰略方向上，中國也不例外。但是中國古代的軍事部署還有一個特點，就是把重兵佈置在京師地區，而地方上任何一個軍區的實力，都不應該超過京師的駐軍，以避免地方軍事力量過強形成割據局面。

對於統治者來說，由朝廷直接控制、佈置在京師周圍地區的軍隊，好像是大樹的主幹，而其他地方軍隊，只是大樹的枝葉。軍事上的“強幹弱枝”，指的就是這種中央軍的實力超過地方軍的部署形式。

自西周確立分封制起，周禮中就有規定，天子掌握的軍隊數量，要遠遠超過任何一個諸侯。

唐朝拱衛京師的禁軍。

唐朝御林軍，編制爲六個軍，分別是左右羽林軍、左右神武軍、左右龍武軍，後來又增加了左右神策軍、左右射生軍。

西漢將京師駐軍分爲南北兩支，南軍由衛尉指揮，負責皇宮的警戒任務。北軍由中尉統率，負責京城防禦，相當於衛戍部隊。早期的南軍與北軍都是徵發來的部隊，每年都要輪換。漢武帝時期，南軍和北軍都逐漸職業化，成爲常備軍。

西漢以後，歷朝歷代都重視建立一支職業化的精銳中央部隊，這樣就逐漸形成了“中軍”與“外軍”的區別。唐朝實行府兵制，京師所在的關中地區，折沖府的數量占到全國的三分之一強，而皇帝直接掌控的北衙禁軍則是完全職業化的軍隊。宋代實行“強幹弱枝”的政策最爲徹底，將所有正規野戰軍全部劃爲禁軍，理論上都歸中央調遣，實際分佈中，駐紮在京師的禁軍，一般也占到禁軍總數的一半。明代實行衛所制，分佈在京師地區的“京衛”，明成祖時有七十二個，雖然數量不多，但是京衛的士兵是常備軍，不像其他衛所士兵那樣大部分時間都在從事農業生產，所以戰鬥力較強。清朝的綠營兵分散佈置，主要充當地方軍隊，但是在京師地區仍然駐紮有部分綠營精銳，歸九門提督統領，而八旗兵中，則有專門的駐京八旗，負責維護京城的防務。

總的來說，歷朝統治者都試圖建立一支實力強勁的中央部隊，以維護統治、防止地方割據。同時爲了防止中央部隊被權臣操控，中央軍也往往被分成了幾個集團，而且互不統轄。但是由於中央軍駐紮在京城，往往與京中勳貴往來密切，受到腐蝕最快，所以在很多朝代，中央軍往往是戰鬥力下降最快的部隊，這樣反而與統治者的初衷背道而馳了。

59

何謂“御林軍”

人們一般都把皇帝的侍衛親軍稱爲“御林軍”。實際上，中國歷史上，從來也沒有哪一支正規軍被官方命名爲“御林軍”。

御林軍只是對皇帝親衛部隊的一種稱呼，而並非正式的軍隊編制。如果以不太嚴格的標準，歷代守衛宮廷的部隊、甚至守衛都城的部隊都可以稱爲御林軍。如果嚴格標準，那麼只有皇帝直屬、駐紮在皇宮之中、負責保衛皇帝安全的部隊才能被稱爲御林軍。御林軍一詞可能是從“羽林軍”訛傳而來，羽林軍是很多朝代都有的正式軍隊編制，但是羽林軍只是皇帝親衛部隊的一個部分，不能代表全部的禁衛部隊。

西漢時期，京師有南北兩軍，南軍負責宮廷防衛，北軍負責衛戍京師，嚴格地說，都不算御林軍。只有郎中令統帥下的“郎官”，才是皇帝的貼身侍衛。漢武帝時，將郎中令的統兵職權擴大，改稱光祿勳，並設置期門、羽林兩軍，爲光祿勳統率。期門的名稱，在西漢之後很少見到，東漢時期一般稱“虎賁”。而“羽林軍”這個名稱則長期存在，其名稱含義是“爲國羽翼，如林之盛”。

北宋御林軍，宋朝將所有的野戰部隊全劃為禁軍，皇帝的警衛任務則由殿前司下屬的“班直”衛士來承擔。

明朝衛所的“京衛”當中，有二十六個衛是皇帝直屬的親軍，其中有“羽林右衛”、“羽林左衛”等名號。

清朝御林軍，由駐京八旗中的上三旗擔當，即正黃、鑲黃、正白。

魏晉南北朝時期，制度混亂，一般來說，比較穩定的政權都設置禁軍，保衛宮廷。少數民族政權多以本族人中的親貴子弟來充當皇帝衛士。隋朝以禁兵和驍果來負責宮廷警衛。唐朝時期比照漢制，設置南衙禁軍和北衙禁軍，南衙禁軍歸文官指揮，主要由府兵組成。北衙禁軍則歸皇帝直接指揮，主要職責就是保衛皇帝，士兵全是職業兵，編制為六個軍，分別是左右羽林軍、左右神武軍、左右龍武軍，後來又增加了左右神策軍、左右射生軍。

五代時期的軍閥們都有自己的親兵部隊，這些軍閥一旦稱王稱帝，他們的親兵部隊就成爲了御林軍。宋朝將所有的野戰部隊全劃爲禁軍，皇帝的警衛任務則由殿前司下屬的“班直”衛士來承擔。蒙元從成吉思汗起，就設置了“怯薛”制度，以勳貴子弟組建怯薛（蒙語番値宿衛之意）軍，是皇帝（大汗）的貼身護衛。怯薛軍戰鬥力強悍，是眞正的精銳部隊，隨著蒙元的對外征服，怯薛的威名甚至遠播至西亞、東歐。

明朝衛所的“京衛”當中，有二十六個衛是皇帝直屬的親軍，其中有“羽林右衛”、“羽林左衛”等名號。他們可以被稱爲禁軍，但是直接負責保衛皇帝安全的主要是錦衣衛的大漢將軍、神樞營的紅盔將軍和明甲將軍等。

清朝駐京的八旗部隊稱“禁旅八旗”，帶有禁衛軍的性質。不過駐京八旗中只有上三旗的士兵可以守衛紫禁城，下五旗則只負責皇宮之外的京城防務。因此，駐京八旗中的上三旗就可以稱爲御林軍。

60

爲何“伍”成爲軍隊的代稱

我們當代人稱參軍爲“入伍”，退役則爲“退伍”。“伍”這個字，往往成爲軍隊的代稱。

將“伍”與軍隊聯繫起來，其淵源是古代軍隊的編制。中國古代的軍隊編制，一般實行十進位和五進制，所以說到基層軍隊編制，往往“什伍”並稱。在商朝墓葬遺址中，殉葬的人往往以十人一組，兵器也以十件爲一捆，可見當時已經有了“什”這樣的編制。但是商代的戰車則是以五輛編爲一組的，看來此時也有了五進制。

《周禮》中記載，周代軍隊的基層編制是“伍”，也就是五名士兵組成的一個戰鬥小組。但是《周禮》的實際成書年代在戰國時期，所以我們也很難說它的記載在多大程度上反映了周朝的實際情況。根據比較可靠的文獻，至少在西周早期，十個人的“什”仍是軍隊的基層編制。

春秋戰國時期，軍隊的基層編制就是“伍”。當時的諸侯國普遍將軍隊編制與社會管理組織聯繫起來。比如齊國就規定，以五戶家庭爲一“軌”，五家各出一名士兵，組成一個“伍”。一個伍的士兵平時都是鄰居，互相熟悉，所以在戰爭中也可以做到相互照顧、密切配合。以五人爲一個小隊的編制，還與當時所謂的“五兵”有關，也就是五個人分別持弓、戈、殳、矛、戟，形成不同兵器的配合，正好構成一個完整的戰鬥單位。

戰國時期，實行普遍徵兵制，所有的編戶齊民都有當兵打仗的義務。地方上以五戶人家爲一個最基本的行政單位，相應的軍隊中就以五人爲一個基本的戰鬥小組。雖然戰國列國的軍隊編制不盡相同，但是最基本的單位都是伍。此後歷朝歷代的基本戰鬥編組，都是以五人或者十人一組。由於伍這個編制存在的時間較長，再加上它又與地方行政機構掛鉤，影響力很大，所以後世漸漸把“伍”當作軍隊的代稱，出現了“入伍”、“行伍”等名詞。

61

何謂“三軍”

在各種軍事報導中，我們經常聽到“三軍儀仗隊”、“陸海空三軍”等說法。古代也有“三軍”的說法，比如“三軍上下”、“三軍將士”等等。“三軍”在古代是全體軍隊的代稱，並且經常在各種正式場合使用。

以“三軍”指代全體軍隊，源於古代的編制。“軍”是高級編制，在先秦時期就已經出現。據《周禮》的記載，周代的軍隊編制是，五人爲一伍，五伍爲一兩，四兩爲一卒，五卒爲一旅，五旅爲一師，五師爲一軍。周天子爲天下共主，擁有六個軍的部隊，其他的諸侯，大國三軍，中國二軍，小國一軍。以此計算，一個軍的編制是12500人，周天子的六軍就有75000人。

不過《周禮》是戰國時代成書，很多內容只是儒家的一種制度設想。從出土文物上的周代銘文來看，周朝的軍隊最高編制就是師，一師有3000人。周王朝開始時有六個師的部隊，後來周公旦執政時，又擴編了八個師，這樣周天子手中的軍隊就是十四個師。

春秋時期，諸侯國實力增強，很多大國開始設置“軍”這個編制。齊國在齊桓公的時代，建立了三個軍，每個軍一萬人。晉國在初期只有兩個軍，後來晉文公擴充到三個軍，到了春秋中期曾經一度有六個軍。

春秋時期的戰爭，多數還是遵循周禮的約束，打仗都是擺開陣勢正面對決。在會戰之中，戰爭雙方都要把自己的兵力分爲三個部分，也就是中間和兩翼。名稱上，有的國家叫上、中、下三軍，有的國家叫作左、中、右三軍。中軍是主力部隊，一般全軍統帥都會親自指揮中軍，中軍自然也就是戰鬥力最強的部隊。左右兩軍主要起保護兩翼、輔助中軍作戰的任務。雖然有些大國並不只有三個軍，可是在史書記載的春秋時期歷次重要會戰中，交戰雙方大都出動三個軍。戰場上的三個軍，應該說是三個方陣，而並非軍隊的固定編制。即使你的軍隊只有一萬多人，也就是一個軍的編制，到了戰場上，也一樣要分成三軍。所以說，作爲軍隊編制的“軍”，與戰場上“三軍”的“軍”，要區別開來。

戰國以後，這種作戰方式就逐漸消亡了，但是其影響力卻一直存在。比如我們經常說“三軍將士”、“三軍上下”，“三軍”指代的都是全部作戰部隊，就是來源於這個傳統。當然，現在我們說的“三軍”，很多時候又指的是陸海空三個軍種，這是時代變化賦予傳統辭彙以新的含義了。

62

清朝的軍機處是一個什麼機構

軍機處是清朝設置的一個權力機構，是其他任何朝代所沒有的。從名字上看，軍機處是一個軍事決策機關，而實際上，它的管轄範圍遠遠超過軍事領域。

軍機處的設置確實和軍事有關。清朝入關之後，曾經一度沿用明代的內閣制，以內閣爲決策機構，但是時間很短。雍正七年（1729年），西北地方發生叛亂。內閣的辦公地點在太和門外，屬於紫禁城的外朝宮殿。雍正皇帝認爲，由內閣處理各種軍機大事，容易走漏機密，於是在隆宗門內設置軍機房，處理緊急軍務。雍正十年（1732年），軍機房改稱“辦理軍機處”，乾隆時期，簡稱軍機處。

軍機處本是一個戰時設置的臨時機構，負責處理機要軍務。軍機處的人員都是皇帝的親信得力大臣，與皇帝一起商討軍政大事。軍機處的大臣們可以給皇帝提一些建議，但是並沒有決策的權力，一切決策實際上都是皇帝做出的。軍機大臣也不是國家制度體系下的正式官員，既無品級，也沒有明確的職責。軍機大臣們的實際地位，僅僅相當於皇帝的秘書。

軍機處因戰事而設，但是在戰事結束之後，也並沒有撤銷，反而是擴大了職權，成爲一切軍國大事的決策機關。皇帝在軍機處發佈重要命令，軍機大臣們則負責記錄皇帝的指令，並交給相應的機構部門去執行。軍機大臣的任免，也沒有什麼明確的制度，一切都隨著皇帝的意願。原來的最高權力機構內閣，則完全被軍機處架空，只能辦理一些日常事務。清朝的皇帝通過軍機處，可以將權力牢牢地抓在手中，所以這個臨時的機構就長期保留了下來。軍機處的設置，也是清朝君主專制走向頂峰的標誌。

軍機處之所以能被皇帝掌控，很大的原因是軍機處以及軍機大臣都是臨時設置，無品無級，其地位在制度上也沒有明確規定，這就使其權力來源只能是皇帝本人。由於沒有制度上的依據，所以軍機處根本就不可能離開皇帝而獨立存在。也正是因爲這個原因，軍機處雖然自建立起一直延續到清朝滅亡前夕，但是其機構性質總是臨時的，清朝歷代皇帝也沒有把它正規化的意圖。

公正地說，如果作爲一個臨時軍事決策機構，軍機處是有其合理性的。軍事決策要求時效性、保密性和統一性，軍機處恰好能滿足這些要求。但是作爲國家的決策機構，軍機處的設置就很難說是一種進步。它將君主專制制度發展到了頂峰，而且國家最高決策機關長期只是一個臨時性機構，這也不是正常現象。當然，軍機處作爲最高決策機關，客觀上也使清朝皇帝無法逃避政務，逼得皇帝不得不“勤政”。

63

古代軍隊怎麼解決後勤問題

俗話說“兵馬未動，糧草先行”，後勤一直是古代軍事的重要組成部分。有了糧草、武器等保障，軍隊才能在前線全力作戰。如果後勤出現問題，軍隊就有潰敗的危險。西元200年，曹操與袁紹在官渡決戰，雙方相持很久，後來曹操出奇兵燒了袁紹的糧草，袁紹軍最終大敗。三國時期，蜀漢丞相諸葛亮幾次出兵北伐中原，大多因爲糧草不繼，而不得不撤軍回國。

古代因爲生產力落後，後勤保障也比較脆弱，而且消耗巨大。先秦文獻記載，每出動戰車一千輛，就需要相同數量的後勤輜重車。如果派出十萬大軍，那麼其中的二萬五千人是後勤兵，戰兵只占四分之三。這樣規模的軍隊，每日的消耗可以達到“千金”之巨。史書記載的戰國時期的大戰，動輒斬首數十萬，其中有相當大的比例是後勤輜重兵。

平時的養兵，也是朝廷財政的主要支出，尤其是在實行職業兵制的時代。宋朝養了歷史上最多的職業兵，結果給國家財政造成了巨大負擔。清朝爲避免養兵過多的弊端，就嚴格控制軍隊數量，可是在遇到重大戰事的時候，又不得不臨時招募士兵。唐朝實行府兵制，原則上府兵的糧食、裝備都是自備的，但是轉運戰略物資仍然耗費巨大，而且一些重型裝備也依然需要國家來提供。

中國古代，尤其是冷兵器時代，最重要的戰爭物資就是糧食。冷兵器中，除了箭矢以外，其他的稱不上是消耗品，但是士兵不吃飯肯定打不了仗。軍糧的運輸，一直是一個大問題。陸路運輸消耗巨大，水路運輸又受地區限制。爲了解決這個問題，

《孫子兵法》提出“取用於國，因糧於敵”，也就是從佔領區搶糧食。但這個辦法顯然不是長久之計。秦朝在兼併六國時，採取的策略是佔領一地，就在當地建立統治，徵發徭役和糧食，以供應前線，這個方法的效果還是不錯的，也被後來的很多朝代沿用。宋朝的辦法比較高明，動員商人承擔軍糧運輸，而以朝廷專賣商品來作爲回報。明朝後期也採用了這種辦法。還有一種辦法就是讓士兵自己養活自己，在戰區利用空閒土地實行屯田，由士兵自己耕種軍糧。

遊牧民族的軍隊機動性強，他們在後勤上有獨特的辦法。以蒙古軍隊爲例，蒙古騎兵出征時，每個戰士往往要帶兩三匹馬，行軍時輪流騎乘，而眞正用於戰場衝鋒的戰馬則到戰場上才使用。馬匹中有一定數量的母馬，有時還有其他牲畜隨軍。行軍時要走水草較多的路線，馬匹牲畜可以吃草，士兵則以馬乳爲食，也可以射獵鳥獸作爲軍糧。到了萬不得已的時候，還可以宰殺牲畜爲食。而草原馬本來也具有耐力好、能吃苦耐勞的優點。正是因爲如此，遊牧民族的騎兵往往能夠做到千里轉戰，而後勤壓力相對較小。中原王朝與遊牧民族交戰，很多時候也並不是因爲戰鬥力不行，而是敗在了後勤不支上面。

64

最早的近代化軍隊是哪一支

自鴉片戰爭以來，清朝面對內憂外患，原有舊軍不敷使用，不得以重新編練了很多部隊。雖然有湘軍、淮軍這樣戰鬥力出衆的部隊，但是這些軍隊仍然屬於舊式軍隊範疇。由於種種原因，中國軍隊的近代化並不是始於陸地，而是始於海洋。

清政府屢受西洋堅船利炮欺辱，尤其是1874年，日本派兵試圖侵佔臺灣，給清政府敲響當頭一棒。清廷中有識之士開始轉變傳統的大陸思維，認識到海軍建設的重要性。在洋務派官員的努力之下，1875年，清廷下令以沈葆楨和李鴻章分任南北洋大臣，編練南北洋水師。由於當時清政府認識到日本崛起所帶來的威脅，因此在經費有限的情況下，爲應對日本，優先建設北洋水師。大量經費撥付北洋，使北洋水師外購了不少新銳戰艦。相比之下，南洋水師則主要裝備國產艦艇，戰鬥力不如北洋。

1884年中法戰爭爆發，福建水師全軍覆沒，此時南洋水師已具備一定規模，部分軍艦參加了中法戰爭，遭受了一定損失。而同時期的北洋水師已經開始向國外購買先進大型軍艦，可惜未能趕上中法海戰。

1888年12月17日，擁有“定遠”、“鎭遠”兩艘大型鐵甲艦、數艘新銳巡洋艦、數十艘小型艦艇和輔助船的北洋水師，頒佈了《北洋水師章程》，正式宣告成立。同時，清廷將福建、廣東等地的軍艦都劃歸南洋大臣統轄，南洋水師也正式建成。

南洋水師在軍艦數量、品質上都與北洋相去甚遠，而且人員配置、後勤保障方面也都不如北洋。在建軍方針上，南北洋雖都試圖學習西方，但由於條件所限，南洋水師的近代化程度較低，還帶有較多舊式水師的特點。

相比之下，北洋水師則兵強馬壯，不僅軍艦性能堪稱先進，主要軍官亦多爲留學海外之海軍人才，接受的是近代軍校教育。士兵的訓練由洋員負責，完全借鑒西方海軍、尤其是英國海軍的經驗。在軍制方面，雖然在官職名稱上仍沿襲清朝武官系統，如總指揮稱“提督”，下設總兵、副將、參將、遊擊、都司、守備等等，但是這些官職實際已等同於軍銜。軍隊的組織結構、編制體制，全都仿自西方，只是名稱帶有中國特色而已。在官兵的服裝、配飾方面，也區別於舊式軍隊，而帶有近代化的色彩。北洋水師在建成之時，論總噸位，已經是亞洲第一，世界第六（亦有史料稱世界第四或第八）。可以說，北洋水師已經完全擺脫了舊式水師的陰影，成爲了一支不折不扣的近代海上軍事力量。也正是因爲如此，很多書籍中不再稱其爲“水師”，而是以“北洋海軍”或“北洋艦隊”來稱呼。

在北洋水師成軍之時，清廷的陸軍雖裝備了一些近代武器，但在軍制方面，仍然是舊式的。直到中日甲午戰爭之後，清廷中的一些大臣才開始眞正引入西方軍制。以此論之，北洋水師作爲中國最早的近代化軍隊，是實至名歸的。

65

中國的新式陸軍始於何時

甲午戰爭中，採用新式近代軍制的日本軍隊，擊敗了清軍，清廷三十年興辦洋務的成果幾乎化爲烏有。1894年，還在戰爭進行之時，原廣西按察使胡燏棻在天津辦理東征糧台，遂在天津馬場（後移至小站）編練新式陸軍，請德國人漢娜根爲總教習，從訓練、戰術、武器、戰法等方面全面學習德國陸軍，以期根除湘、淮等勇營之弊端。這支部隊就是中國近代化新式軍隊的雛形。

胡燏棻的新軍，在編制上仍沿用勇營舊制，以五百人左右的“營”爲基本編制，共計編有十營，步軍3000人，炮兵1000人，馬隊250人，工程隊500人，總計4750人。編成之後，稱“定武軍”。

因胡燏棻本爲文人，不熟軍旅之事，所以在1895年底，定武軍的建設由袁世凱接手，改爲“新建陸軍”，人數擴充至七千。袁世凱進一步改進兵制，以德國、日本爲師，在官兵的選拔上，也按照西方近代軍隊的標準，士兵要求具有一定的文化程度，軍官也需是正規軍校中培養出來的人才。

1898年，經榮祿奏請，清廷下旨編練正式的國防軍，稱“武衛軍”，袁世凱的新建陸軍也編入武衛軍體系，稱“武衛右軍”。後來義和團興起，袁世凱任山東巡撫，便將其麾下武衛右軍帶到山東，鎮壓義和團。八國聯軍侵華之戰，武衛各軍損失慘重，唯獨袁世凱的武衛右軍得以保存，兵力還擴充至一萬七千人。1901年，袁世凱任直隸總督、北洋大臣，開始以武衛右軍爲基礎，編練常備軍。到1905年，在清廷京畿地區已經編成新編陸軍六鎮，每鎮一萬多人，相當於以後的“師”。北洋六鎮就成爲當時中國最爲先進的軍隊，他們不僅裝備西式近代武器，而且在編制體制、訓練、戰術、甚至軍裝等方面，也完全近代化了。

北洋六鎮完全不同於甲午戰爭時裝備了西式武器的淮軍。淮軍、湘軍等勇營，即便裝備了近代武器，但是軍制、訓練方面也還是古代軍隊，其官兵素質更是停留在冷兵器時代。北洋六鎮則是名副其實的近現代軍隊，這並不是因爲他們的武器裝備與淮軍相比有本質區別，而是在整個軍事體制上，都已經近代化了。

清廷對北洋新軍的戰鬥力十分滿意，就以此爲範本，在全國各地編練新軍，按計劃共建立新軍三十六鎮。但是時代大潮滾滾向前，新軍並不能挽救清朝的滅亡。地方上的新軍，有些僅僅只是有了番號，並未編成，更有一些新軍則被革命黨人爭取進了革命陣營，反而成爲了埋葬清朝統治的主力軍。

儘管各地都在編練新軍，但是北洋六鎮仍是新軍中的翹楚。北洋六鎮固然是一支近代化的軍隊，可是袁世凱帶兵的手段仍然學習自勇營，使得本應爲國家軍隊的北洋軍，成爲了袁世凱的私人部隊。後來袁世凱憑藉北洋軍的力量，逼迫清帝退位，還把自己送上了中華民國大總統的寶座。北洋軍在清末民初勢力急劇膨脹，並在袁世凱死後，造成了軍閥割據混戰的局面。

66

晚清的海軍力量都有哪些

清末洋務運動的一個重要成果就是建立了近代化的海軍部隊。本來，清朝的沿海省份，都有舊式水師部隊，但是在近代眞正稱得上是新式海軍的，則只有四支，分別是北洋水師、南洋水師、福建水師、廣東水師。

這四支海軍規模大小各有不同，在性質上也不一樣。從隸屬關係上看，北洋水師和南洋水師，是屬於清朝政府的中央海軍。北洋水師負責遼寧、直隸、山東等省附近海面的防務，南洋水師則負責江蘇、浙江一帶海面的防務。這兩支海軍爲南北洋大臣統管，受清廷調遣，經費也來自清廷中央。

廣東水師則是一支地方海軍，歸兩廣總督節制，於1866年開始建設。到甲午戰爭之前，廣東水師已有軍艦二十多艘，其中部分爲國外購進，部分爲黃埔船廠、馬尾船廠建造。廣東水師的軍艦數量雖然不少，但以中小型的炮艦、魚雷艇爲主，較爲大型的巡洋艦只有廣甲、廣乙、廣丙三艘，而這三艘艦在甲午戰爭之前就被調往北洋，歸北洋水師指揮。在甲午戰爭中，廣甲、廣乙先後戰沉，廣丙則被日本海軍俘獲，廣東水師由此便再也沒有大型艦艇。

而福建水師，則更爲特殊一些。嚴格地說，所謂“福建水師”，應指負責福建附近海面治安的舊式水師，但是我們在近代史上通常所說的福建水師，是福建船政水師。1866年，時任閩浙總督的左宗棠，在福州創立福建船政局，又稱馬尾船政局，後交由沈葆楨主持。福建船政局是晚清規模最大的造船廠，亦號稱當時的遠東第一大船廠。福建船政局還有附屬的船政學堂，培養造船以及海軍方面的人才。福建船政局在造成三艘軍艦以後，沈葆楨奏請朝廷批准，以船政所建軍艦，組成艦隊，這就是福建船政水師。此後，福建船政水師依託造船廠之便利，發展迅速，一度超過了南北洋水師。福建船政水師中，大部分爲船政局所造軍艦，但也有少量是外購戰艦。到1884年中法戰爭之前，福建船政水師已經是國內各海軍中總噸位最大的一支艦隊。1884年8月22日，法國遠東艦隊突然襲擊馬尾軍港，福建船政水師倉促應戰，幾乎全軍覆沒。福建船政所屬各廠，也遭到法國艦隊的炮擊，損失很大，以致生產能力大大下降。中法戰爭之後，福建船政水師再未恢復原來的規模。

1888年，南北洋水師正式成軍。由於清政府的政策傾斜，新銳艦艇幾乎都調往北洋，北洋艦隊一度成爲遠東最具實力的海上力量。同時，清廷又將福建、廣東等地的軍艦均劃歸南洋水師，可是南洋水師的實力仍然與北洋相去甚遠。甲午戰爭之後，清朝再無力興建海軍，雖曾購置一些外國艦艇，但是卻難以恢復以往的實力。至1909年，所有海上力量被劃分爲長江艦隊與巡洋艦隊兩大部分，而此時的清朝，已經在滅亡邊緣了。

古代軍事常識

中國人應知的

The Knowledge of Military Affairs

戰略戰術

戰略戰術

67

戰術是怎麼產生的

簡單地說，戰術就是戰鬥的基本方法和技術。戰術的產生，與人類早期的生產活動有關。

早期的猿類是樹棲動物，以植物爲主要食物。人類的祖先南方古猿，已經學會了直立行走，來到地面生活。在地面上，南方古猿的食性變雜，需要捕獵其他動物作爲食物。另一方面，非洲草原上遍佈大型猛獸，要在它們當中生存下來，也要求南方古猿具備與大型動物戰鬥的能力。人類的祖先與其他動物相比，體型、速度、力量和靈活性都不突出，要想捕獵其他動物，只能依靠高度的智慧和集體的力量。

原始人類的集體狩獵，就是戰術的雛形。在當代類人猿當中，我們也能發現原始戰術的蛛絲馬跡。黑猩猩是與人類血緣關係最近的動物，牠們就會幾隻一組，用預先設伏的方式，捕獵猴子。早期的人類也是如此，在捕獵一些大型動物（尤其是危險動物）的時候，一個

反映史前部落戰爭的岩畫

氏族部落的人往往群體出動，在氏族首領的指揮下，成年男子用原始的石製和木製武器圍攻野獸，女人和孩子也在旁邊吶喊助威。隨著人類社會的發展，捕獵的水準也越來越高，到了原始社會後期，一些大的氏族部落往往有幾百上千人。這麼多人進行協作捕獵，使得原始戰術更加複雜。

由於人類生產力的發展，人類有了農業這樣的穩定食物來源，而兇猛的動物也無法給人類造成眞正的威脅。當動物不再是人類的主要作戰對象時，人們就把集體狩獵的技術應用到了與其他部族人類進行的戰鬥上面。人與人之間的爭端取代了人與動物的爭端，狩獵技術也就演變成了戰術。

一些少數民族政權的軍隊，其基本戰術也是從狩獵技術演化而來的。比如清代八旗的軍隊，從編制到基本戰術都源於女眞族的狩獵習俗。可見，戰術的起源，就是原始人類的群體狩獵活動。

68

什麼是“陣”

古代軍隊打仗，排列好陣形是非常重要的。很多文藝作品在描寫大會戰的時候，也會說到列陣，像什麼“一字長蛇陣”、“八卦陣”等等。“陣”到底是什麼？

“陣”與“陳”在古代是同一個字，本義是指步兵和戰車在戰場上的排列。本來陣只是車戰時代的用語，後來詞義引申爲軍隊的戰鬥隊形。中國古代的陣就是各兵種、各種戰鬥隊形的排列和組合。

戰場上兩軍之間的交戰，只有在軍隊達到一定數量，能夠形成戰鬥隊形的時候，才稱得上是戰爭。好的軍事將領，就是要訓練出大批紀律嚴明，而且具備基本戰術素養的士兵。士兵的戰術素養包括單兵動作、戰術動作和武器的使用這三個方面，而這三個方面，正是組成陣形的基礎。

在戰場上，士兵即使個人戰鬥技巧出色，英勇無畏，但是如果沒有一定的組織和紀律，那也是一群烏合之衆。拿破崙曾經在日記中寫道：“兩個馬木留克兵（在伊斯蘭世界非常有名的阿拉伯奴隸騎兵）絕對能戰勝三個法國兵，三百個馬木留克兵和三百個法國兵勢均力敵，一千個法國兵絕對能戰勝一千五百個馬木留克兵。”如果沒有嚴格的紀律、合理的陣形，即使是小說中武藝高強的大俠們組成一支軍隊，也難以取得戰爭的勝利。明朝末年，倭寇侵擾東南沿海，衛所兵戰力廢弛，當地人民則奮起反抗，福建“南少林”的武僧們也組成僧兵，投入到抵抗倭寇的行列中。僧兵都學過武藝，在與倭寇的正面交鋒中，作戰勇敢，即使是兇狠的倭寇，有時也難以抵擋。但是一旦倭寇採用一些稍稍複雜的戰術，僧兵們就要吃大虧，有時反而不如衛所兵。軍隊不可能也沒有必要把所有士兵都訓練成武林高手，在戰場上，軍隊眞正的戰鬥力來源是紀律和陣形。

原始人的群體捕獵行爲，催生了陣形的產生。而應用於戰爭的“陣”，則在原始社會的部落衝突中就已經出現。現代戰爭也一樣講陣形搭配，雖然現代軍隊並不需要像冷兵器時代那樣排成整齊、密集的隊形，看起來沒有那麼直觀，但是現代的陣形搭配更加複雜，各兵種、技術兵器的佈置、排列更加科學化。

隨著時代的發展，“陣”這個字的含義也發生了變化。在很多詞語中，“陣”並不僅僅指陣形，而是延伸爲戰場、作戰，比如“上陣”、“陣線”、“對陣”等等。

 69

什麼是方陣和圓陣

方陣和圓陣是古代最基本的陣形，按照唐代兵書《李衛公問對》的說法，軍隊的陣形儘管千變萬化，但是究其根本“皆起於度量方圓”。

方陣是最古老的陣形，在先秦時期十分常見。按照古代文獻記載，方陣的特點是“前後整齊，四方如繩”。陣如其名，方陣就是方形的陣勢，士兵排成整齊的正方形或長方形佇列，且都以正面對著敵軍。軍隊在進攻時，每前進一段距離，還需要停下來調整節奏，以維持佇列的齊整。

有人曾經懷疑這種嚴整的陣形可能只是一種儀仗，類似於我們今天的閱兵方陣。眞正拿到戰場上，這樣的方陣就未免有些僵化了。其實，我們參考同時期其他古代文明的軍隊，比如希臘步兵方陣、馬其頓方陣等等，可知這種排列整齊緊密的方陣，確實是古代戰爭的常態，並不是中看不中用的儀仗隊形。

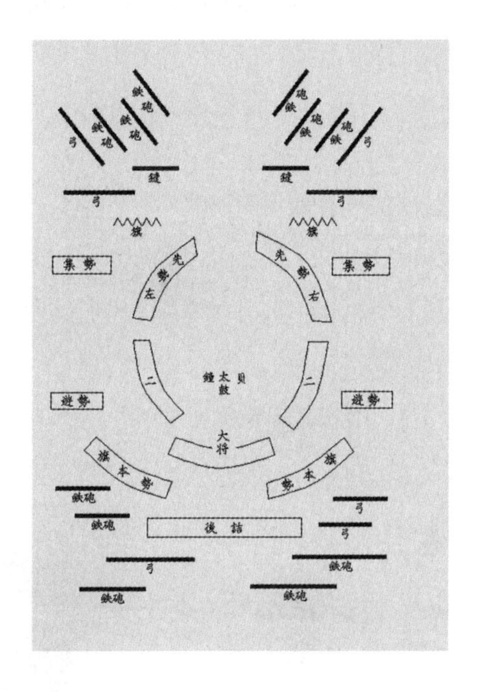

方陣之方圓陣。將領位於陣型中後，兵力在中央集結，前鋒張開呈箭頭形狀，能很好保護將領不受傷害。屬步兵進攻陣型。

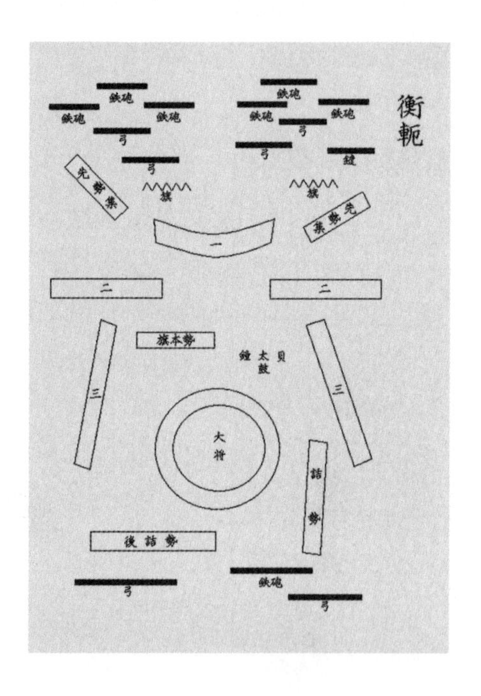

方陣之衡軛陣。採用多路縱隊並排的形式。可以克服攻城器械速度慢的狀況，屬器械作戰攻擊陣型。

方陣講究正面對敵，是一種進攻隊形。方陣的規模可大可小，按照著名學者藍勇蔚先生的研究成果，春秋時期最小的方陣單元是二十五名士兵組成的一“兩”，這與我們前面講的軍隊編制又聯繫起來了。一兩下轄五個“伍”，每個伍的五名士兵分別持弓、戈、殳、矛、戟五種兵器，按照武器打擊距離的遠近，排列成一個縱隊，而五個伍則並排排列，這就形成了一個5×5的小方陣。在這個小方陣中，橫排的五名士兵，都使用相同的武器，而豎排的五名士兵，則都持不同的武器。由若干這樣的小方陣，就可以組成大的方陣。春秋時期的一些大的會戰中，一個大方陣一般在萬人左右。

方陣具有寬大的進攻正面，機動性也比較好，但是側翼比較薄弱，利於進攻而不利於防守。圓陣是一種防守陣形，《孫子兵法》中說“形圓而不可敗”，就是說圓陣的優勢。圓陣的特點是將方陣的正面縮小，使陣形更加緊密。在圓陣中，士兵不再像方陣那樣一直向前，而是面向各個方向，準備應對來襲之敵。

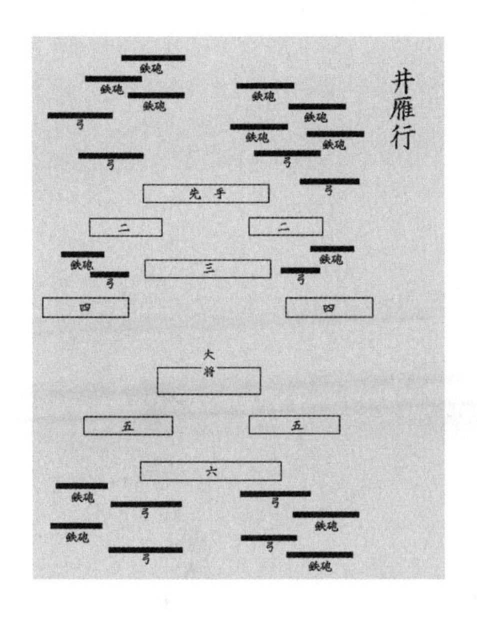

方陣之雁形陣。這是一種橫向展開，左右兩翼向前或者向後梯次排列的戰鬥隊形，向前的是“V”字形，就像猿猴的兩臂向前伸出一樣，是一種用來包抄迂迴的陣型，但是後方的防禦比較薄弱。而向後排列的就是倒“V”字形，則是保護兩翼和後方的安全，防止敵人迂迴。如果兩翼是機動性比較強的騎兵，則在靜止時，可獲得處於中央步兵的保護與支援，而又可發揮進攻騎兵的威力，增加突擊性。

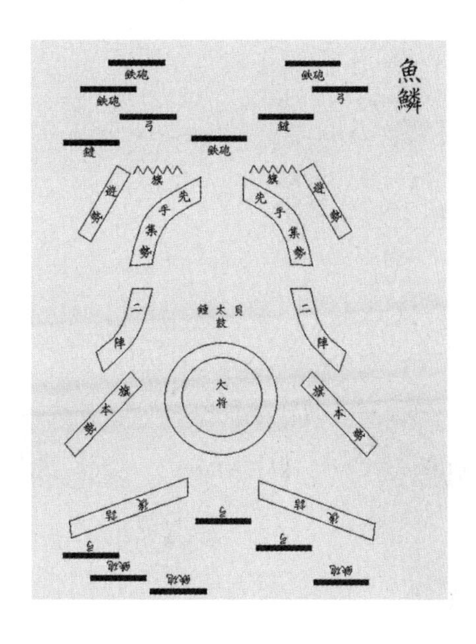

圓陣之魚鱗陣。大將位於陣形中後，主要兵力在中央集結，分作若干魚鱗狀的小方陣，按梯次配置，前端微凸，屬於進攻陣形。

圓陣往往是在戰事不利的情況下結成的。圓陣避免了方陣側翼易受攻擊的缺點，可以做到四面防範。圓陣在面對敵方進攻時，沒有明顯的弱點，而且緊密的隊形還可以防止士兵在不利的條件下潰散。但是圓陣的戰場機動性比方陣要差，難以發動進攻，因而在戰場上就顯得比較被動。

方陣和圓陣是以後各種陣形的基礎。有些人喜歡將陣形描繪得千變萬化、神秘莫測，其實萬變不離其宗，只要是冷兵器時代的軍隊，儘管武器裝備和戰鬥方法不斷改進，但是基本陣形都可以追溯到方陣和圓陣上來。

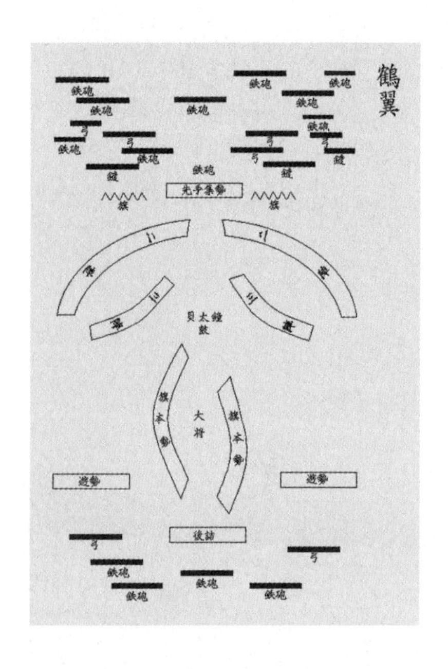

圓陣之鶴翼陣。要求大將應有較高的戰術指揮能力，兩翼張合自如，既可用於抄襲敵軍兩側，又可合力夾擊突入陣型中部之敵。大將本陣防衛應嚴，防止被敵突破；兩翼應當機動靈活，密切協同，攻擊猛烈，否則就不能達到目的。

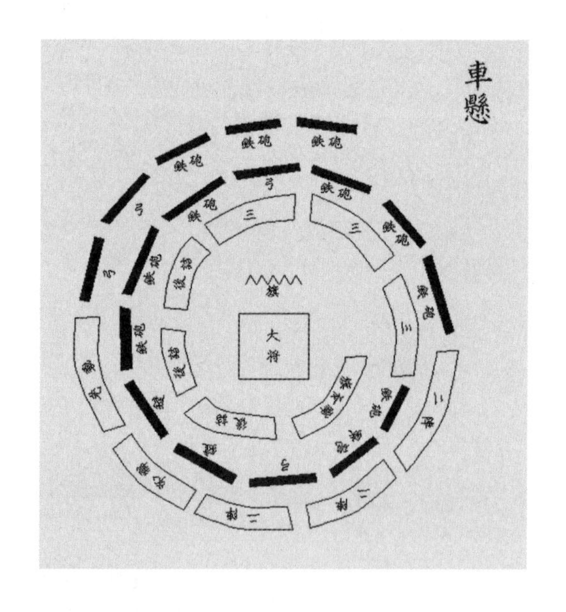

圓陣之車懸陣。週邊兵力層層佈設，機動兵力在外，結成若干遊陣，臨戰時向同一方向旋轉，輪流攻擊敵陣，形如一個轉動的車輪。其意義在於向敵軍不斷地施加壓力，使其因疲憊而崩潰，己方則因為輪流出擊而得到補充和休整，恢復戰力。

70

戰車是怎麼作戰的

戰車是先秦時期的重要兵種，車戰戰術也就是先秦時期的主要戰術。關於戰車在戰場上如何作戰，爭議很多，目前我們依然難以復原其全貌，不過根據一些留傳下來的資料，學者們已經研究出了古代戰車的基本作戰方式。

戰國駟馬兵車，乘員三人，中間爲御者，右邊爲車右，左邊爲車左。

戰車的基本戰術動作包括與敵軍接觸前的弓箭射擊和與敵軍接觸後的格鬥兩大部分。

戰車左邊的“車左”，是主管射箭的。但是站在車上射箭卻不能順著戰車的前進方向直接向前射，因爲車的前面是駕車的四匹馬，跑起來奔騰顛簸，不僅影響視野，而且還容易誤傷自己的步兵。當時的規定動作是，戰車每行進一段距離，就向右旋轉，把戰車的左翼朝向敵軍，這樣車左就獲得了最佳的射擊視野，射擊動作

模擬春秋戰國時期大型車戰的沙盤

就在此時進行。這樣的動作做過幾次之後，敵對雙方就進入了接觸格鬥階段。

車戰格鬥，也不是雙方戰車正面相對。這是因爲，雖然戰車用的長兵器如戈、戟等都裝有長柄，有的甚至長達四米，但是站在車廂上的士兵要想用長兵器隔著敵我雙方的四匹馬攻擊到站在敵方戰車上的士兵，那也是不可能的。所以車上格鬥，是在雙方戰車互相交錯的時候，趁著側翼對敵，甲士用格鬥兵器對戰。

除了戰車上的甲士互相對戰之外，戰車與戰車之間，也會發生碰撞、擠壓等動作。不過由於雙方的戰車在構造、動力（四匹馬）方面基本都相同，所以這樣的動作帶有很大的危險性，要想通過撞擊使對方戰車受損，對御者的技術要求很高。

從史料的記載來看，當時的戰車是兩車爲一組配合作戰的，兩輛車之間有主僕之分，有點像現代空戰中的雙機編組，主機和僚機的關係。會戰時，雙方戰車往往都排成一排橫隊，以寬大的正面對敵人施加壓力。每輛戰車在行進過程中，都盡可能走直線，直到與敵軍接觸。

由於戰車間的交戰是趁兩車交錯時進行的，而一次交錯往往不能決出勝負，所以當雙方戰車脫離接觸後，往往還會轉回來，進行第二次接觸。這樣反覆數次，直到一方完全潰敗爲止。

以上就是戰車的基本戰術動作，但是關於車戰的很多問題，我們今天仍然不很清楚。比如戰車與步兵如何一起列陣、一起配合，戰車如何對付正前方的敵人，等等。這些問題都有待於進一步的研究。

71

伏擊戰術是何時產生的

伏擊是一種非常重要的戰術，在現代戰爭中，這種戰術也經常出現，可見其經久不衰的魅力。

伏擊戰術的歷史，甚至比人類的文明史還要長。一些群居動物的捕獵，就可以看作是人類伏擊戰的雛形，比如獅群的捕獵，就是由若干母獅暗中組成一個伏擊圈，而公獅則出現在明處，將獵物驅趕到伏擊圈，由母獅將其獵殺。前面介紹過黑猩猩也會用預先設伏的方式捕獵猴子。

人類最早的伏擊戰術，也是在捕獵中發明的。其基本原理，與獅群的捕獵沒有太大差別。但是這種針對動物的捕獵方式，畢竟還不能算是戰場上的戰術。眞正將伏擊戰術應用在戰場上的記載，始於商朝。

殷墟出土的一片甲骨文中記載，商王武丁時期，有一次討伐“巴方”的軍事行動。武丁命令他的妻子婦好和另一名將領率軍隊預設了一個伏擊圈，然後武丁親自帶著軍隊，從東邊對敵人發動進攻。武丁的目的是把敵人趕到婦好等人設置的伏擊圈內，然後伏兵四出，一舉消滅敵人。但是甲骨文記載的只是這次戰役的戰前籌畫，而戰爭的實際情況如何、是不是按照戰前的謀劃展開的，這個我們並不知道。

有記載的伏擊戰術的實際應用，是在春秋時期。西元前714年，北方少數民族戎族的軍隊入侵鄭國。面對戰鬥力強悍、戰法靈活的戎族軍隊，鄭國國君鄭莊公的二兒子公子突獻計：戎兵雖然戰鬥力比較強，但是沒有什麼紀律性，打勝了就一哄而上，打敗了就各自逃命，遇到金銀財寶就會沒命地追。我們不如派一部分兵力正面迎敵，一與戎兵接觸就佯裝敗退，再扔下錢財輜重。戎兵貪圖搶掠財物，一定會跟著殺過來。而我們的主力部隊則預先設下三層埋伏，等著戎兵過來再殺他個措手不及，這樣就能夠取勝了。鄭莊公認爲公子突的辦法很好，就按照這個辦法佈置作戰，果然將入侵的戎族軍隊打得大敗。

這次戰役，記載在先秦史書《左傳》當中，是在文獻資料中見到的最早的誘敵伏擊戰役。從這一仗之後，各種伏擊戰書就屢屢出現在史書當中，成爲一種重要的戰術。

72

什麼是“魚麗之陣”

“魚麗之陣”是我們在各種古代兵書中經常看到的一個陣形。這個陣形產生於春秋時期，西元前707年的繻葛之戰中。

春秋初年鄭國十分強盛，國君鄭莊公數次與周王室發生矛盾。後來年輕氣盛的周桓王即位，他對於鄭莊公的跋扈十分不滿，於是親自率領大軍，去討伐鄭國。鄭國面對來勢洶洶的天子之師毫不畏懼，也組織軍隊抵抗。戰前，一個名叫高渠彌的大夫向鄭莊公提出了“魚麗之陣”的建議。所謂的魚麗之陣，就是把步兵分散配置在戰車的兩側以及後方，密切步車協同。“魚麗”是“魚罹”之意，也就是魚被捉到網中了。在魚麗之陣中，戰車就如同漁網上的結，戰車之間的縫隙就像漁網上的網眼，而步兵則相當於魚。整個陣形就好像一張大網兜著魚在前進一樣，所以稱魚麗之陣。這個陣形取得了相當不錯的效果，鄭軍成功地擊敗了王室的軍隊，從此以後，周天子遇到不聽話的諸侯也只能忍著，再也不敢兵戎相見了。

可見，魚麗之陣就是古代戰車與步兵緊密配合的一種陣形。那麼在魚麗之陣出現之前，戰車和步兵是怎麼配合的呢？有學者認爲，在魚麗之陣以前，步兵的方陣排列在戰車前面，作戰時是步兵先和敵軍接觸，然後才是戰車交戰。不過步兵在前、戰車在後這種搭配，實在讓人覺得太不合常理，戰車的衝擊力完全被自己方的步兵給抵消了，發揮不出威力。看來，早期的步車配合到底是什麼樣子，還有待進一步研究。

也有很多人將“魚麗”解釋爲魚鱗，所以“魚麗”陣在後世往往被稱爲魚鱗陣。在車戰時代結束以後，魚鱗陣仍然是一種常見的陣形，但是與車戰時代的魚麗之陣已經不同了。所謂的“魚鱗陣”，就是一種士兵排列成疏散隊形的陣。與傳統方陣的密集隊形不同，魚鱗陣是由一個個小的方陣組成，小方陣之間有一定的空隙，但是互相之間又有一定的配合，就如同魚的鱗片互相覆蓋一樣。這樣的陣形，能夠適應更爲複雜的地形，而且靈活性也要好於密集方陣。

騎兵往往以魚鱗陣作爲進攻隊形，這種陣不強調陣形的整齊劃一，但是重視小的戰術編組之間的配合，因此適於發揮騎兵的機動性優勢。據一些西方史料記載，蒙古騎兵的行軍打仗陣形，就是這種魚鱗陣。

魚鱗陣其實也是方陣的一個變種，由密集的方陣發展到魚鱗陣，說明戰爭在向著更加複雜的方向轉變，而且戰場範圍也由平原發展到各種複雜地形。

73

兩面合擊戰術何時產生

中華文明早期的戰鬥，講究正面對敵，雙方結成陣勢交戰。但是在春秋時期，隨著戰爭的發展，一些複雜的戰術不斷產生。兩面夾擊戰術，就是在春秋時期出現的。

西元前718年，鄭莊公爲報被衛國入侵之仇，出兵攻打衛國，兵鋒直指衛國都城朝歌。衛國向周邊諸侯請求援軍，南燕派兵救援衛國。

春秋時期有兩個燕國，一個是周武王的功臣召公奭的封地，國君爲姬姓，在今天的北京市附近，稱爲北燕，也就是後來戰國七雄中的燕國；另一個燕國在今天的河南延津附近，西周之前就已經存在，國君爲姞姓，稱南燕。

南燕和衛國軍隊一起和鄭軍作戰。鄭莊公一方面繼續以主力部隊在正面和敵人周旋，另一方面命令大夫曼伯和子元去制地（就是後來的戰略要地虎牢關）調集軍隊，繞到南燕軍隊的後面發動攻勢。南燕軍隊囿於傳統的正面對敵戰術，沒有想到後方會遭到攻擊，猝不及防之下，被鄭軍打得大敗。鄭國的兩面夾擊戰術，取得了很好的效果。史稱此次戰役爲“北制之戰”。

這是有明確歷史記載的第一次採用兩面夾擊戰術的戰例，這次戰役使人們認識到

“不備不虞，不可以師”，打仗一定要考慮周詳、防備嚴密。北制之戰只是兩面合擊戰術的一次簡單嘗試，在以後的戰爭中，兩面合擊的戰術與各種欺敵、誘敵的戰術相結合，在戰場上得到了廣泛的應用。

74

最早的殲滅戰出現於何時

殲滅戰就是將敵人成建制消滅的一種戰術，古今中外的戰場上，全殲敵軍一直是將領們追求的一種全勝狀態，即所謂的“傷其十指不如斷其一指”。與全殲敵人相比，擊潰敵人也只能算是次一等的選擇。

夏、商、西周等時代是否有全殲敵軍的戰役，我們不得而知。從史料上看，歷史上最早的殲滅戰出現在春秋時期。

西元前628年，春秋五霸之一的晉文公去世。晉國西面的秦國，一直被晉國壓制，難以向東發展。國君秦穆公看到晉國正忙著辦喪事，就決定利用這次難得的機會，向東方擴大自己的影響力。於是秦國出兵越過晉國，攻打遠隔千里之外的鄭國。鄭國地處中原腹心之地，是各方勢力爭奪的焦點，秦國佔據了鄭國，就能夠獲得一個位於中原地區的穩固基地。為了這次戰役能夠成功，秦穆公派出了他最信任的三個大夫孟明視、白乙丙、西乞術統率這支軍隊，以期在神不知鬼不覺之間滅掉鄭國。

但是秦國出兵的消息很快就被鄭國和晉國知道了。鄭國方面加強了戒備，而晉國方面經過爭論，決定不顧國君的喪事，出兵攻打秦軍。晉軍主帥先軫定下作戰計畫，在秦軍回師的必經之地崤山（屬秦嶺支脈，在河南省西部，地勢極險要）埋伏下重兵，佈置好了包圍圈。

秦國軍隊也得知鄭國戒備森嚴，無隙可乘，於是滅掉了路上的一個小國之後，就班師回國。西元前627年，秦軍進入崤山山口，發現道路已經被晉軍設置的障礙堵死。就在秦國的前鋒部隊正在排除障礙時，早已埋伏多時的晉軍伏兵一起殺出，將秦軍牢牢地封鎖在狹窄的山谷之中。經過一天激戰，秦軍也無法突出重圍，除了戰死的，全都當了晉軍的俘虜，這當中就包括軍隊的三位指揮官孟明視、白乙丙和西乞術。

戰爭勝利後，晉國國君晉襄公穿著黑色的喪服來到軍中慰問士兵，並將俘虜的三名秦軍統帥帶回國都處理。

這次戰役被稱爲崤之戰，中國歷史上有明確記載的第一次大規模殲滅戰。這支被消滅的秦軍，也成爲了中國歷史上全軍覆沒的第一支部隊。史書上記載，此次戰役，秦軍“匹馬只輪不返”，全都被晉軍包了餃子。對於秦國而言，這是一次慘痛的失敗，不過好在晉國太夫人文嬴（文嬴是秦國公室女子）向晉襄公請求，釋放了秦軍的三個統帥，否則秦國很可能會沉淪很長一段時間。

雖然殲滅戰在春秋時期就已經出現，但是在整個古代戰爭史上，殲滅戰的數量是很少的，大多數戰役都打成了擊潰戰。這也是因爲古代的技術水準較低，軍隊的機動能力和持續作戰能力有限，所以除非是一方擁有絕對優勢的力量，否則殲滅戰是很難打成的。《孫子兵法》中認爲，只有在兵力達到敵方十倍的時候，才能完成包圍殲滅對方的任務，也說明完成殲滅戰之不易。

75

最早的戰鬥預備隊出現在什麼戰爭中

預備隊是由指揮官掌握的機動作戰力量，一般在戰鬥開始時不首先進行戰鬥，而是待戰場形勢發生變化時才將其投入作戰，集中使用於具有決定意義的方向或地域，以奪取戰鬥的主動權，或者扭轉被動局面。

對於現代戰爭而言，掌握和適時使用預備隊，是一種基本的戰術原則。在何時投入預備隊，是對指揮官能力的重要考驗。但是在古代，人們並不是一開始就意識到需要設置預備隊。中國早期的戰爭，一般是把所有兵力都投入戰鬥，雙方誰先支撐不住，陣形潰散，另一方就獲勝了。隨著戰爭越來越激烈複雜，一些統帥意識到，戰爭開始就投入全部兵力，指揮官手中沒有機動力量，這樣戰爭中一旦出現不利情況，就難以扭轉局面，會十分被動。為了增強對戰局的掌控能力，應對戰鬥中的突發情況，很多諸侯國的軍隊中，開始出現了預備隊性質的戰術編組。

根據史書記載，西元前597年，當時最強大的兩個諸侯國晉國和楚國，在鄭國的邲（今河南滎陽東北）展開了一場大戰，以爭奪中原霸主的地位。這場戰鬥基本上按照春秋時期普遍的作戰方式，雙方都列成三個方陣，進行正面決戰。不過在戰鬥中，楚國國君楚莊王命令大夫潘黨率領四十輛戰車為"游闕"，以加強左翼的進攻。"游闕"就是一支機動部隊，起了預備隊的作用。邲之戰最終以楚軍的勝利告終。這是古代最早關於戰鬥預備隊的記載。

預備隊並不是二線部隊，而是要在關鍵時刻才投入戰場，以發揮重要作用的部隊，所以一般來說，預備隊往往由軍中戰鬥力較強的部隊來擔任。從史書記載中看，這一思想在春秋時期就已經出現。游闕是由當時的主力突擊兵種——戰車來擔任的，而戰車就是當時戰鬥力最強的兵種。

戰國時期軍事家孫臏，在理論上闡述了預備隊的設置原則，他主張以三分之一的兵力作為前鋒投入戰鬥，而三分之二的兵力則作為預備隊，伺機而動。同時代稍晚的馬其頓、羅馬軍隊，也都認識到了預備隊的重要性。

游闕等戰鬥預備隊的出現，表明古代的戰術已經發生了重大變化，人們對戰爭的認識也擺脫了簡單化、直線化的思維方式，而是以一種更複雜的眼光來看待戰爭。

 76

長途追擊戰術是何時出現的

在春秋以前的戰爭中，一場戰鬥的時間往往不長，空間範圍也有限。而隨著春秋時期戰爭方式逐漸複雜化，戰爭的範圍和持續時間也逐漸擴大。古書上說，上古時代的戰爭"逐奔不過百步，縱綏不過三舍"，也就是說在戰爭中，追擊潰敗的敵人，不能超過一百步的距離；而跟蹤主動退卻的敵人，不能超過九十里。可見上古時代，並沒有長途遠程追擊戰這種作戰方式。

到了春秋中期，一些戰役中已經出現了追擊敵軍到較遠距離的記錄。典型的大規模追擊戰例，則是發生在春秋晚期。西元前506年，吳王闔閭發動了對楚國的戰略決戰，他親自領軍，以伍子胥、伯嚭、孫武等人爲將，水陸並進，直趨郢都。

吳軍突入楚國境內，迅速西進，逼近漢水。楚國派出部隊迎擊，雙方在漢水兩岸對峙。面對遠道而來的吳軍，楚軍本應以逸待勞，一點一點地消耗吳軍的銳氣。但是楚軍統帥囊瓦昏聵無能，居然在倉促之間渡過漢水，主動向吳軍進攻。此舉正中吳王闔閭下懷。吳王闔閭命令吳軍主動退卻，引誘楚軍來追。雙方在小別山（今湖北黃岡地區的大崎山）到大別山（即今大別山）之間的區域，吳楚兩軍連續進行了多次小規模交戰，楚軍都沒有占到便宜，導致士氣低落，部隊疲憊。

吳軍撤退到柏舉（在今湖北麻城縣內），布好陣勢，迎擊楚軍。此時吳軍已經反客爲主，以逸待勞。楚軍則是一路尾隨吳軍而來，倉促出擊，失去了主場作戰的優勢。雙方在柏舉一場大戰，楚軍潰敗，向西撤退。吳軍則緊隨楚軍，展開了追擊戰。往往是楚軍剛剛撤退到一個地方，吳軍馬上尾隨而至，楚軍根本不得喘息，就又被吳軍擊敗。就這樣，在柏舉到楚都郢這一路上，吳軍五次追上並擊潰楚軍，將楚軍的主力部隊消滅殆盡。在柏舉之戰後的第十天，吳軍就攻入了楚國都城郢。

在這次戰役中，吳軍在大範圍內迂迴，調動楚軍，使其疲於奔命，失去了主場優勢。而自柏舉決戰之後，吳軍發揚連續作戰的精神，緊追楚軍，不給其喘息、修整的機會，最終將楚軍主力全部消滅。這是古代大範圍長途追擊戰術的首次實踐，同時也是古代很有代表性的一次追擊戰役。

77

韓信是如何打敗項羽的

秦朝滅亡之後，劉邦和項羽爲爭當皇帝，展開了長達四年的“楚漢之爭”。項羽憑藉其出色的作戰能力，屢次擊敗劉邦，甚至一度逼得劉邦拋兒棄女地逃命。但是項羽這樣能打仗，最後卻還是輸給了劉邦。項羽在最後的垓下決戰之前從沒有打過敗仗，只是在最後一戰中，遇到了韓信，才被漢軍擊敗。

韓信能夠擊敗項羽，在於他創造性使用了一種新的陣形——五軍陣。

春秋時期的會戰，一般交戰雙方都會組織三個方陣，按照左、中、右的位置來佈置，稱爲三軍。這是一種適合正面進攻的陣形，也與當時以戰車爲主的作戰方式相適應。但是三個方陣平行佈置，陣形的縱深不夠，而且兩翼和後方也比較薄弱，一旦陣形被對方突破，那結果就是潰敗。後來，爲了增加戰場上應對複雜局面的能力，有些將領學會了設置預備隊。

春秋後期，一種更爲厚實、堅韌的陣形出現了。史載晉國的魏舒在一次與戎狄的戰鬥中，深感戰車在複雜地形中使用不便，於是毀掉戰車，完全以步兵作戰。魏舒排出了一個五軍陣，即在原來的三個方陣基礎上，縱向增加兩個方陣，以增加陣形的縱深。晉軍最終取得了這次戰鬥的勝利。

韓信將古已有之的五軍陣加以改進，使之更適合大規模戰爭的需要。西元前202年，項羽在經過一系列戰鬥之後，已經失去了對劉邦進行戰略進攻的能力，只得答應與劉邦平分天下。隨後項羽退兵，而劉邦則利用這一時機，調集了幾乎所有能夠調集的力量，在垓下將項羽包圍。當時項羽有兵力十萬，而雲集在垓下的劉邦部隊，總數達到五六十萬。名將韓信作爲漢軍總指揮，根據楚軍正面突破能力強、戰鬥勇猛的特點，利用己方在兵力上的巨大優勢，採取穩紮穩打的做法，將漢軍分爲五個方陣，韓信親自率領三十萬大軍作爲一個方陣，正面迎擊楚軍。在韓信方陣兩側，分別佈置有一個較小的方陣，由兩名將軍統領。而劉邦統帥的方陣，就在韓信後面。在劉邦方陣的後面，還有一個作爲預備隊的方陣。韓信首先發動了攻擊，遭到項羽的反擊。楚軍確實有著強大的戰鬥力，攻擊迅速而猛烈，韓信的方陣無法抵擋楚軍的攻勢，只好後撤。但是韓信的後面還有劉邦的方陣，在這種大縱深的兵力配置下，面對漢軍兵力密集的正面，楚軍的突擊能力被一點一點地消耗，最終也無法衝破漢軍的陣形。由於楚軍向前突擊，把兩翼暴露給了漢軍的左右兩個方陣，於是這兩個方陣就對突破進來的楚軍進行夾擊。而此時，韓信也適時停止後撤，發動反擊，一舉擊敗了項羽。楚軍大部分被擊潰，項羽率領殘部退回營中據守。一向在戰場上無人能敵的西楚霸王，在韓信的五軍陣前，遭到了人生中第一次、也是最重要的一次失敗。

78

古代有心理戰嗎

心理戰是利用心理學原理，通過各種手段打擊敵人的意識，從而瓦解敵人的鬥志，降低敵軍的戰鬥力，從而以最小的代價獲得戰鬥的勝利。

古人很早就注意到了心理因素對戰爭的影響。商湯滅夏、周武王滅商的戰役中，戰前商湯、周武王都發佈過討伐暴君的檄文，以激勵己方士氣，打擊敵方戰鬥意志。雖然這種手段更多的是一種政治宣傳，不過也確實有一些心理戰的因素在裏面。春秋時期的軍事名著《孫子兵法》中，也在很多地方提出了心理戰的原則和方法。但是在先秦時期，心理因素只是戰爭的輔助手段，還沒有主要依靠心理因素在戰場上取勝的戰例。

楚漢戰爭最後階段的垓下之戰中，項羽在衝擊韓信設置的五軍陣中失敗，損兵折將之後，不得不退回營中據守。漢軍隨即將楚營團團包圍。項羽雖然遭到失敗，但是楚軍剩餘部隊仍有一定的戰鬥力。爲徹底瓦解楚軍，韓信使出一條計策，命令漢軍夜間在營中傳唱楚地的歌謠。

被圍困在軍營中的楚軍，聽到四面都是家鄉的歌謠，思鄉之情頓起，人人都傷心感懷，再加上白天突圍作戰的失敗，楚軍的士氣降到了最低點。不僅士兵們的鬥志下降，項羽也心神不寧了。四周傳來家鄉的歌謠，項羽非常吃驚，他猜測，難道說漢軍已經把楚地都給佔領了？否則漢軍當中怎麼有這麼多楚地來的人啊。

韓信“四面楚歌”的計策，讓楚軍不得安寧。項羽也不睡覺了，起來和寵妃虞姬對飲。酒入愁腸，項羽慷慨悲歌，唱道：“力拔山兮氣蓋世，時不利兮騅不逝。騅不逝兮可奈何！虞兮虞兮奈若何！”項羽唱著，虞姬在旁邊和著節拍，所有人都悲傷不已，流淚痛哭。項羽感到自己大勢已去，再也無心戀戰，於是帶著八百精銳騎兵，拋棄了營地裏的楚軍，趁著夜色突圍逃走。天亮之後，漢軍發現項羽已經突圍，就派出五千騎兵追擊項羽，而其餘漢軍則圍殲殘餘的楚軍。項羽被漢軍騎兵追殺，雖然屢次作戰，給漢軍造成了很大殺傷，但是畢竟寡不敵衆，在烏江邊被漢軍追上。項羽不肯過江回江東，而是在江邊與漢軍力戰，最後身受重傷，自殺身亡。

韓信在垓下以“四面楚歌”對項羽軍隊進行心理打擊，取得了徹底擊潰楚軍的戰果，項羽這個最大的敵人也因此喪命，這是中國軍事史上最早的一次眞正意義上的心理戰。韓信的心理打擊戰術，使楚軍統帥項羽都失去了戰鬥的意志，做出了放棄軍隊、獨自逃走的決策，這在項羽一生的戰鬥中絕無僅有。在漢軍發起進攻前夕，楚軍實際就已經崩潰，漢軍天明時的攻擊，只是起了摘果實的作用。

這一戰使“四面楚歌”這個成語留傳下來，也給後世將領樹立了一個心理戰的典型戰例。

 79

諸葛亮的“八陣圖”有那麼神嗎

唐代詩人杜甫寫過很多悼念諸葛亮的詩，其中有一首名爲《八陣圖》：“功蓋三分國，名成八陣圖。江流石不轉，遺恨失吞吳。”元曲《蟾宮曲》中也有“更驚起南陽臥龍，便成名八陣圖中”的句子，可見八陣圖自古被人們視爲諸葛亮的一項重要成就。

在《三國演義》等小說中，諸葛亮的八陣圖是以亂石堆成的類似迷宮一樣的陣形，似乎還有些法術在裏面，曾經將東吳大將陸遜困在陣中，差點就要了陸遜的命。這個在民間傳說中神乎其神的陣勢，被稱作“武侯八陣”。

三國的史書中，對諸葛亮的八陣記載十分簡略，而後世的一些軍事家和學者們，對八陣的情況進行了一些推演與猜測，逐漸搞清了八陣圖的眞相。八陣並不是迷宮，而是戰場上兩軍交戰的陣形。

實際上，八陣圖就是一種排兵佈陣的方式，是諸葛亮爲了充分發揮蜀軍的優勢，彌補與魏軍的實力差距，在已有陣型的基礎上加以改進而成的。

八陣，顧名思義，就是由八個戰鬥隊形組成的一個陣，但是實際上，名爲八陣，卻有九陣。陣形的發展，在春秋時期流行三軍陣，即左、中、右三個方陣。後來，三軍陣發展成前、後、左、中、右的五軍陣，五軍陣排列起來，大致上呈“十”字形。五軍陣比三軍陣更爲厚實，但是在各方陣的接合處，仍然比較薄弱，於是一些指揮官就在五軍陣的四角各佈置一個小陣，形成了一個“九軍陣”，這就是武侯八陣的雛形。

諸葛亮改進了前人的八陣，使之更加實用。這種陣由九個大的戰鬥隊形組成，呈“井”字形排列。中軍部隊是總預備隊，由主帥直接掌握。中軍周圍的八個陣按照八卦的方位排列，所謂的“八陣”就指的是外面的八個陣。八陣的特點是陣中套陣，中軍由十六個小陣組成，周圍八陣各由六個小陣組成，共有六十四個小陣。在整個陣形後面，還設置了二十四個小陣的機動部隊，應對各種突發情況。

諸葛亮只是八陣的改進者，而不是發明人。到底是誰最先發明了這種陣形，已經不可考。同樣，八陣在諸葛亮之後仍然得到發展，又衍生出了很多不同的陣形。

至於那個迷宮似的八陣傳說，則源於白帝城附近的一處遺址，據說是諸葛亮練兵的地方。當時諸葛亮在這裏演練陣形，軍隊駐紮期間，留下了一些石頭堆成的營壘遺跡。後人就說，這裏就是諸葛亮擺的八陣。其實古代軍隊安營紮寨時，用石頭修建營壘本是很常見的現象，與戰場上的八陣並不是一回事。但是在以訛傳訛之後，民間傳說中的八陣，就變成了石頭壘成的迷宮了。

80

沙盤是怎樣發明的

沙盤就是一種地形模型，是以眞實地形爲依據，根據測繪成果，按照一定的比例關係，用泥土、兵棋以及其他材料製成的直觀反映地形地貌的模型。沙盤在軍事上具有重要意義，它可以幫助指揮員瞭解戰區的地形地貌，以便在戰前制定詳細的作戰計畫。與軍用地圖相比，沙盤雖然無法隨身攜帶，但是它對戰場的反映更加直觀、眞實，指揮員在沙盤上不僅可以進行兵力部署，還可以推演各種戰鬥方案，以及進行戰術演練。

沙盤是中國人發明的。據一些不很可靠的史料，秦始皇在統一六國的戰爭中，就已經開始製作關東六國的地形模型，並和秦國的將軍們據此商討滅六國的戰略計畫。但是這樣的說法沒有什麼有力的史料依據。

正史中對沙盤最早的記載，來自於《後漢書》。西元32年，漢光武帝劉秀率軍消滅割據隴右的軍閥隗囂。因爲隴右地區地形險要，劉秀一時不敢貿然進兵。這個時候，劉秀的大將馬援指出，隗囂的軍隊已經有崩潰的趨勢，此時應該馬上進兵。爲了向皇帝展示此地地形，馬援就用米堆成山谷地勢，並據此分析戰局，指明進軍的道路。經過馬援的這一番沙盤作業，劉秀一下子就看清了當前的形勢，於是高興地說道：“虜在吾目中矣。”（敵人的部署都在我的眼中了）隨後，劉秀的軍隊就按照沙盤上的部署，消滅了隗囂這個割據勢力。

這是有明確歷史記載的世界上最早將沙盤用到軍事領域的戰例，雖然馬援的沙盤只是臨時以米堆成，而且以當時的地形觀測水準而言，馬援的沙盤肯定無法精確地按照比例來反映地形，但是沙盤的發明，畢竟是軍事史上的一個重大事件，開創了一種新的戰術工具。

值得一提的是，發明沙盤的馬援，也是一位有著傳奇色彩的名將。他被劉秀封爲伏波將軍，有一個女兒還當上了皇后。馬援年老之後，地位尊崇，本可以在家安養天年，但是他卻時刻不忘自己的將軍身份，年逾六十，依然主動請纓爲將，率大軍出征。馬援曾經說過，大丈夫要效命疆場，死後不需棺槨裝殮，應以馬革裹屍而還。最終馬援果然實踐了他的誓言。馬援給我們留下了很多成語，比如“馬革裹屍”、“老當益壯”等等，他本人在古人眼中也是與廉頗齊名的不服老的老將，一度成爲後世軍人的楷模。馬援不僅給我們留下了沙盤這一軍事史上的偉大發明，他的精神一樣是留給後人的一筆寶貴財富。

81

圍點打援的戰術是誰發明的

圍點打援，就是包圍敵人的某一個有戰略價值的重要據點，吸引其他地方的敵軍前來救援，從而殲滅來援敵軍的戰術。在這個戰術中，“圍點”只是輔助手段，“打援”才是眞正目的。

圍點打援的戰術雛形，在先秦時期的一些史料中有些記載，不過嚴格意義上的圍點打援戰術，出現在東漢時期。

西元28年，漢光武帝劉秀派大將耿弇率軍攻擊佔據山東的割據勢力張步。張步命令大將費邑率軍駐紮在曆下（今山東濟南），並分出一部分兵力守衛巨里（今山東濟南市曆城區），以抗拒漢軍。

耿弇率軍逼近巨里，制定了消滅敵軍主力的作戰方針。他命令士兵多伐樹木，製作攻城器械，並大肆宣揚要在三天之後攻下巨里。爲了進一步迷惑敵人，耿翕還有意讓俘虜逃回曆下，向費邑報告情況。費邑得到情報之後，害怕巨里有失，就親率精兵三萬前來救援。

耿翕只以三千人盯住巨里，而親率主力部隊迎擊費邑的援軍。漢軍佔據高阪，以逸待勞，居高臨下衝擊費邑軍，費邑無法抵擋，全軍潰敗，費邑本人也被漢軍斬殺。

費邑的主力部隊被漢軍消滅之後，巨里的守軍受到極大震動，再也無心抵抗，只能倉皇逃走，漢軍順利攻下巨里。耿翕奪取了巨里城中的作戰物資，並分兵攻掠各處。由於漢軍已經消滅了敵軍的主力部隊，所以在各地遇到的抵抗也不激烈，耿翕很快就平定了濟南全境。

在這次戰役中，耿翕以巨里爲誘餌，吸引費邑的主力來進攻，並將其殲滅，是一場精彩的圍點打援戰役。此戰之後不久，劉秀親征張步，張步無奈之下，只得出降。

圍點打援戰術的關鍵在於圍其所必救，要通過“圍”來調動敵人的“援”。另一方面，打援的部隊也要具備較強的戰鬥力，否則就無法阻止敵人的增援。兩個環節哪裏出錯，這個戰術就不能成功。自耿翕發明圍點打援的戰術之後，後世的很多將領都應用過這種戰術，並在實戰中不斷地改進。當然，歷史上也有很多優秀將領，運用出色的指揮才能，使對方的圍點打援失效。也有一些戰役，打援的部隊無法阻止敵人的增援，以至於最終沒能完成這個戰術。志願軍在朝鮮戰場上，就有幾次因爲美軍的戰鬥力強悍，打援部隊無法完成阻擊，最終導致圍點打援的戰術被破壞的戰例。可見任何戰術的運用，都要依賴於一定的主觀和客觀條件，並不存在萬無一失、一定能取勝的戰術。

82

古代有哪些攻城戰術

攻堅戰是任何軍隊都要面對的作戰方式，指的是攻打敵軍重兵防守的城池、關隘、營壘、陣地等的戰鬥。在攻堅戰中，防守的一方往往依託於堅固的工事進行作戰，給進攻方帶來很大的麻煩。在冷兵器時代，攻堅戰的主要表現形式就是攻打城池。

古代城池的修築情況，在第一部分中已經講過了，主要的守城武器，也在第一部分介紹過。面對堅固的城牆和形形色色的守城武器，進攻方往往一籌莫展，以至於很多古代軍事家都視攻城爲畏途。

冷兵器時代的攻城辦法也有很多，不過總的來說沒有效果特別理想的。總結各種史籍中對城池攻防的描寫，攻打堅城的辦法主要有以下幾種：

首先就是制定計策，將城池中的敵軍主力調動出來，誘使守城軍隊放棄城牆，轉而與進攻方野戰，從而消除防守一方的優勢。這個辦法的效果是最好的，可以用較小的代價取得成功。但是如何調動守城的軍隊、誘使其放棄擁有巨大優勢的城牆防禦工事、將攻城戰轉化爲野戰，則是很困難的事情。一般來說，守城方很少有哪個指揮官會讓軍隊主力放棄城牆去野戰。在歷史上，這種辦法實現的機會不多，但是一旦成功將守城的軍隊調動出來，那麼進攻方往往就有很大的勝算。

其次就是用技術手段來攻城。用拋石機拋射石塊破壞城牆，是常用的辦法，不過以人力發射的拋石機畢竟威力有限，即使襄陽砲這種大型拋石機，也只能破壞城牆上的望樓，很難破壞城牆本身，而且拋石機的準確度也是一個大問題。攻城方還會用挖地道的辦法，將城牆下面的地底挖空，使城牆因自身重力而陷落坍塌，後來發明火藥以後，還將火藥埋在城牆下面引爆，加強對城牆的破壞。除了破壞城牆，還有一個辦法是破壞城門，就是很多士兵推著一輛裝有巨木的車子，去撞擊城門。另有一種攻城方法，就是攻城方在城牆附近修築土山，將土山修得和城牆等高甚至比城牆更高，然後讓士兵從土山上發動攻擊，這樣顯然比爬城仰攻更有效率。

無論是挖地道、攻城門還是修土山，守城一方都不會坐以待斃，而是使出各種反制手段，所以眞正遇到防備完善的城池，這些辦法都很難成功。如果這些技術手段不行，那就只能使用比較笨的辦法，也就是架雲梯爬城了。這種辦法耗費人力衆多，費時長久，而且往往死傷慘重，完全是以人命來拼，這也是孫武等軍事家反對攻城的重要原因。很多史書中，將這種攻城方式叫做“蟻附”，意思是說，士兵們像螞蟻一樣爬滿了城牆，而城下的屍體也多得像螞蟻。這種方式充分展示了戰爭的殘酷性，然而歷史上很多的城池，又確實是用這種辦法攻下來的。

還有一種殘忍的攻城手段，就是引水灌城，即人爲地製造洪水，通過修築或者破壞堤壩等辦法將河水引到城中進行破壞。這種辦法在古代的攻城戰中也比較常見。

如果以上的辦法全都失效，那麼攻城方唯一剩下的辦法就是圍城了。通過對城牆的長期圍困，斷絕城內外的聯繫，城內的人員、物資損耗無法補充，最終會耗盡守城方的戰鬥力。史書記載，很多長期圍城的戰役中，被圍的城池裏都出現了“人相食”的局面，可見局面之慘烈。

城市攻堅和巷戰，即使在現代，也是很讓人頭痛的事情，而在古代，攻城無論對於攻方還是守方來說，都是災難。

83

戚繼光發明了哪些陣形抗擊倭寇

明朝中後期，中國的東南沿海受到倭寇的騷擾。倭寇由日本的流浪武士以及其他浪人，與中國沿海的海盜、無賴等相互勾結組成，到處燒殺搶掠。明朝的衛所兵戰鬥力廢弛，根本無力抵擋倭寇。名將戚繼光在浙江一帶招募礦工、農民等數千人，組成新軍，人稱“戚家軍”，與倭寇進行戰鬥。

在抗倭鬥爭中，戚繼光根據敵我雙方的特點，發明了很多新穎的戰法，極大地豐富了冷兵器時代的戰術，也成爲後世名將練兵的經典案例。

明末東南沿海圍剿倭寇的明軍

倭寇以日本武士爲骨幹，他們使用鋒利的日本刀，是久經沙場的職業軍人，無論單兵作戰還是相互配合，都要強於承平已久的衛所兵以及臨時招募的農民士兵。而且浙江、福建沿海地區地形崎嶇，多山林水澤，不利於大部隊展開作戰，卻有利於倭寇的伏擊偷襲。面對這種情況，戚繼光創造了一種以步兵小隊爲單位的陣法，稱爲“鴛鴦陣”。

鴛鴦陣以十二人的小隊爲基本單位，類似於現代的一個步兵班。十二人中，設隊長一人，伙夫一人，戰士十人。戰鬥時，隊長站在隊伍最前，指揮作戰。十名士兵分列兩隊，站在前面的兩人分別持長牌和藤牌，長牌手使用的是大型盾牌，負責保護後面的戰士，而藤牌手則持圓形的小盾牌，同時攜帶短刀、投槍等武器。在兩名盾牌手後面，則是兩名狼筅手，狼筅是用整根大毛竹製成，將毛竹的頂部削尖，保留枝葉，有的還把枝葉也儘量削尖，狼筅的長度可達四米，需要力氣大的士兵來舞動。狼筅手後面是四名長槍手，長

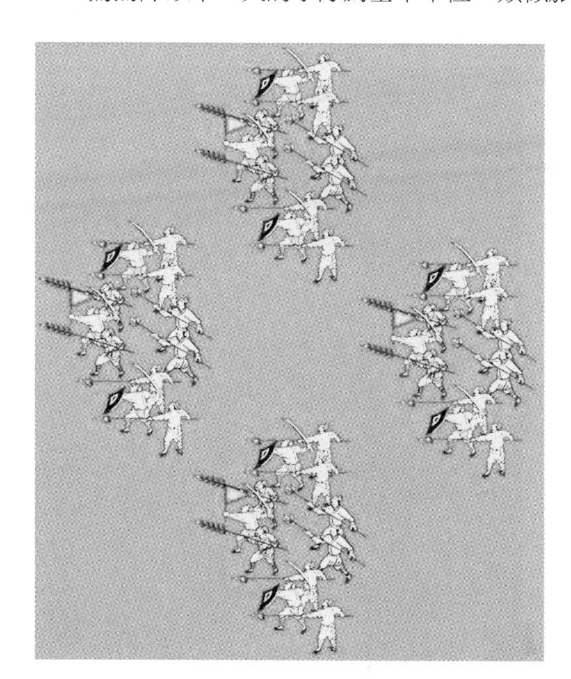
戚繼光發明的鴛鴦陣

槍手後面是兩名鏜鈀手，鏜鈀是一種比長槍略短的武器，主鋒是一個矛頭，矛頭兩側伸出兩個橫枝，橫枝上佈置有尖刺，兼備進攻和格擋的功能，還設有一個凹槽，可以發射火箭（用火藥作動力的箭矢）。伙夫在最後面壓陣。

作戰時，隊長指揮士兵迅速列好陣勢，如敵人不主動進攻，藤牌手就先出列，用投槍攻擊倭寇。倭寇追殺至陣前，狼筅手揮動狼筅，形成密不透風的屏障，倭寇刀劍雖然鋒利，但是遇到剛柔結合的狼筅，也發揮不出來，衝不進去，有時還會被狼筅掃得人仰馬翻。就在倭寇受制於狼筅的時候，後面的長槍手則趁勢發動攻擊，殺傷敵人。若偶有漏網之魚衝破前面的屏障，則兩名鏜鈀手負責阻擋。這樣一個陣形，士兵之間嚴密配合，形成密不透風的作戰體系。往往使兇悍的倭寇也一籌莫展。

在敵軍被擊敗退卻的時候，鴛鴦陣還能變換爲追擊陣形。可以左右兩隊分開，稱“兩才陣”；也可以將狼筅手、長槍手和鏜鈀手居中，兩名盾牌手左右護衛，稱“三才陣”。

鴛鴦陣機動靈活，變化多端，戚家軍在經過訓練之後，熟練地掌握了這種陣形，在與倭寇的作戰中屢屢奏效。後來東南沿海倭患基本平定，戚繼光被調到北方邊境防禦蒙古，這種陣形又得到了不少改進，使之更適應當地的作戰環境。

84

中國最早的間諜是誰

間諜是秘密從事情報收集工作，或者潛入敵方內部進行顛覆、暗殺、綁架、離間、破壞等行動的人員。間諜在軍事上有著重要意義，是任何國家都不能忽視的一種獲取情報的途徑。與間諜的活動相對應，派出間諜到敵方進行破壞活動，以及防止敵方間諜進行破壞，就是間諜戰的主要內容。

間諜戰歷史悠久，中國有記載的最早的間諜戰始於夏朝。根據《左傳》等史書以及屈原的《離騷》、《天問》諸篇的一些詞句，我們得知，夏朝時期的一個名叫女艾的人，是史上最早的間諜。

夏朝是中國歷史上第一個世襲制王朝，在夏朝建立後不久，國王太康沉迷打獵，不理國政。東方的東夷有窮部落領袖后羿起兵反叛，奪了太康的王位。可是后羿也和太康一樣喜歡打獵，而不喜歡繁瑣的政務，於是后羿手下的一個大臣寒浞就趁機奪權，殺了后羿，自立爲王。

太康的孫子少康，時刻準備剷除寒浞。但是寒浞勢力很大，他還有一個兒子名叫澆，力大無比，是一個非常不好對付的人物。少康爲了剷除寒浞的這個左膀右臂，就派手下一個叫女艾的人，秘密潛入有窮部落，俟機除掉澆。

女艾潛入有窮部落之後，得知澆很好色，經常和一個名叫女歧的寡婦廝混。於是女艾決定採用刺殺的辦法，在一天黑夜衝進到女歧家中，手持利刃，殺死了在床上酣睡的人。可是得手之後才發現，他殺死的是女歧，當晚澆並沒有在女歧處過夜。

這次刺殺失敗之後，女艾繼續努力掌握澆的行蹤。他不惜重金，收買了澆的手下，通過他們得知了澆打獵的時間和地點。於是女艾裝扮爲獵人，帶著幾條獵犬去伏擊澆。在澆打獵的過程中，女艾放出獵犬將澆撲倒，而自己則趁機殺死了澆。女艾的間諜活動取得了成功，而少康也在不久之後成功擊敗寒浞，恢復夏王朝。

女艾隱藏身份、秘密潛入敵營，收買敵人、刺殺重要人物的活動，就是一種典型的間諜戰模式。雖然史書上對女艾的記載非常有限，但是我們依然可以將“最早的間諜”這個桂冠戴在他的頭上。

在女艾之後，也有很多成功的間諜戰案例。《孫子兵法》中記載，“殷之興也，伊摯在夏；周之興也，呂牙在殷”，就是說，當年商湯滅亡夏朝的時候，就是靠伊尹（伊摯就是伊尹）在夏朝當間諜，從內部瓦解了夏朝的統治，商朝才得以興起。而周朝的興起，又是靠了姜太公（就是呂牙）在商朝當間諜，獲取了商朝的情報，離間了商朝的盟友，這才能夠獲得成功。由此可見間諜戰在中國古代源遠流長，也長期受到軍事家們的重視。

85

古代軍隊靠什麼查探軍情

軍隊在行軍打仗的過程中，需要對周圍的情況進行隨時瞭解，以免陷入不利狀態。查探周圍的情況，主要包括當地的環境狀況和敵人的動向。

爲進一步瞭解敵情，逋俘敵軍，俗稱抓舌頭是最行之有效的方法。

瞭解行軍路線上的地形、地貌、水文、自然資源情況，以及當地的風土人情等等，需要戰前進行精心調查，尤其是要找到合適的嚮導，以保證行軍安全。西漢名將李廣，有幾次出擊匈奴，就是因爲沒有找到合適的嚮導，對於行軍路線不夠瞭解，所以在戰場上迷路，無功而返的。

比探查戰場情況更重要的是要偵察敵情。古代偵察敵情的方法也很多，其中最重要的就是使用偵察兵。古代的偵察兵，被稱爲“斥候”。“斥候”一詞本是動詞，“斥”就是勘查，而“候”則是指候望，“斥候”一詞就可以理解爲偵察觀望。後來斥候的詞義延伸，即可以指偵察敵情，也可以指偵察兵。斥候一般都由一些行動敏捷、機智靈活的士兵擔任，他們有的是騎兵，有的是步兵。在行軍打仗的過程中，斥候在與主力部隊相隔一定距離的範圍內活動，一旦發現敵情，就要趕快回來報告，使己方部隊能夠及時做好準備。正是由於斥候的偵察行動對軍隊的安危十分重要，所以古代軍隊很重視斥候的使用，特別是一些屢戰屢敗的庸才將領，更不敢忽視斥候，因爲斥候傳回來的資訊，往往是他們逃跑的依據。很多古典小說中都會提到“探馬來報”、“探子來報”，其實探馬和探子，就是指斥候。

除了使用偵察兵探查敵情，古代軍隊中還有一些技術手段，用於偵察。比如古代的樓車，或稱巢車，就是在車上架起一個高大的架子，上面裝有一個瞭望台，瞭望台可以通過滑輪和繩索升降，一些眼力好的士兵就可以站在瞭望臺上，以登高望遠的方式觀察敵情。這種偵察方式，對於瞭解地方軍隊的兵力、調動，是很有用的。

待兩軍對陣之時，兩軍主將依舊會利用最後的時機窺探對方虛實，這就要借助巢車。

古代的軍事將領們還會用一些計策手段來探查敵情，比如古代軍隊中的先鋒部隊，就有探查地方實力的職責。他們往往在會戰前先向敵軍發動一次小規模低強度的攻擊，以此來檢驗敵軍的作戰能力，並爲主力部隊的進一步行動提供參考。

與這些偵察活動相對應，古代的反偵察手段也有很多，比如搜尋、抓獲敵方斥候，使其無法傳遞消息，收買假嚮導迷惑敵軍，進行戰術佯動，以欺騙敵方偵察，等等。總之，如何有效地獲取戰場資訊、阻止敵軍獲取戰場資訊，在任何時代的軍隊中，都是一項重要的活動。

86

古代的特種作戰始於何時

電視劇《亮劍》中，日本鬼子的特種作戰部隊給觀衆們留下了深刻印象，他們擅

春秋時代的青銅鏡中刻畫的銳士勁卒，是身懷絕技，進行特殊戰鬥的奇兵。

長潛入我方根據地進行特種作戰，以我方重要首腦人物爲目標，給我抗日軍民帶來了巨大威脅，主角李雲龍的妻子就被他們抓住了。在現代世界各國的軍隊當中，都設有特種部隊，擔負一些特殊作戰任務。其實，特種作戰並非是現代戰爭的專利，早在古代就有特種作戰這種方式。

西元前488年，正是春秋末年。當時南方的吳國出兵攻打魯國，吳王夫差親自領兵，吳國大軍勢如破竹，很快就攻到了魯國都城附近。此時吳國十分強大，有爭當中原霸主的意圖，魯國這樣的諸侯國當然不是對手。爲了挽救危亡，魯國大夫微虎制定了一個計策，就是由他組織一支精銳作戰部隊，趁夜偷襲吳王的駐地，通過綁架吳王夫差來促使吳國退軍，避免魯國的滅亡。

當時微虎連夜在自己屬下挑選了七百餘名士兵，集中起來進行選拔。經過體能、戰鬥技巧的測試，微虎又從這七百人中優選了三百精兵，其中就包括孔子的學生有若。在這支突襲部隊組建完畢後，微虎就帶著他們由魯國都城的南門出發，連夜奔襲吳王夫差的駐地。

但是就在這支精銳部隊即將出城的時候，有人向魯國的卿士季康子建議取消這次行動，因爲這樣的行動危險性太大，不能給吳國軍隊主力造成傷害，反而會使魯國損失一批優秀的人才。季康子權衡利弊，給微虎下令，停止了這次軍事行動。

其實，吳軍的情報工作也是相當出色的，微虎這次的突襲計畫，在執行之時，就已經被吳國方面掌握。吳王夫差大驚失色，爲了防止被魯軍偷襲，一夜之間竟然多次更換住處。可見，即便是知道了吳國的計畫，夫差仍然對這三百精銳部隊十分忌憚。

微虎的這一作戰計畫雖然最終沒能成行，但是卻具備了現代特種作戰的一些基本特點，如揀選精銳，深入敵後，破壞敵方重要目標或者捕殺敵方重要人物。可以說，微虎的這一沒有成行的軍事行動，就是古代特種作戰模式的開端。實際上，此次行動雖被中止，但是也取得了一定效果。經歷此事之後，吳王夫差考慮到人身安全所受到的威脅，以及顧慮其他諸侯可能出兵干預，於是主動提出和魯國講和，並撤兵回國。從這裏我們也可以看出，特種作戰對戰爭進程能夠產生重要作用。

87

爲什麼說蘇秦是古代間諜戰的代表人物

蘇秦是戰國時期的一個著名人物，關於他的各種傳說很多，其中影響力最大的就是蘇秦與張儀之間的各種恩怨。成語“懸樑刺股”中，“刺股”這個故事的主角就是蘇秦。不過，根據近代以來很多學者的考證，其實蘇秦和張儀的活動年代並不相同，蘇秦比張儀要晚，關於蘇秦和張儀的那些恩怨，大多是將別人的故事安在蘇秦頭上，經過加工傳說而成的。

其實蘇秦在歷史上的活動，主要是作爲間諜，在齊國從事顛覆活動。戰國時期，齊國曾經趁著燕國內亂出兵佔領燕國，從而使兩國結下深仇。後來燕昭王即位，想要向齊國報仇，就在西元前300年派蘇秦出使齊國，企圖攪亂齊國的內政外交，從而爲伐齊做好準備。

但是這次出使，蘇秦並沒有什麼實質性的成果。由於報仇心切的燕昭王不顧國力的巨大差距，貿然進攻齊國失敗，蘇秦也無法在齊國立足，就回到燕國。後來經過精心準備和協調，西元前289年，蘇秦再次出使齊國。這一次，蘇秦想盡辦法討好齊滑王，他挑撥齊國和趙、魏、韓三國的關係，騙齊滑王相信燕國，放鬆了對這個仇敵的戒備之心。

西方的秦國與齊國本來沒有什麼直接的利害衝突，所以兩國關係還算融洽。但是蘇秦卻用各種手段促使齊國和秦國交惡。在蘇秦的慫恿下，齊湣王甚至組織了一次五國聯軍伐秦的軍事行動。另一方面，蘇秦又告誡燕昭王要忍辱負重，等待時機。其間，齊國和燕國發生了一些外交摩擦，齊湣王殺了燕國派去的一個將軍。面對這樣的羞辱，燕昭王還是遵從蘇秦的勸告，忍了下來，反而主動向齊湣王認錯。

眞正讓齊國陷入戰略上的危險境地的，是齊湣王在蘇秦的鼓動下，出兵滅宋。宋國雖然是一個弱國，但是它地處大國夾縫之中，是各強國之間的緩衝地帶，維持著強國之間的戰略平衡。齊湣萬滅掉宋國，並將宋國土地收歸己有，一下子就破壞了列國之間的勢力均衡，引起了所有強國的警覺。趙、魏、韓等國都認爲齊國的野心很大，已經成爲了它們最主要的威脅。

於是，一個針對齊國的五國聯盟（秦、燕、趙、魏、韓）開始形成。燕國表面上維持著與齊國的友好，暗中則成爲五國聯盟的實際組織者。在西元前284年，五國聯軍大舉進攻齊國，齊國佈置軍隊防禦。此時蘇秦又向齊湣王獻策，說北方的燕國歷來和齊國友好，絕對不會眞的出兵攻齊，所以在北部地方可以不設防，要把防禦的重點設在西邊。齊湣王再次聽信了蘇秦的話，將防禦重點設在西邊。但是，五國聯軍的主力恰恰是從北方的燕國發動了進攻。齊國的北部防禦空虛，很快就被聯軍攻破。這個時候齊湣王終於認清了蘇秦的眞面目，將他殺死了。可是齊國失敗的局面，已經不可避免了。

蘇秦在齊國的活動，可以稱爲一部間諜戰的完整教科書。蘇秦打入敵國內部，深得敵國國君信任，並且一步步地引導敵國出現各種戰略失誤，使其處於極爲不利的地位。在最後關頭，還想盡辦法破壞敵國的軍事部署，爲己方的進攻掃清道路。燕國最終能夠擊敗齊國，蘇秦功不可沒。從這個意義上說，蘇秦以一己之力，幾乎完成了顚覆敵方一國的任務，將他稱之爲古代間諜戰的代表人物，的確實至名歸。

88

秦國爲什麼能滅六國實現統一

春秋戰國諸侯混戰了五百多年，最終在西元前221年由秦國完成了統一大業，建立了中國歷史上第一個統一的中央集權帝國。秦國在春秋早期還只是一個落後的小國，它最終能夠成功，除了各種政治、經濟、文化因素之外，秦國獨特的地理位置所造就的戰略優勢，也是一個不容忽視的因素。

秦國立國時的範圍主要是今天的陝西省，也就是古代常說的"關中"地區。在地勢上，關中地區對東部平原地帶呈高屋建瓴之勢。東面有太行山脈、南面有秦嶺阻隔，在崇山峻嶺之間有幾處出入孔道，也都設關把守，比如著名的函谷關和武關。古人說，關中地區是"四塞之地"，最適合弱小的勢力在此發展壯大，"是故以陝西而發難，雖微必大，雖弱必強"。歷史上，很多割據政權或者農民起義軍，都是因爲佔據了陝西，才最終成長壯大的。秦國佔據關中地區，對東方諸侯國，就具備了進可攻、退可守的有利戰略態勢。在形勢好的時候，秦國可以向東進軍，蠶食其他諸侯的土地。而形勢不利時，秦國則可以退回國內自保。關中地區易守難攻的地形，是秦國最好的保護傘。

地處西部，也給秦國帶來了另外的戰略優勢。在春秋時期，關中地區差不多是華夏文明的西部邊界了。由於秦國地處西陲，文化上比較落後，中原諸侯都把他們當作野蠻人。秦國一度試圖東進，將勢力擴張到中原地區，但是卻被春秋時期的超級強國晉國所阻擋。在數次東進碰壁之後，秦國改弦更張，向西部發展，不斷兼併西部那些實力不強的少數民族部落，得到他們的土地和人口。西部的經濟雖然不如中原地區發達，但是擴張的阻力也比中原要小得多，秦國經過一系列兼併活動，迅速地擴大了自己的戰略縱深，增強了自己的實力。

到了戰國時期，晉國分裂爲魏、趙、韓三個諸侯，秦國東進路上最大的阻礙已經消失，這是秦國發展史上的一次重要的戰略機遇。這時，秦國以有利的地理條件爲基礎，不斷蠶食別國土地，形勢有利時就主動出擊，形勢不利時就坐山觀虎鬥。最終，東方列國在各種紛爭中逐漸衰落，秦國就迎來了統一的歷史契機。

89

戰國時期的合縱抗秦為什麼會失敗

戰國中期，秦國實力強大，給其他諸侯造成嚴重的威脅，於是一些人就站出來呼籲東方的諸侯們聯合起來，一起對抗秦國。由於東方的燕、趙、魏、韓、楚等國基本上是從北向南縱向排列，因此這種聯合，就被稱為"合縱"。而秦國實力雖強，但是也無法同時抗衡這麼多國家，所以就要想辦法拆散他們的聯合，使實力較弱的國家倒向秦國，這樣就形成了一種東西向的橫向聯合，所以稱為"連橫"。蘇秦、張儀是合縱連橫的代表人物，不過蘇秦的合縱事蹟多是後人附會的，早期進行合縱的代表人物其實是魏國人公孫衍。

我們對合縱與連橫往往有很多誤解。其實，合縱並不僅僅是針對秦國。一直到戰國後期的齊湣王時，齊國依然稱得上是與秦國並立的強國，諸侯的合縱運動，有時也是針對齊國的。後來齊國衰落了，秦國才一家獨大，成為了合縱的主要目標。

從最後秦國統一的結果來看，合縱似乎是失敗了，而連橫則成功了。實際上，合縱運動也取得了很大的成果，諸侯合縱抗秦也曾經攻進秦國的腹心地帶，逼得秦國求和，放棄了一些侵吞來的土地。合縱最終沒能成功，首要的原因當然是各國利益不一，各懷鬼胎，無法真正做到團結一致。其次，則是秦國的地勢險要，戰略縱深廣闊，合縱攻秦即使能取得一時的成功，但是卻難以有長久的效果。再者，在合縱運動早期，齊國也是一個重要目標，合縱的主要目的到底是抗秦還是抗齊，不同的國家也有不同的打算。在很多諸侯看來，東方齊國的威脅，比起秦國來還要厲害，這也導致合縱運動的力量分散，給秦國留下了機會。西元前284年，由燕國主導的合縱攻齊，將齊國打得幾乎亡國，這可以說也是合縱運動的重要成果，只是如此一來，攻秦的時機就過去了。

秦國的連橫策略，最大的成果就是削弱了楚國，這主要是靠張儀實現的。不過在秦國最後統一的過程中，也並未見連橫策略發揮過哪些重要作用。秦國固然努力拆散了諸侯的合縱，但是卻也並不在乎是不是有人來和它連橫。

客觀地說，合縱與連橫這種外交鬥爭，只是戰國時期列國鬥爭的一個輔助手段。東方列國沒能靠合縱改變被兼併的命運，秦國同樣也不是靠著連橫才實現統一的。說到底，實力才是決定國家命運的根本因素。

90

趙武靈王的襲秦戰略能否實現

提到戰國後期的列國形勢，大多數人的印象就是秦國一家獨大，其他諸侯只有挨打的份，最多只有招架之功，絕無還手之力。尤其是列國合縱伐秦屢遭失敗之後，東方六國對秦國更是怕得要命，時刻擔心被秦國滅掉。

然而就在這個時候，趙國的國君趙武靈王居然想出了一個襲擊秦國的戰略方案，並且幾乎要付諸實踐，可惜功虧一簣。

趙武靈王名叫趙雍。當時趙國在趙武靈王的治理下，已經完成了“胡服騎射”的軍事改革，建立起了大規模的騎兵部隊。隨後趙國又攻滅了中山國，打敗了林胡、樓煩等一些北方的遊牧部落，並向西擴展土地，在今天的內蒙古包頭、托克托等地，建立了雲中、九原等郡，還修建了兩道長城。

在一切基礎打好之後，趙武靈王於西元前299年將王位傳給小兒子趙何，自己稱爲“主父”，相當於後世的太上皇。趙武靈王這樣做是爲了擺脫瑣碎政事的打擾，集中精力研究攻秦的策略。趙武靈王認爲，東方各國數次合縱攻秦，主要進攻方向就是崤山和函谷關。這裏地勢險要，易守難攻，而秦國又派出重兵把守，所以諸侯聯軍才屢屢失敗。因此，趙國需要另闢蹊徑，改變攻擊方向。趙武靈王計畫，以趙國的雲中、九原爲前進基地，在這裏向南進攻，就可以直插關中平原，打進秦國的腹心地區，這就是史書上所說的趙武靈王“從雲中、九原直難襲秦”的戰略方案。

從地理上看，秦國所處的關中平原，幾乎被群山包圍，東面有函谷關，東南方向有武關，西南方向有大散關，西北方向有蕭關，都是形勢險要的關隘。可是惟獨在正北方向，是黃土高原，並延伸至內蒙古高原，直至陰山山脈，沒有特別險要的雄關隘道。趙國的雲中、九原兩郡，在黃河大拐彎處，北邊就是陰山山脈。這個地方也被稱爲“河南地”，這裏對關中地區形成居高臨下之勢，一旦被敵對勢力奪取，就會對關中地區的政權形成巨大威脅。從陰山以南到關中地區，地形以高原爲主，雖不是一馬平川，但是也沒有特別突出的崇山峻嶺。秦朝之後，很多北方的遊牧民族政權，就是通過這條通道，屢次襲擾中原王朝，有些時候甚至直接威脅到古都長安。由此可見，趙武靈王選中這裏作爲襲秦的突破口，其戰略眼光是很獨到的。

趙國如果眞的打算從雲中、九原攻秦，那麼從趙都邯鄲（今河北邯鄲附近）附近發兵，要遠行數千里路程，才能到達目的地，如果是步兵的話，這樣的長途奔襲是很難想像的。好在趙國早已建立起了一支強大的騎兵部隊，這恐怕就是趙武靈王提出這樣一個戰略的重要依據。如果趙國騎兵像後世遊牧民族騎兵襲擾關中那樣，從陰山南麓出發襲擊秦國，確實能取得出其不意的效果。另一方面，當時的秦國，君主還年輕，當年是靠趙武靈王護送回國即位的，缺乏政治經驗，國內又是權臣當政，民心不穩，正便於趙國趁虛而入。所以這個襲秦計畫並非只是趙武靈王心血來潮的產物，而是經過深思熟慮的、極爲高明的戰略計畫。假如這個計畫得以實行，秦國即使不被滅國，至少也會遭到極大削弱，戰國末年的歷史走勢就有可能改寫。

然而人算不如天算，就在趙武靈王準備實行這一計畫的時候，他的大兒子趙章因爲被剝奪繼承王位資格，而起兵作亂，旋即被趙何（即趙惠文王）擊敗。趙武靈王對大兒子素懷愧疚之情，就包庇、收容了失敗的趙章。趙惠文王的權臣李兌因此率兵包圍了趙武靈王所在的沙丘宮，把趙武靈王活活餓死。趙武靈王死後，他的襲秦計畫再也沒人提起，趙國也由戰略擴張轉為戰略收縮，直到最後被秦國所滅。

91

戰國時期“遠交近攻”的戰略是怎麼加速秦國統一的

戰國時期，魏國人范雎入秦為相，向秦昭王提出了“遠交近攻”的戰略謀劃，極大地促進了秦國的統一進程，並成為中國歷史上戰略謀劃的經典案例。

西元前271年，范雎來到秦國，一年之後，受到秦昭王的接見。當時秦國的朝政被宣太后一系把持，宣太后的弟弟穰侯魏冉一再擴大自己的勢力，出兵攻打齊國。范雎就向秦昭王分析形勢，指出齊國道路遙遠，與秦國之間又隔著韓、魏等國，勞師遠征，勝負難料。即使能夠取勝，佔領了齊國的土地，隔著韓、魏等國，也難以有效管理，反而有可能便宜韓、魏等國。秦昭王覺得范雎說的有道理，就停止了這次伐齊行動，並且拜范雎為上卿，逐漸架空了宣太后和穰侯魏冉的勢力。

在范雎掌權之後，就開始推行他的“遠交近攻”戰略。戰國時期的秦國，經過秦孝公時代的商鞅變法、秦惠文王時代任用張儀連橫欺楚，已經極大提升了自己的實力，並削弱了楚國等競爭對手。但是秦國的對外擴張一直進展不大，范雎認為這是因為秦國的對外戰略不對。秦國應該和距離較遠的齊、燕等國搞好關係，因為這些國家不和秦國接壤，秦國跟他們作戰，即使打勝了也很難占到土地，達不到擴張的效果。而與秦國接壤的趙、魏、韓等國，則應該成為秦國擴張的主要對象，因為這些國家距離近，作戰的成本相對要小，而且佔領土地之後，也便於控制管理，從而達到蠶食的效果。

范雎的計畫得到秦昭王的支持，從此以後，秦國的擴張思路就一直是先三晉（即趙、魏、韓三國），再楚、燕，最後是齊國。秦國最終的統一，也大致是按照這樣的順序。

范雎的遠交近攻，確實是一個很合時宜的戰略籌畫，也取得了很大的成功。不過這個戰略其實更多的是一個軍事戰略，而並非外交策略，它也有它的適應範圍。當時的秦國，已經是實力最強、獨步天下了，而且秦國的目的就是兼併列國，無論“遠交”還是“近攻”，最終的目的都是要滅人之國，所以遠交近攻其實也只是調整了秦國攻擊的順序罷了。假如一個國家（或者政治力量）的實力並不強，那麼與周圍國家搞好關係就比較重要，就應該“近交”。而如果想在現代外交中運用遠交近攻的戰略，則容易陷入僵化。現代國際社會，並不存在誰兼併誰的問題，反而是鄰近國家之間形成地區性同盟的現象比較常見。可見，我們運用古代的政治智慧解決現代問題，應該抓住其精髓，而不能思維僵化，進行簡單的生搬硬套就更不是明智之舉了。

92

秦朝為什麼短命

西元前221年，秦朝消滅了東方最後一個諸侯國齊國，建立起第一個統一的中央集權制帝國。但是僅僅過了十五年，西元前206年，劉邦率軍攻入秦都咸陽，秦朝就滅亡了。曾經不可一世的強大秦國，為什麼這麼短命呢？

@　關於秦朝短暫而亡的問題，不少人都給出了各種解釋，大多數人都認為秦朝法令嚴苛，統治殘暴，不得民心。秦始皇雖有才略，但是剛愎自用，窮奢極欲，而且在繼承人問題上又沒有處理好，讓秦二世這個純粹的紈絝子弟當了皇帝。這些，都最終導致了秦朝的滅亡。

這些說法都有道理，我們從軍事的角度來說，秦朝建立之後，出現了許多重大的戰略失誤，是導致它滅亡的重要原因。

秦朝統一之後，原來的東方六國，只是被秦朝的軍事力量壓服，並非眞正認可了秦朝的統一。而秦朝方面，在完成統一之後，本應儘快融合被佔領的土地，儘快緩解原六國民衆的對抗情緒，將帝國眞正整合爲一個整體。但是秦始皇好大喜功，依然不斷出兵，開疆拓土，還不顧民力，興建衆多大工程，這都加劇了六國民衆對秦國的敵意。秦始皇的龐大帝國，其基礎就越發脆弱。

另一方面，秦朝並沒有建立起一個正確的軍事力量分佈格局，尤其是沒有在中央地區駐紮重兵。秦始皇曾經派出大將蒙恬率軍三十萬，北上出擊匈奴；派任囂、趙佗率軍五十萬平定南越。這兩支大軍常年在外征戰，再加上各地還需要駐軍，結果導致秦朝核心的關中地區兵力空虛。西元前209年，陳勝、吳廣領導民衆起義，起義軍很快壯大到數十萬人。陳勝派大將周文率軍攻打關中，一直打到離咸陽只有一百多里的地方。而此時，偌大的一個秦帝國，在首都地區居然無兵可用！無奈之下，秦朝政府釋放了在驪山給秦始皇修墳的奴隸、刑徒幾十萬人，由少府（秦朝中央官職，九卿之一，主管皇室收入）章邯率領，抵抗起義軍。一支由奴隸們臨時組成的雜牌軍，在一個文官的統帥下出戰，可見秦帝國首都地區的兵力，已經捉襟見肘到了什麼程度。但是就是這樣一支雜牌軍，居然還打勝了，可見陳勝的起義軍實際上也沒什麼戰鬥力。後來，章邯率領這支軍隊轉戰東西，擊敗了好幾支起義軍，直到西元前206年在鉅鹿被項羽消滅，秦朝失去了最後一支生力軍，那麼其滅亡也就指日可待了。

秦朝的短命，對後世觸動很大，尤其是秦朝在中央地區沒有駐紮重兵，導致首都被起義軍攻破的教訓，給後來的朝代敲響了警鐘。以後的歷代王朝，都非常注重在首都中央地區佈置重兵，形成居重禦輕的兵力分配格局，以防止秦朝滅亡的活劇重演。後世的“守內需外”、“強幹弱枝”等兵力佈局思想，也可以說是對秦朝滅亡進行反思的結果。

93

項羽爲什麼會敗給劉邦

自西元前206年秦朝滅亡之後，在滅秦戰爭中發展起來的劉邦、項羽這兩支力量，就開始爲爭當皇帝而角逐。項羽是楚國貴族之後，英勇善戰，所向披靡；而劉邦出身草莽，甚至還有些無賴習性，在與項羽的戰鬥中屢次失敗。可是經過了四年的戰爭，項羽反而失敗，劉邦卻獲得了最終的勝利，這是爲什麼呢？

項羽確實是一個才能出眾的軍事家，他領導下的楚軍，在正面突破時勇猛無比，鮮有敵手。西元前206年的鉅鹿之戰，項羽的楚軍面對數倍於己的秦軍，猛打猛衝，居然逼得秦軍全部投降。可是項羽雖然厲害，但是他也僅僅只是在戰役甚至戰術層面上做得比較好。除此之外，我們可以說，項羽不是缺乏，而是根本就沒有戰略眼光。

滅秦之後，項羽成爲天下諸侯的領袖。有人主張項羽將都城設在關中，以便號令天下，這本是十分中肯的戰略建議，關中的重要地位我們前面已經分析過。可是項羽卻認爲，自己取得了這樣大的成就，如果不回家鄉去展示，那就是白忙了，於是不聽勸告，離開關中，建都彭城（今徐州）。

項羽像

後來項羽又殺害了天下諸侯名義上的共主楚懷王，使自己在政治上處於被動地位。項羽的軍隊十分殘暴，經常屠戮百姓，這也使得民心都趨向劉邦。

反觀劉邦這邊，雖然在與項羽的正面

交鋒中屢戰屢敗，損兵折將，可是劉邦卻是越敗越強，項羽反而越勝越弱，這正是因爲劉邦在戰略上比項羽技高一籌。

楚漢戰爭開始不久，劉邦親率主力部隊與項羽周旋，並派出韓信率軍攻打北方。韓信陸續平定了魏、趙、燕、齊等諸侯，使北方地區基本聽從劉邦的號令。劉邦又派人策反項羽的大將英布以及活動在項羽後方的彭越，讓他們給項羽搗亂，使得項羽無法集中精力消滅劉邦。劉邦最信任的大臣蕭何坐鎮漢中，隨時爲劉邦補充兵員糧草，使得劉邦雖屢戰屢敗，卻能逐漸蠶食項羽的地盤。經過四年的戰爭，一個由劉邦領導的、針對項羽的戰略包圍圈已經形成，而此時的項羽，還沉浸在自己百戰百勝的榮耀之中，不斷地東征西討，打擊反叛勢力，卻沒有注意到自己的實力越來越弱。最後在西元前202年，喪失掉所有戰略優勢的項羽，被劉邦聯合各方勢力圍困在垓下，最終全軍覆沒。

有些人認爲項羽在失敗之後逃到烏江邊，應該渡江到江東，重整旗鼓，就可以和劉邦再度爭奪天下。其實，項羽此時在戰略上已經完全失敗了，就算回到江東老家，也只是苟延殘喘，不可能扭轉局面。更何況，項羽至死都認爲自己只是運氣不好，即所謂“天亡我，非戰之罪”，他絕不會反省自己的戰略失誤，所以即使過了烏江，項羽最終還是避免不了滅亡的命運。

94

諸葛亮的“隆中對”有何高明之處

劉備“三顧茅廬”請諸葛亮出山的故事，幾乎是婦孺皆知。這個事情發生在西元207年，當時諸葛亮才二十七歲，也沒有什麼政治經驗。可是劉備在與諸葛亮一番長談之後，就茅塞頓開，頗有撥開雲霧見青天的感覺，遂將諸葛亮請回軍中，拜爲軍師，而且從此之後言聽計從，終成帝王之業。諸葛亮在草廬之中和劉備的對話，就是

隆中對圖

歷史上著名的“隆中對”。

隆中對就是諸葛亮給劉備謀劃的一個戰略方案，它的基本內容是：當今天下群雄並起，經過一番混戰之後，曹操已經基本統一北方，實力強大，劉備不能與他硬拼；江東的孫權立國已經三世，有長江之險，根基深厚，這個也只能當作盟友，而不能當作敵人。劉表佔據的荊州地區四通八達，戰略地位十分重要，正是劉備需要奪取的第一個戰略基地；有了荊州之後，就可以西進奪取劉璋的益州，這樣劉備就有了一塊比較大的地盤，並形成了與曹操、孫權三分天下的格局。以此爲基礎，等待時機成熟之後，就由劉備親自率軍從益州出擊，攻打關中；再命令一員大將從荊州出擊，攻打中原地區，以爲策應。如此一來，劉備就能實現打敗曹操、復興漢室的理想。

古人對隆中對的評價很高，認爲諸葛亮是“未出茅廬，先定三分天下”。劉備集團後來的發展，的確是按照隆中對的規劃而進行的，諸葛亮三分天下的計畫也確實實現了。隆中對的高明之處就在於，諸葛亮根據劉備當時的實力狀況，提出了一條切實可行的發展路線，那就是避免和曹操、孫權等強勢力量過早決戰，而是轉向那些實力不強的割據勢力，也就是“柿子專揀軟的捏”，將劉表、劉璋作爲吞併的對象。可以說，對於顛沛流離半生、屢遭挫折失敗的劉備來說，隆中對給他指出了一條明確可行的發展路線，也使得劉備集團第一次有了一個長遠的戰略規劃，而不再像以前那樣沒頭蒼蠅似的亂撞。從這個意義上說，隆中對對於劉備集團，乃至整個三國時期戰略格局的形成，都有著重要意義。

當然，隆中對也存在很多問題，比如諸葛亮既想和孫權結盟，又要佔據荊州，而荊州是攻打東吳的門戶，孫權絕不能允許荊州落到別的勢力手中。這樣一來，劉孫兩家的矛盾不可避免，而實際上，劉備和孫權也確實因爲荊州歸屬問題大打出手。這不能不說是諸葛亮戰略謀劃的失誤之處。不過瑕不掩瑜，再好的戰略規劃在執行過程中也不可避免地會出現紕漏。何況孫劉兩家在荊州問題上雖有矛盾，但是這個矛盾並非不能緩和，可是劉備集團缺乏外交技巧，反而使矛盾提前爆發，從而打亂了隆中對的部署，應該說這不完全是諸葛亮的責任。總的來說，隆中對畢竟是劉備集團發展壯大的關鍵因素，因此可以稱得上是一個非常出色的戰略規劃。

95

諸葛亮的北伐爲什麼不能成功

劉備死後，諸葛亮身爲蜀漢丞相，手握大權。爲了完成劉備“復興漢室”的宏偉夙願，諸葛亮從228年到234年，連續五次出兵北伐中原，再加上還有一次防禦了魏國進攻的戰役，民間往往稱爲“六出祁山”。不過諸葛亮數次北伐，卻以失敗告終，沒能消滅曹魏這個宿敵。

諸葛亮北伐不能成功，主要的原因當然是敵我雙方力量對比懸殊。論國力，蜀國是三國之中最弱小的一個，而魏國的實力則強於吳、蜀兩國之和。諸葛亮爲完成復興漢室的理想，屢次以小博大，挑戰不可能完成的任務，這本身就註定了他的悲劇色彩。

另外，按照諸葛亮“隆中對”的規劃，北伐中原的戰役，應該從兩個方向出兵，即一路從益州出發，另一路從荊州出發，兩路大軍相互呼應，可以使魏軍顧此失彼。

但是隨著關羽丟掉荊州，以及劉備攻吳失敗，荊州地區歸屬東吳所有。蜀漢不再具備兩路出擊，北伐中原的條件。僅靠從益州出發的一支部隊，兵力有限，主攻方向又已經確定，難以達成戰略上的突然性。而且祁山地區地形險要，易守難攻。曹魏方面很難從這裏進攻蜀漢，同樣的，蜀漢要想從這裏進攻曹魏，也面對很大困難，尤其是軍糧運輸不暢，更是致命。因此，曹魏在面對蜀漢的進攻時，往往只是堅守不戰，等待蜀軍糧盡，諸葛亮就自然退兵了。司馬懿號稱諸葛亮的剋星，其實他主要就是用這樣一種方式拖垮諸葛亮的。

諸葛亮個人能力上的欠缺，也是他北伐無功的重要原因。有人認爲諸葛亮的作戰風格過於保守，不敢冒險，所以北伐難以成功。最典型的例子就是第一次北伐中原時，大將魏延提出建議，分兵兩路，諸葛亮親率大部隊從大路行進，而魏延自己則率領一支小部隊，從小路行進，攻打長安。諸葛亮否定了魏延的建議，事後證明，當時魏軍的防禦確實有漏洞，魏延的建議是可行的。我們也不能說諸葛亮的做法就是錯的，因爲畢竟蜀軍兵力不足，如果再分兵，就更加危險。不過戰場上變幻莫測，沒有哪一個戰略計畫是萬無一失的，戰爭行爲本身就是與冒險二字相聯繫的，歷史上很多著名戰役，也都險中取勝。所以諸葛亮不聽魏延的建議，這固然不能算錯，但是也體現出了諸葛亮的特點：“治戎爲長，奇謀爲短”。

總的來說，諸葛亮的北伐，是在戰略形勢極爲不利的情況下展開的攻擊行動，所以從一開始，就註定了失敗的命運。諸葛亮確實有不得不出兵北伐的苦衷，但是在正常情況下，弱小的一方，明明不具備戰略優勢，卻還要冒險向強大的一方發動攻勢，這就只能是雞蛋碰石頭，自取滅亡了。

96

怎樣理解“高築牆、廣積糧、緩稱王”

據《明史》記載，在元末朱元璋的起義軍中有一個謀士朱升，給朱元璋出了一個

“高築牆、廣積糧、緩稱王”的主意，爲朱元璋的崛起發揮了重要作用。這句話後來還被很多人引用，毛澤東就據此提出了“深挖洞、廣積糧、不稱霸”的口號。

元末天下混亂，農民起義四起，大大小小的割據勢力多如牛毛。朱元璋作爲衆多割據勢力的一支，實力還不是特別強大。“高築牆”就是加強根據地建設，提高軍事實力，以保衛自己的地盤；“廣積糧”就是要發展經濟，增強經濟實力，畢竟經濟是一切的基礎；“緩稱王”則是不要急於稱王稱帝，因爲在自身實力並不突出的情況下，貿然稱王稱帝，只會有樹大招風的效果，使自己成爲其他割據勢力攻打的對象。總的來說，這句話的核心精神就是不當出頭鳥，悶頭發展自己的實力，待時機成熟的時候，也就什麼都有了。

對於元末的朱元璋來說，“高築牆、廣積糧、緩稱王”是一個十分正確的建議，他遵照執行，而且也取得了成功。而歷史上有些割據軍閥，由於急於稱王，最後都失敗了，比如東漢末年的大軍閥袁術，得到了一個玉璽，就天天做皇帝夢，終於忍不住稱帝了，結果立刻成爲幾乎所有軍閥的討伐對象，最終失敗身亡，成爲笑柄。

當然，“高築牆、廣積糧、緩稱王”也有適用條件，也就是說，該“緩稱王”的時候，就要緩稱王，而應該“速稱王”的時候，也絕不能猶豫。西元220年，曹丕篡漢自立，滅了東漢政權。第二年，劉備就在成都稱帝，建立蜀漢。按理說，當時劉備剛剛丟了荊州，只有益州這一塊地盤，實力遠不如曹魏，可是劉備還是迅速稱帝，這就是形勢使然。因爲劉備向來以“匡扶漢室”爲政治號召，自己也號稱漢室宗親，而稱曹操爲漢賊。如今漢獻帝已經把帝位禪讓給了曹操之子曹丕，曹丕成了正統的帝王，這樣劉備就淪爲割據叛亂勢力。所以劉備要馬上稱帝，就是要在政治上和曹丕平起平坐，避免不利地位，同時也是昭告天下，漢朝並未滅亡，它正統的繼承者就是劉備的蜀漢，而曹丕在理論上依然是反賊。

由此可見，中國古代很多割據勢力都急於稱王稱帝，這當中很多人固然是利慾薰心、不知進退，但是也有很多是迫不得已，形勢使然。所以，“高築牆、廣積糧”確實是正確的戰略方針，但是是否要“緩稱王”，則要視具體情況而定。

97

太平天國爲什麼會失敗

太平天國是中國近代史上規模最大的一次農民起義運動，曾經一度席捲半個中國，建立了與清廷分庭抗禮的政權，並堅持鬥爭了14年，最終被清廷鎮壓。關於這個運動失敗的原因，後人從政治、經濟、文化、制度等多方面進行了分析，論述已經頗多。太平天國的性質決定了它不可能建立起一個近代化的國家，不過如果僅以“改朝換代”這個目標來看，太平天國運動有哪些戰略上的失誤，導致其最終失敗呢？

太平天國在興起之時銳意進取，勢如破竹，很快就從廣西打到了長江流域。1853年1月，太平軍攻佔武昌，聲勢大振，隨後就順流而下，3月份就攻佔江寧（南京），改名天京，並定都於此。

此時太平天國看似風光無限，但失敗的種子已經埋下。

歷史上的農民起義，如果不佔據一個穩固的根據地，就沒辦法成功地改朝換代。太平天國定都天京，也有了自己的根據地。但是根據地的選擇，是很有門道的。太窮的地方不行，沒有發展的後勁；太富的地方也不行，人們生活安穩，誰會冒著殺頭的危險跟著你造反呢？

假如太平軍改變進軍路線，在攻克武昌之後，渡江北上，攻取安徽、河南，進入陝西，以關中爲根據地，再出兵奪取山西，就能直接威脅直隸和京師。這樣的發展路線，比起定都天京，有很多優勢。安徽北部和河南，是傳統的中原地區，人口稠密，水旱災害頻繁，各種社會矛盾十分突出，太平天國那一套平均主義的綱領，在這裏更容易得到認同。而且這裏是歷史上撚軍的活動地區，太平軍若從此處進軍，還能獲得撚軍的幫助，進一步壯大自己的軍事力量。而攻入陝西，以關中爲根據地，就有了進可攻、退可守的優勢，歷史上以關中爲基地進而統一全國的例子很多。奪取山西，可以獲得豐富的煤、鐵資源，也可以獲得晉商的財富，緩解經濟壓力。在攻佔這些地區之後，太平軍就可以一方面派兵奪取江南糧食產區，獲得充足的補給，另一方面又可以保持對清朝統治中心的壓力，使其不敢貿然派兵南下。這樣相持幾年，清朝就支撐不住了。即使這個時候曾國藩、李鴻章等人出山，恐怕也是在南方割據一方，不可能再聽從清廷的命令，清朝滅亡指日可待。

可是太平天國定都天京，以富庶的江南地區爲根據地，雖然經濟上有了保障，但是江南一向是清朝最富裕的地區之一，人們還不至於生活不下去，也不太容易認可太平天國以及他們的平均主義綱領。更麻煩的是，太平天國的領袖們把天京當成了“小天堂”，被奢侈的生活所腐蝕，不思進取，正應了“小富即安”這個詞語。

當然，定都天京，以江南爲根據地，對於太平天國而言，也不是必敗的局面。假如此時有一個正確的戰略決策，那麼洪秀全等人依然有機會推翻清朝，可是他們又一次犯了錯誤。

定都天京之後，太平天國分別派兵北伐和西征。後人一般認爲，派去北伐的兩萬軍隊人數太少，又是深入清朝統治的中心地區，所以是孤軍深入，註定了其失敗的命運。實際上，定都天京時，太平軍雖號稱百萬之衆，但大多爲老弱婦孺，眞正能上陣作戰的也就十餘萬人。這些兵力，一部分要派去西征，還需要有相當數量的軍隊駐守天京，能派出兩萬精兵北伐，已經是極限了。第一批西征的部隊也只有兩三萬人。太平天國的失誤在於，在實力不足的情況下，還同時選擇了兩個戰略進攻方向。此時正確的做法是以少部分兵力採取北進姿態，保持對清廷的壓力，而將大部分兵力用於攻取江南地區，爭取控制整個長江流域。這樣就可以將清廷與南方的聯繫割斷，便於太平天國安心經營南方。待實力足夠之後，全力北伐，畢其功於一役。朱元璋其實就是按照這個思路發展起來，最終滅亡元朝的。

太平天國的領導人缺乏這樣的遠見，再加上定都天京之後內部權力鬥爭激烈，統治集團過早腐化，終於不可避免地走向了滅亡。

中國人應知的

古代軍事常識

The Knowledge
of Military
Affairs

戰爭戰役

戰爭戰役

98

中國歷史上最早的戰爭是哪一場

戰爭是伴隨著人類文明史的進程產生的，一般來說，原始社會氏族部落之間的爭鬥，就稱得上是戰爭了。不過，要說起在史書中有明確記載的第一次戰爭，那就是阪泉之戰。

阪泉之戰大約發生在西元前26世紀，目前我們還沒有關於那個時代的詳細的考古資料，所以阪泉之戰只能說是一場發生在傳說時代的戰爭。當時，擔任天下氏族首領的神農氏政權已經衰落，各部族之間相互混戰。有熊氏部落出了一位首領，就是黃帝，他決心改變這種混亂的局面，就修明政治，整頓武備，征服那些不順服的部族，終於使混亂的局面得到緩解，各地部族大多都歸順黃帝。

可是在黃帝的部族之外，還有一個強勢的部族，就是炎帝的部族。炎帝同樣想要當天下氏族部落的首領，就出兵攻打弱小的部族。於是黃帝組織起一支各氏族部落的聯軍，和炎帝的部族展開了一場戰鬥。

這次戰鬥發生在阪泉，所以史稱阪泉之戰。關於阪泉的具體地點，現在有三種說法，即山西運城、河北涿鹿、北京延慶。戰鬥的具體過程，史書記載不詳，而結果則是黃帝打敗了炎帝，炎帝對黃帝表示服從，並率領本族加入了黃帝領導下的部落聯盟。

當然，由於阪泉之戰的時間過於遙遠，各種傳說故事的版本也很多，比如有的史料中記載，炎帝與黃帝之間並未發生戰爭，是炎帝遭到了來自東方的蚩尤部落的攻

炎黃時代的“龍”部落武士首領。1987年在位於濮陽縣城西水坡仰紹文化遺址發現的“中華第一龍”，證實了炎黃部落以龍爲圖騰的史實，爲還原五千年前華夏民族的原貌提供了實物依據。

擊，所以向黃帝求救，於是炎黃兩帝合力擊敗蚩尤；另有一種說法是炎黃兩帝先是合力擊敗了蚩尤，隨後炎帝與黃帝之間產生矛盾，兩人發生戰爭，最後黃帝獲勝，鞏固了自己天下共主的地位。

根據古史研究的成果，黃帝是黃河中上游姬姓部族的首領，炎帝是黃河中上游姜姓部族的首領，而黃河中上游的部族們普遍以龍的形象爲圖騰。因此炎黃兩族的聯合，造就了一個活動在黃河中上游地區，以龍爲共同標誌的強大的部落聯盟，這個聯盟，是中華民族初步形成的標誌，所以阪泉之戰是所有中國人都應該瞭解的一次戰爭。

無論哪種說法爲眞，炎黃兩帝聯合起來構成了中華民族的雛形，這是歷代公認的。也正是因爲如此，我們中國人才會自稱“炎黃子孫”。又因爲炎黃部族聯盟以龍爲圖騰，所以我們中國人也自稱“龍的傳人”。所以，阪泉之戰具有重要的文化意義，它是我們中華民族歷史上的第一場戰爭。

99

哪次戰爭奠定了中華民族的基礎

雖然阪泉之戰標誌著中華民族的雛形初步形成，但是無論是黃帝的部族還是炎帝的部族，他們都主要活動於黃河中上游地區，大概都在今天的陝西省境內，他們的聯合，也就代表了西部的各個氏族部落整合在了一起。可是要形成完整的華夏民族，還需要融入東方的部落。這樣，就出現了另外一場戰爭，也就是炎黃部族集團與蚩尤爲首領的九黎部落之間的涿鹿之戰。

史書上對於這場戰爭的起因，描述爲蚩尤好戰，欲侵陵其他部落，不服從黃帝的命令，於是黃帝出兵討伐蚩尤，戰爭因此爆發。也有一種說法是蚩尤本來服從炎帝，屬於炎帝部族的一支，也是姜姓。炎帝被黃帝打敗，並與黃帝聯合，可是蚩尤仍然不服從黃帝，於是戰爭就爆發了。

黃帝與蚩尤在涿鹿（今河北涿鹿）展開一場大戰，戰鬥進行得異常激烈。據說蚩尤是銅頭鐵額、刀槍不入，他率領他的八十一個兄弟，都用金石爲兵器，與黃帝作戰。黃帝打得非常艱苦，後來在一些神仙的幫助下，終於把蚩尤擊敗。黃帝擒獲蚩尤，將其殺死。蚩尤死後，他的首級埋葬的地方，長出了一片血楓林。由於蚩尤勇猛善戰，所以黃帝把蚩尤封爲戰爭之神，將他的形象畫在戰旗上，各敵對部族看到蚩尤大旗，無不望風歸降。黃帝終於打敗了所有反對勢力，成爲了天下共主。

關於涿鹿之戰的離奇傳說很多，不過傳說背後卻也反映了一些歷史現象。黃帝、炎帝代表西方部族集團，蚩尤是九黎部落首領，九黎又寫作“九夷”，是東夷部族集團中的一支。炎黃集團與東夷集團在擴張過程中，不可避免地產生了衝突，這就是涿鹿之戰的起因。

關於蚩尤“銅頭鐵額”的描寫，其實說明東夷集團此時已經學會冶煉金屬，並使用銅製兵器。蚩尤的八十一個兄弟，則說明當時很多東夷部落都投入到了蚩尤的陣營中，參加對黃帝的戰爭。而那些幫助黃帝的神仙，實際上說明當時黃帝也團結了一大批部落加入自己的陣營。

最後黃帝取勝，說明西方部族集團打敗了東方的東夷集團。蚩尤雖死，但是他是東夷部族集團中一位很有威望的領導者，所以黃帝將他封爲戰神，並畫在戰旗之上，就是想借助蚩尤的威望，來團結東夷部族。也正是因爲如此，東夷部族們在看到蚩尤大旗時才望風歸順。

涿鹿之戰以後，黃帝作爲天下共主的地位，得到進一步鞏固。西方的炎黃部族集團與東方的東夷部族集團實現了聯合，並結合起來形成了一個融匯東西的華夏大部族。原來西方部族的圖騰龍，就成爲了整個華夏族的圖騰，而原本屬於東夷部族集團的鳳鳥圖騰，也成爲了華夏族的次要圖騰。融會了東西方部族的華夏族就構成了我們中華民族的基礎。

100

牧野之戰周武王是怎麼取勝的

西元前11世紀，商朝末代君王紂王昏憒無道，周武王聯合諸侯起兵討伐商紂王，在商都朝歌郊外的牧野擊敗紂王的軍隊，滅亡了商朝。商紂王自焚而死，周武王成爲天子，建立了歷時八百多年的周王朝。

牧野之戰歷來是古代儒家們稱頌的“義戰”的典型，是以有道伐無道的榜樣。按照儒家的觀點，一度十分強大的商王朝，卻一戰而亡，這正說明殘暴不仁的統治不得民心，雖然表面強大，但實際上是一碰就倒的。

而實際上，商朝的滅亡並非這麼簡單。史書記載，牧野之戰中，周武王調動了三百輛戰車，虎賁（勇士）三千人，甲士（披甲的士兵）四萬五千人的部隊，並聯合了西部衆多的部落方國，組成聯軍與商紂王決戰。商紂王得知周武王的大軍已經攻打到都城郊外，就把武器發給奴隸們，用奴隸組成了一支七十萬（有些史料中說是十七萬，七十萬這個數字實在太過誇張）的龐大軍隊，抵禦周武王。面對人數遠佔優勢的商軍，周武王一度有些猶豫，幸好周朝的軍師呂尙（即姜太公）堅持作戰。於是牧野之戰就爆發了。

商朝的奴隸們本來就對殘暴的商紂王恨之入骨，根本不想爲這個暴君賣命。戰爭剛一開始，由呂尙率領的先鋒部隊對商朝軍隊發動了一次試探性的突襲，商朝的奴隸大軍根本無心作戰，就出現了敗退的跡象。周武王趁勢命令大軍主力出擊，商朝軍隊就全面崩潰了。商紂王看到大勢已去，就跑回朝歌，在鹿台自焚而死。

從牧野之戰的過程中可以看出，周武王大軍來襲時，商紂王手中無兵可用，只能臨時武裝起奴隸來迎戰，這與秦朝末年的情況倒有些相似。可是商朝的主力軍隊哪裏去了呢？

原來，商朝自建立時起，就不斷地對外發動戰爭，征服各個方國部落。在商朝後期，作戰的主要對象是東方的東夷部落。從商紂王的祖父、父親的時候，商朝與東夷的戰爭就從來沒有間斷過。相比之下，商紂王比起他的祖父、父親來，做得都要好，取得的成果都要大。但是征服東夷的戰爭卻把商朝軍隊的主力都吸引到了東方，並長期陷入與東夷戰爭的泥潭當中，無法自拔。當西方的周軍攻打過來的時候，商軍的主力都在東方，調不回來，所以商紂王在無奈之下只好用奴隸迎戰，最終身死國滅。

可見，周武王能夠取勝，是利用了商朝主力東征，首都空虛的時機，一戰成功的。商朝雖然被消滅，但是殘餘勢力仍然不可小視，尤其是東征的商軍主力部隊仍然存在，成爲周朝的巨大威脅。周武王就把商紂王的兒子武庚封爲諸侯，讓他統領商朝的遺老遺少。在周武王死後，武庚不甘心商朝的滅亡，就勾結周武王的三個弟弟發動叛亂，當時執政的周公旦親自率軍東征，平定叛亂，並消滅了商朝的殘餘勢力，周朝的統治這時才真正鞏固下來。

101

成語“一鼓作氣”來源於哪場戰爭

“一鼓作氣”這個成語，來源於春秋時期的齊魯長勺之戰。戰爭的起因是在齊桓公和他的哥哥公子糾爭奪君位的時候，魯國堅定地站在了公子糾這邊，還出兵護送公子糾回國，試圖強行將其扶上國君的寶座，但最終遭到失敗。由此，齊國和魯國之間結下了仇恨。

西元前684年，也就是周莊王十三年，齊桓公親率大軍攻打魯國，擊敗了魯國的邊防部隊，直趨魯都曲阜。魯國國君魯莊公一籌莫展，不知該怎樣抵擋齊國大軍。這時，一個叫曹劌的人來見魯莊公，他認為魯莊公治理國家還算盡心，基本能夠得到民眾的支援，可以憑此與齊國一戰。於是魯莊公和曹劌親自率軍迎擊齊軍，雙方在長勺（具體地點失考，約在今山東曲阜以北）展開決戰。

戰鬥開始，齊國首先擊鼓，擊鼓就是進軍衝鋒的信號。魯莊公也想擊鼓，被曹劌阻止住了。齊軍三次擊鼓，向魯軍發動了三次進攻，均沒有奏效。這時，曹劌才讓魯莊公下令擊鼓，魯軍一舉擊敗了齊軍。

戰後，曹劌向魯莊公解釋戰勝的原因，說："軍隊打仗靠的是士氣，一鼓作氣，再而衰，三而竭。敵方士氣枯竭，我方則士氣旺盛，所以能夠取勝。"就這樣，"一鼓作氣"這個成語就留傳下來了，意思是趁著勁頭旺盛的時候，鼓起幹勁，一次取得成功。

長勺之戰的故事，隨著《曹劌論戰》這篇文章，進入了當今的中學語文課本。這個故事來源於《左傳》，不過史書中對於戰爭過程的記載並不詳細。我們通常的理解就是齊軍首先對魯軍發動了三次進攻，魯軍堅守陣地，沒有出戰。等齊軍士氣衰落之後，魯軍後發制人，一鼓作氣擊敗了齊軍。但實際上，在春秋時期以車戰為主要作戰形式的情況下，進攻容易，有序地撤退卻很難。如果齊軍真的是連續三次攻過去又退回來，恐怕陣形早就散亂了。另一方面，魯軍也是以決戰的姿態來到長勺的，並非是依託工事進行防守，所以面對齊軍的進攻，也不可能無動於衷。齊軍的進攻即使沒有突破魯軍陣形，那麼合理的做法也是繼續進攻，而不應撤退。

軍事史專家們經過對古代戰爭方式的研究，業已證明，長勺之戰中的"三鼓"，並非是指三次進攻。擊鼓確實是進軍的信號，但是一次進攻中並非只擊鼓一次。齊軍三次擊鼓，這其實是一次進攻的三個不同階段。正常情況下，對壘的兩軍同時擊鼓，兩軍同時向前，相互接近，並展開戰鬥。可是在長勺之戰中，曹劌並不急於和齊軍同時擊鼓，這樣齊軍為攻打魯軍，前進的距離就多出了一倍，由此導致體力下降、陣形不整、士氣低落，魯軍趁勢發動攻擊，於是取勝。

由此可見，一鼓作氣這個成語，除了說明士氣高漲時容易成功之外，也告訴了我們積聚力量、後發制人的重要性。

102

宋襄公爲什麼被稱作“蠢豬似的仁義”

宋襄公是春秋五霸之一，但是這個人的人生卻不怎麼成功，毛澤東曾經批評他是“蠢豬似的仁義”。宋襄公遭到這樣的惡評，主要是因爲他在泓水之戰時的糟糕表現。

西元前643年，一代霸主齊桓公去世，中原諸侯群龍無首，一度被齊桓公壓制的楚國開始向中原挺進，意圖領導諸侯。宋國國君宋襄公則覺得自己的爵位是公爵，位列諸侯之首，理應成爲新一代霸主。於是他不顧宋國與楚國之間巨大的實力差距，公然召集諸侯會盟，和楚國爭奪霸主的寶座。西元前639年秋，宋襄公召集楚國等幾個諸侯在盂地（今河南省睢縣）會盟，結果一心想當霸主的宋襄公，被楚國軍隊扣押了，後來多虧魯國出面調停，才被釋放。

宋襄公十分怨恨楚國，可又不敢直接找楚國報仇，於是就出兵攻打楚國的盟國鄭國。楚國得知自己的盟友被宋國欺負，也起兵攻入宋國境內。宋襄公無奈之下，只好撤兵回國救援。

西元前638年，宋楚兩國的軍隊在泓水（古代水名，在今河南柘城北三十里）邊相遇。由於泓水在宋國境內，所以宋國軍隊先來到泓水岸邊，列好了陣勢。而楚軍正在渡河，隊伍混亂不堪。宋國大司馬、宋襄公的異母哥哥公子目夷向宋襄公建議說：“敵衆我寡，我們趁他們渡河的時候發動攻擊，就可以一舉擊潰楚軍了。”宋襄公沒有採納。

楚軍完全渡過泓水，在宋軍對面列陣。目夷又建議："咱們趁著對方佇列不整的時候進攻，還有取勝的可能，否則就危險了。"可是宋襄公還是不聽。直到楚國列好陣勢，宋襄公這才下令進攻。

可是楚軍人多勢衆，宋軍根本就不是對手，無法抵擋楚軍的攻勢。宋軍陷入苦戰之中，就連宋襄公的精銳衛隊，也被楚軍消滅了。宋襄公無奈之下，只好下令撤退。撤退時，一支枝流矢射中宋襄公大腿，更是讓宋軍士氣大跌。於是宋軍全線潰敗，楚軍取得了泓水之戰的勝利。

戰後，宋國人都埋怨宋襄公指揮不當，招致慘敗。宋襄公不服，就對公子目夷說："周禮規定，要'陣而後戰'，不能在敵人陣形混亂的時候出擊。君子作戰，應該有風度。如果敵人已經受傷倒地了，我們就不能再傷害他了。遇到頭髮斑白的敵人，也不能俘虜他。而且我聽說，古人作戰，不在險要的地形處阻擊敵人，都是擺開陣勢，堂堂正正進行正面決戰的。所以，寡人我雖是殷商亡國之後裔，也要遵循周禮，不鼓不成列（即不攻擊沒有列好陣的敵人）。我的所作所爲，都是按照規定來的。"

公子目夷則批評宋襄公說："你呀，根本就不知道應該怎麼打仗。敵衆我寡，敵人陣勢未成的時候，恰是我們的有利戰機，可是你卻不知道把握，偏要講什麼君子之道。打仗的目的就是戰勝敵人，當然是怎麼有利怎麼來。要是像你說的那樣，遇到受傷的敵人就不打，那還不如當初就別傷他；要是因爲敵人年紀大就不抓他，那還不如直接投降算了。"

宋襄公萬分失望，第二年（西元前637年）的夏天就病死了。宋襄公在泓水之戰的表現，則成爲了不自量力與自以爲是的典型，留下了千年笑柄。

雖然後人對宋襄公嘲笑居多，理解居少，但是如果我們結合時代背景來看，宋襄公在泓水之戰的表現，確實是反映了商周、春秋時期的一些軍事傳統，那就是作戰講規則、不亂打，交戰雙方彬彬有禮，戰爭更像是體育比賽。宋襄公只是在堅守傳統而已。

但是時代已經發生了變化，老傳統已然過時，那麼堅守傳統就只能以悲劇收尾。

泓水之戰，正是春秋時期老的軍禮傳統向新的戰爭方式轉變的一個標誌性事件。宋襄公只是沒有跟上時代罷了。

103

“假途滅虢”指的是哪場戰役

晉國位於今天的山西省，在春秋早期還只是一個不大的諸侯國，後來在歷代國君的經營之下，吞併了很多周邊小國，終於強大起來。其中，晉獻公吞併虞、虢這兩個小國的戰爭，是晉國擴展過程中很重要的一次戰爭。

虢國規模龐大的車馬坑遺址

虞國在晉國南邊，在今山西平陸縣東北；虢國則在虞國南邊，就在今山西平陸縣。晉獻公早就想吞併這兩個小國，但是兩個小國結成聯盟，互相照應，也讓晉國無從下手。

晉國大夫荀息向晉獻公提出一個離間虞、虢兩國的主意，晉獻公就派荀息出使虞國。荀息給虞國國君獻上寶馬和美玉，並說明晉國想要攻打虢國，需要向虞國借道，希望虞國能夠答應。

虞國大夫宮之奇看出晉國包藏禍心，勸說虞國國君不要答應。但是虞君貪圖寶馬美玉，居然答應了晉國的請求。於是西元前658年，晉國軍隊穿過虞國，向虢國發起攻擊，打下了虢國的部分土地。這一下，虞國和虢國的同盟關係，也就不復存在了。

西元前655年，晉獻公覺得滅掉虞、虢兩國的時機成熟了，就派人再次去向虞國借道。虞君不顧宮之奇的苦勸，自以爲有了前一次的經驗，並覺得自己與晉國都是姬姓同族，晉國肯定不會對虞國不利，就再次答應了晉國。其實，虢國同樣也是姬姓一族，晉國能攻打虢國，又怎麼會因爲同姓之親就放過虞國？從這也可以看出虞君的愚蠢。

這一次晉國對虢國發動了全面進攻，終於將虢國滅掉。虢國國君逃亡到了周天子那裏訴苦去了。晉國班師凱旋的時候，虞國國君還準備派人迎接，結果晉軍順手就把虞國佔領了，虞國君臣大多都被俘虜。

晉國軍隊在虞國搜出了當年晉國送給虞國的寶馬美玉，晉獻公笑著對虞國國君說："寡人不過是把這兩件寶物暫時寄存在您這罷了，沒想到您保管得還挺好，這美玉的成色是一點也沒變。這寶馬嘛，別的沒變，牙齒倒是長出了不少。"虞國國君十分羞愧。

這一戰，就是歷史上有名的"假途滅虢"之戰，也可以寫作"假虞滅虢"。"假途滅虢"也是"三十六計"之一，指隱瞞眞實目的，通過借道的方式滅亡這個國家。

吞併了虞國和虢國之後，晉國國力大增，成爲了西北方的一個強國，並開始對春秋局勢發揮舉足輕重的影響。

104

"退避三舍"一詞從何而來

春秋時期，晉國公子重耳被晉獻公的寵姬驪姬陷害，被迫流亡國外。在十幾年的流亡中，重耳到過很多國家，有時受到禮遇，有時則遭到白眼。當重耳流亡到楚國時，受到楚成王的熱情接待。宴會中，楚成王問重耳，假如有朝一日重耳能夠回到晉國當上國君，那將用什麼來報答楚國呢？重耳當時回答說，金銀珠玉、象牙犀角這些貴重的東西，楚國都有，我實在不知道該怎麼報答楚國。但是我能回國即位，將來晉楚兩國一旦爆發戰爭，我將命令晉軍退避三舍（古時行軍，以三十里爲一舍，三舍就是九十里），以報答大王的恩情。

後來重耳果然回到晉國，當上了晉國國君，成爲春秋五霸之一的晉文公。西元前633年，楚國聯合陳國、蔡國、鄭國、許國，一起進攻宋國。宋國向晉國求救，晉文公經過權衡之後，聽從了年輕的將領先軫的意見，出兵救宋。

西元前632年，晉國出兵，佔領了楚國的盟國曹、衛兩國，引起了楚國的憤怒。晉文公又按照先軫的計策，請齊、秦這兩個大國出面調解宋楚之間的戰爭，使楚國退兵。楚國當然不能輕易答應，於是齊、秦兩國認爲自己丟了面子，也就堅定地站在晉國一邊了。

楚軍主帥成得臣提出另一個方案，就是楚國退兵，而相應的，晉國也要讓曹、衛兩國復國。晉國如果不答應這樣的條件，就會使曹、衛、宋三國都怨恨晉國。不過這個難題被先軫輕易破解，他建議晉文公私下裏答應曹、衛復國，但是要以與楚國絕交爲代價，另外則扣留楚國使者，激怒成得臣，促使其早日決戰。晉文公依計而行，果然令成得臣大怒，不顧一切要與晉軍決戰。

就在這個時候，晉文公卻下令全軍撤退九十里，到了城濮（今山東鄄城臨濮集）。晉國士兵們多不理解，晉文公就宣佈，這是爲了報答當年楚成王的恩情，同時也是遵守當年的諾言。而實際上，晉國這是通過退卻，將戰場設在了對自己有利的地方，從而奪取了主動權。

楚軍追到城濮，雙方擺開陣勢大戰。晉軍統帥先軫，根據楚軍左右兩翼薄弱的特點，以自己的左右兩軍進攻楚軍的兩翼，而晉中軍主力部隊則後撤誘敵。成得臣不知是計，率中軍追趕晉軍。而在這一退一進之間，楚軍兩翼已經被晉軍擊潰，晉左軍和右軍轉而橫向攻擊成得臣率領的楚中軍。晉中軍也停止撤退，迎擊楚軍。這樣，成得臣率領的楚中軍就被晉軍三面包圍，最終潰敗。

城濮之戰以晉軍大獲全勝告終。晉文公重耳則憑藉著這一戰的威名，成爲中原各國公認的霸主。城濮之戰，爲我們留下了“退避三舍”這個成語，現在這個成語常用來表示不與強敵正面硬拼，而是暫時退卻，以待時機。

105

“圍魏救趙”源自哪場經典戰役

“圍魏救趙”這個成語，源自戰國早期的桂陵之戰。

戰國初期，魏國經過一系列改革，成爲當時實力最雄厚的國家。魏惠王在位時，魏國四面擴張，擴大地盤。西元前354年，魏惠王派大將龐涓率軍攻打趙國，包圍了趙都邯鄲。

趙國國君趙成侯自思無力抵抗強大的魏國，就向盟友齊國求救。齊國在當時也是一個實力強大的國家，不輸給魏國。齊威王聽取將軍段干朋的意見，表面擺出救趙的姿態，鼓勵趙國與魏國抵抗下去，實際上則暫時按兵不動，等待魏趙兩國兩敗俱傷的時候再出兵牟利。

由於魏國四面擴張，樹敵甚多，所以也引起了其他大國的警覺。南方的楚國就趁魏國攻趙的時候派兵伐魏，但是魏軍主將龐涓依然堅持要打下邯鄲。趙國仍堅持抵抗，雙方僵持一年有餘。齊威王認爲出兵的時機已到，就以田忌爲大將，孫臏爲軍師，出兵救趙。

田忌得令之後，就打算率軍直趨邯鄲，解趙國之圍。孫臏則提出不同意見，他認爲這種硬碰硬的做法並不可取，魏軍精銳都在邯鄲，齊軍遠道奔襲，占不到什麼便宜。但是魏國出兵攻趙多年，國內空虛，齊軍應該避實就虛，直接向魏國國內發動攻擊。如此一來，魏王必然令龐涓率軍回救，這樣邯鄲之圍也就解除了。

田忌聽從孫臏的建議，率軍直奔魏都大樑。魏惠王大驚失色，急令龐涓率軍回國。此時龐涓統率的部隊剛剛攻破了邯鄲，可是國內形勢緊急，龐涓無奈之下只能留下少量軍隊看守，自己親率主力回援。

田忌、孫臏得知魏軍回援的消息，就提前在魏軍的必經之路桂陵（今山東菏澤東北）構築了埋伏圈。魏軍在邯鄲長期作戰，已經損失了不少兵力。這次又是長途跋涉而來，士兵們疲憊不堪。魏軍到達桂陵之後，齊軍士氣旺盛、以逸待勞，一戰將魏軍打得落花流水。齊軍大獲全勝，魏軍主將龐涓則倉皇逃回大樑（也有一種說法是被俘後放歸）。殘留在邯鄲的魏軍小部隊，也被趙軍擊敗。這就是歷史上著名的“圍魏救趙”的故事。

在桂陵之戰以後不久，西元前342年，魏國又出兵攻打韓國。這一次齊威王又派出田忌、孫臏領兵前往救援。孫臏故技重施，不直接解救韓國，而是出兵攻打魏國，吸引魏軍回援，然後在馬陵（今山東郯城）設伏，全殲了魏軍。魏軍大將龐涓自刎而亡，魏國因此遭到極大削弱，再不復當年的強勢。

 106

古代史上最殘酷的戰役是哪一場

如果要說中國古代史上最殘酷的一場戰役，恐怕就是戰國後期的長平之戰了。史書記載，這一戰前後歷時三年有餘，趙國的死亡人數高達四十五萬，秦國的傷亡人數保守估計也在二十萬上下。在古代戰爭史上，若論戰爭規模，或許長平之戰不是最大，但是若論殺傷之重，恐怕難有出其右者。

山西高平的長平之戰遺址發掘出土的趙國士卒遺骸，揭示了長平之戰的殘酷。

西元前262年，秦國派大將白起進攻韓國，攻克了韓國的野王（今河南沁陽）。韓國方面十分恐懼，就遣使議和，答應將上黨郡（今山西長治一帶）割讓給秦國。但是上黨郡的百姓不願入秦，郡守馮亭決定投靠趙國，以此促使秦趙兩國決戰。

趙國經過趙武靈王的改革之後，國勢比較強盛。此時在位的趙孝成王缺乏政治經驗，自認為有實力與秦國周旋，就欣然接納了上黨郡。秦昭王大怒，命令左庶長王齕率軍進攻上黨。秦軍攻勢兇猛，趙軍不敵，退至長平（今山西高平）。趙國則派大將廉頗率軍前往救援。

廉頗到達長平之後，與秦軍展開小規模的戰鬥，趙軍失利。於是廉頗改變策略，依據長平地區的防禦工事進行防守，拒不出戰。秦軍幾次攻打趙軍壁壘，皆無功而返。雙方陷入僵持階段。

趙國雖然軍事實力較強，但是經濟實力較弱。長久的相持之後，趙軍糧餉不繼，難以維持，於是在西元前260年派人和秦國接觸，試圖求和。秦國則利用這個機會，高規格款待趙國使者，給其他諸侯一個秦趙已經議和的假象，使他們斷絕了派兵支援趙國的念頭。接著就散佈謠言，說廉頗年老膽怯，不敢與秦軍決戰，秦軍不怕廉頗，唯獨害怕趙國名將趙奢的兒子趙括。

謠言傳到趙孝成王耳朵裏，趙孝成王急於結束這場耗時長久的大戰，居然相信了謠言，不顧藺相如等人的勸阻，執意任命趙括為將，頂替廉頗。趙括雖然熟讀兵書，但是沒有實戰經驗，只會誇誇其談，他的父親趙奢生前就說過，如果趙國任用趙括為將，必會全軍覆沒。

趙括到了前線之後，改變廉頗的部署，不再採用防禦的策略，而是主動進攻，尋求與秦軍決戰。秦國方面也派出了名將白起，代替王齕指揮戰鬥。白起命令一部分軍隊前往趙軍營壘挑戰，趙括果然率主力部隊出擊。秦軍佯裝後退，退至秦軍壁壘，趙軍強行攻打，無法成功。這時，白起提前埋伏在趙軍側翼的兩萬五千人的部隊，穿插到趙軍部隊與營壘之間，截斷了趙軍的退路。秦軍另有五千精銳騎兵滲透到趙軍營壘中間，監視留守的趙軍，同時截斷了趙軍糧道。

秦昭王得知趙軍主力被圍，就親自到河內地區徵發十六歲以上的男子當兵，全部派到長平支援白起。這支生力軍進一步鞏固了包圍圈，使趙軍無法突圍。趙軍主力四十餘萬人被圍困了四十六天，斷了糧食，甚至互相殘殺爲食。趙括無奈之下率軍突圍，結果被秦軍射死。趙軍群龍無首，只好向秦軍投降。

四十餘萬趙軍投降之後，白起爲絕後患，居然下令將其全部坑殺，只留下年幼的二百四十人回趙國報信。

長平一戰，秦國前後消滅趙軍主力四十五萬人，趙國從此一蹶不振，秦國統一的最後一個強力對手已經被打倒。但是秦軍主將白起的殘忍嗜殺，也長期被人們譴責。

107

項羽是怎樣“破釜沉舟”的

紛亂的戰國時代結束之後，秦朝的統一也只維持了很短的時間。隨著陳勝、吳廣的起義，關東六國貴族紛紛復辟建國，秦朝一度難以應對。後來少府章邯率領的部隊成了秦朝的救命稻草，他擊敗了陳勝的起義軍，又對其他各路義軍不斷展開攻勢，一時間局勢似乎在向著對秦朝有利的方向發展。

西元前207年，章邯率大軍四十萬攻打趙國，試圖一舉平定趙地。趙王歇無力對抗秦軍，不得已丟掉邯鄲，退到鉅鹿（今河北平鄉）。章邯率大軍尾隨而至，以王離率軍二十萬圍攻鉅鹿，章邯則帶著二十萬人駐紮在鉅鹿以南的棘原，保證糧草供應，試圖以持久圍困的辦法困死趙軍。

趙王歇向其他義軍部隊求援，趙將陳餘雖帶兵回援，但卻不敢與秦軍作戰。各路義軍名義上的首領楚懷王，派出宋義爲主將，項羽爲副將，率楚軍主力數萬人救援趙國。

楚軍到達安陽（今山東曹縣附近）後，就止步不前。宋義並不想和秦軍決戰，於是壓制項羽等人的求戰情緒，還天天大擺酒宴。楚軍停滯了四十六天，正値冬季，天冷多雨，士卒苦不堪言。於是項羽怒殺宋義，奪取了指揮權，並得到士兵的支持。楚懷王得知此事，也順水推舟，承認了項羽的主將身份。

隨後，項羽率軍急進，到達漳水（也有資料說是黃河）岸邊，命令英布和蒲將軍率軍兩萬先行渡河，截斷章邯和王離兩軍之間的通道。項羽本人則率領主力渡河，渡河之後將做飯用的釜打破，渡河用的舟楫沉掉，只帶三天乾糧。項羽對全軍發佈命令：此次出擊，有進無退，三天之內，必破秦軍。

此時魏、齊、燕等諸侯援軍也已到達鉅鹿，但是都躲在營壘後面，不敢和秦軍作戰。唯獨項羽率領的楚軍，如猛虎一般撲向王離的部隊。楚軍士兵各個奮勇，人人爭先，無不以一當十。王離軍被打得潰不成軍，而楚軍連續作戰不給敵人以喘息之機，九戰九捷。章邯率軍救援，也被楚軍打退。楚軍俘虜了秦將王離，殺死副將蘇角，鉅鹿之圍遂解。

諸侯軍隊早已被楚軍的英勇善戰嚇傻了，此時紛紛拜見項羽，並擁戴項羽為諸侯軍隊的統領。項羽在得到諸侯聯軍的支援後，就對章邯的餘部展開追擊。他命令蒲將軍率一支部隊兼程搶佔漳水渡口三戶津，斷了秦軍的退路。項羽的主力部隊則又一次擊敗章邯。章邯退到殷墟（今河南安陽），無路可走，只好率二十萬部隊向項羽投降。

鉅鹿之戰，作為滅秦的關鍵一戰，被載入了史冊。此戰基本消滅了秦軍主力，秦朝名存實亡。項羽作為一名優秀將領，他破釜沉舟的精神，也被傳頌至今。

108

韓信的“背水陣”是如何煉成的

作為古代著名的軍事將領，韓信一生指揮過很多戰役，其中最著名的一場就是滅趙的井陘之戰。

西元前205年，劉邦派韓信北上，收服投靠項羽的魏、趙、燕等諸侯。西元前205

年，韓信先後消滅了魏、代等諸侯。但是滅代的戰爭剛剛結束，韓信手下的精銳部隊就被劉邦調走，去滎陽地區正面抵禦項羽去了。韓信只好徵集了三萬新兵，於西元前204年十月，越過太行山，攻打趙國。趙王歇和趙國大將陳餘集結兵力，在井陘口（太行山上的重要隘口，在今河北井陘東）防守，號稱大軍二十萬。陳餘手下謀士李左車根據敵我雙方特點，獻出一條計策，就是以趙軍主力憑壘拒守，另派騎兵部隊截斷漢軍糧道，如此漢軍必敗。但是陳餘並沒有採用這個計策。

韓信派出兩千輕騎兵，每人拿一面紅旗，由小路迂迴到趙軍營壘附近，伺機而動。又派出一萬人的先頭部隊，趁夜越過井陘口，到達綿蔓水東岸，背靠河水列陣。

趙軍看到漢軍背水列陣，都笑話漢軍自尋死路，因爲背水列陣，士兵無法後退，在兵法上被稱爲"死地"，這樣趙軍就更加輕視漢軍。天明之後，韓信親自率領部隊攻打趙軍營壘。漢軍兵少，趙軍又拒營而守，所以漢軍無法攻破。韓信就率軍撤退，一路上丟下不少旌旗金鼓。趙軍認爲漢軍軟弱，又被戰利品引誘，就出營追擊。韓信率軍趕到河邊，進入背水陣中。趙軍向漢軍發動進攻，漢軍結成堅固的半月形陣，以最小的正面迎敵，而漢軍背後是河水，趙軍也無法繞到漢軍背後實施包圍，所以，趙軍人數雖多，卻無法完全展開，只能正面強攻，優勢有所削弱。漢軍背水而戰，沒有退路，所以只能拼死向前。這樣雙方激戰良久，漢軍居然頂住了趙軍的攻勢。

就在漢軍主力與趙軍激戰的時候，韓信提前埋伏在趙軍營壘附近的兩千輕騎，趁趙軍大營空虛之際，佔據了趙軍的營壘，並豎起紅旗。前線的趙軍久攻不下，陳餘下令撤軍。趙軍回到大營才發現，自己的營壘已經被漢軍佔領了。趙軍頓時大驚失色，紛紛逃散。漢軍騎兵趁勢出擊，韓信率領的部隊也發動了全面進攻，趙軍全面潰散，最後全被漢軍消滅。趙王歇被俘，陳餘則被漢軍殺死。

戰後，韓信向手下將領們解釋取勝的原因，說，雖然兵書上說過，背水列陣是陷軍隊於死地，可是兵法中同樣說過，"置之死地而後生，陷於亡地而後存"。漢軍部隊都是新兵，缺乏紀律性，只有背水而戰才能激發他們的戰鬥潛力。假如是在開闊地去列陣作戰，這些新兵可能就會逃走了。另外，韓信背水列陣，引誘趙軍出擊，這也是轉攻爲守、反客爲主的做法。背水陣的作用，只是爲拖住趙軍主力，眞正對戰局起決定作用的，則是襲占趙軍營壘的那兩千騎兵。

韓信不愧爲一代名將，他在井陘之戰的表現，稱得上是活用兵法的典範，驗證了“運用之妙，存乎一心”的名言。

109

哪次戰役打得匈奴“漠南無王庭”

漢朝建立以後，受到北方遊牧民族匈奴的嚴重威脅，而漢初經濟凋敝，想要反擊匈奴，卻力不從心。經過數代休養生息，漢武帝即位時，漢朝國力已經十分強盛，於是對匈奴開始轉守爲攻。經過數次戰爭，匈奴的實力已經嚴重削弱。爲徹底打垮匈奴，漢武帝在西元前119年，發動了對匈奴的戰略決戰，這就是歷史上的漠北之戰。

此戰，漢朝派出十萬騎兵，以大將軍衛青、驃騎將軍霍去病各率五萬，分兩路深入漠北，另以步兵數十萬、戰馬數萬匹保障作戰。衛青的一路從定襄（今內蒙古和林格爾）出發，穿過大漠，遇到匈奴單于主力。衛青以武剛車環繞結營，穩住陣腳，然後以五千騎兵出戰，匈奴單于也派出萬人應戰。雙方激戰至黃昏，忽然狂風大起，雙方都無法辨認對方。衛青趁機分遣輕騎從左右迂迴包抄。單于見漢軍戰鬥力強悍，不敢久戰，於是引兵撤退。衛青派輕騎追趕，一直追到趙信城（今蒙古杭愛山南端），燒毀匈奴的糧草輜重而還。

霍去病這一路則從代郡（今河北蔚縣）出發，穿過大漠後，與匈奴左賢王部遭遇。一場大戰之後，左賢王潰敗，霍去病率軍一路追趕，直至狼居胥山（今蒙古烏蘭巴托以東）而還，取得了殲敵七萬的戰果。

漠北之戰是中國古代史上騎兵大兵團遠距離奔襲作戰的典型戰例。這一戰，漢軍戰前準備充分，目標明確，指揮作戰的衛青、霍去病英勇果敢，連續作戰，深入敵境，重創匈奴主力部隊。此一戰之後，匈奴勢力遭到沉重打擊，匈奴王庭無法在漠南地區維持，只能向生活條件更爲惡劣的北方撤退，也無力再對漢朝進行大規模騷擾。戰後，漢武帝移民戍邊，鞏固新佔領的地區，加深了漢族與其他民族的交流融合。

此役漢軍雖然取勝，但是由於將軍李廣、趙食其的部隊未能及時與衛青的主力會合，因此沒能完成合圍匈奴單于的戰略目標，導致單于逃走，不能不說是這場大戰的一個缺憾。而經過多年與匈奴的戰爭，漢朝的國力損失相當嚴重，士兵損失過半，戰馬大批死亡，國家財政空虛，人力、物力的損耗不可計數。因此，這次戰爭的一個巨大副作用就是導致漢朝社會矛盾激化，並最終由盛轉衰。由此可見，中原農耕民族在與北方遊牧民族的鬥爭中，即使獲勝，所付出的代價也是極大的。

110

爲何說昆陽之戰敲響了王莽覆滅的喪鐘

西漢末年，社會矛盾激化，漢朝的統治搖搖欲墜。這個時候，外戚王莽通過一系列籠絡人心的手段，博得了朝野內外一致的讚頌，掌握了漢朝的實際權力。西元9年元旦，王莽終於篡漢自立，建立新朝。

王莽是個很有政治手腕的人，但是在治理國家方面，卻過於理想化。他眞的相信漢儒們宣揚的那一套王道理論能夠帶來一個太平盛世，所以就發起了一場以復古爲基本特徵的改革。但是王莽僵化、教條地搬用儒家理論，使他的改革很快就進入了死胡同，社會矛盾不僅沒有解決，反而進一步激化，人們把對漢朝的怨恨都轉嫁到王莽頭上。西元17年，爆發了綠林、赤眉大起義，極大地動搖了王莽的統治。

開始時，王莽將赤眉軍視爲最大威脅，集中兵力試圖撲滅赤眉軍。但是綠林軍在西元23年，擁立漢室宗親劉玄爲皇帝，年號更始，公開打出恢復漢室的旗號，使王莽覺察到了威脅。他轉變攻擊重點，命令大司空王邑和司徒王尋奔赴洛陽，在那裏徵發各郡精兵四十二萬，號稱百萬，攻打綠林軍，以期一舉消滅更始政權。王邑、王尋率軍於五月離開洛陽，和嚴尤、陳茂的部隊會合，一起向昆陽（今河南葉縣）進發。

此時昆陽的守軍只有七八千人，綠林軍諸將對於如何對付新莽大軍，意見不一。漢朝皇族劉秀建議堅守昆陽，遲滯敵人的攻勢，然後伺機破敵。這一建議最終得到昆陽諸將的認可，他們一方面部置防禦，另一方面派出劉秀等十三人出城去搬取援兵。

此時王莽軍中，有著豐富作戰經驗的嚴尤主張不要屯兵昆陽城下，而應該繞過昆陽，尋找綠林軍主力決戰，但是主帥王邑並未採納。這樣，四十多萬新莽軍隊被昆陽擋住，無法前進。

此時劉秀已經到了定陵、郾縣等地，盡力說服諸營守將率領步騎萬餘人馳援昆陽。王邑見劉秀兵少，並不在意，僅派幾千人迎戰，被劉秀打得大敗，新莽軍士氣受到嚴重打擊。

就在劉秀趕到昆陽時，綠林軍主力攻下了宛城（今河南南陽）。劉秀就把這個消息用箭射到昆陽城中，同時還故意洩露給新莽軍。守城軍隊得到這個消息，抵抗得更爲堅強，新莽軍則軍心動搖。

劉秀趁機發動進攻，他帶著三千勇士，渡過昆水（今河南葉縣輝河），繞道敵軍後方，向王邑的大營發動攻擊。而王邑因擔心州郡兵不聽控制，已經下令限制他們的行動，所以只以自己本部萬人迎戰，卻被劉秀打得大敗，而新莽軍其他將領懾於王邑的命令，又不敢來救援。隨著劉秀攻擊得手，昆陽城內的守軍也出來支援，兩面夾擊。失去了指揮的王莽軍終於潰敗。

昆陽之戰，綠林軍消滅了王莽的主力部隊，王莽已經失去了鎮壓綠林、赤眉軍的力量，只能坐以待斃。就在昆陽之戰以後不久，西元23年十月，起義軍攻進長安，滅亡了王莽政權。

111

曹操在官渡之戰中憑藉什麼打敗了袁紹

曹操和袁紹是東漢末年北方最大的兩支割據勢力。西元200年，曹操與袁紹兩家在官渡（今河南中牟）展開決戰，結果是曹操大敗袁紹，擊潰了袁紹軍的主力，並在不久之後徹底消滅袁紹，統一了北方。

在官渡之戰前，曹操已經消滅了袁術、呂布等軍閥，並將劉備趕出了中原地區。曹操還把漢獻帝控制在手上，遷都許昌，“挾天子以令諸侯”，掌握了政治上的主動。袁紹則在黃河北方發展，在消滅了公孫瓚之後，成了首屈一指的大軍閥，佔有四州之地，擁兵十幾萬。

200年一月，袁紹親率精兵十萬、戰馬萬匹南下，意圖消滅曹操。曹操早已將主力部隊佈置在許昌以北的官渡，並在黃河的幾個主要渡口佈置兵力防禦。袁紹遣大將顏良爲先鋒，圍困了黃河南岸的白馬（今河南滑縣東）。曹操派出張遼、關羽前往救援，自己率軍向西佯動，假意從延津（今河南延津北）渡河，攻打袁紹後方，此舉果然引起了袁紹的注意。這一年四月，關羽在白馬斬殺顏良，解了白馬之圍。曹操遷徙白馬地區的百姓撤退，袁紹軍渡河追趕，曹操命令士兵丟棄輜重，以吸引袁軍，並趁袁軍混亂時發動攻擊，又殺死了袁紹大將文丑。袁紹軍頭一戰就連失兩員大將，士氣大受影響。

曹操在官渡憑壘拒守，袁紹則渡過黃河，於八月接近官渡安營，攻打曹操營壘。袁紹軍修築土山，居高臨下射殺曹軍。曹操則按照劉曄的計策，建造霹靂車（一種拋石機），拋巨石擊毀袁紹軍的土山。袁紹軍又挖地道攻打曹軍營壘，曹軍也以挖長壕的方式對抗。雙方相持三個月，曹軍糧草不繼，曹操甚至一度想要退兵，可是爲曹操經營大後方的荀彧則給曹操寫信，以劉邦項羽對峙的例子勸曹操，讓他堅持下去。曹操採納了荀彧的建議，繼續與袁紹周旋。他一方面增強後勤運輸的力量，並派兵嚴加防護，另一方面則派人截擊袁紹的糧道，燒毀了上千輛糧車。

十月，袁紹命大將淳于瓊率軍萬人，護送軍糧到烏巢（今河南延津東南）屯駐。袁紹的謀士許攸投降曹操，向曹操報告了這一消息。曹操就帶領五千精兵，趁夜走小路偷襲烏巢，到達後立即放火燒糧。袁紹得知烏巢被襲，只以少數兵力救援烏巢，主力則猛攻曹操營寨。但是曹操臨走前做了周密部署，袁紹軍進攻未果，又喪失了救援烏巢的最佳時機，以致烏巢的糧草都被曹軍燒毀。

糧草被毀的消息傳遍全軍，袁紹軍士氣大跌，軍心動搖。曹操順勢發起反擊，擊潰了袁紹軍。袁紹只帶著八百騎兵，倉皇渡河北逃。官渡之戰以曹操獲勝告終。

以往人們多認爲官渡之戰是曹操以少勝多，不過從近年來的研究成果來看，袁紹的十萬大軍固然佔據優勢，但曹操的兵力也應該不少，雙方的實力差別不是太大，否則袁紹也不可能在救援烏巢還是集中兵力猛攻曹營的問題上猶豫不決。從兵力上看，曹操可能有些許劣勢，但是曹操是主場作戰，所以官渡之戰基本上是一場勢均力敵的戰役。

官渡之戰，曹操能夠勝利，主要是因爲曹操善於聽從謀士意見，而且決斷能力出色，能夠抓住敵人的失誤，尤其是在關鍵時刻的堅持，使曹操終於等來了機會。反觀袁紹則是優柔寡斷、接連犯錯，最終兵敗。這場戰役充分說明了統帥的個人能力對勝負的影響。

112

赤壁之戰雙方的實力有多大的懸殊

說起三國時期最著名的一場戰爭，那無疑是赤壁之戰。在這場決定漢末三國形勢走向的大戰中，曹、孫、劉三家皆投入其中，鬥智鬥勇。最後的結果是孫劉聯軍同仇敵愾，擊敗了強大的曹操，迫使曹操退回北方，失去了一次統一全國的機會。

赤壁之戰發生在漢獻帝建安十三年，208年。很多文藝作品都對這次戰爭有著詳細的描寫，比如《三國演義》。雖然小說中添加了不少虛構的情節，不過對戰役大體進程的記述基本是準確的。208年七月，曹操親自率領大軍南下，攻打割據荊州的劉表，劉表得知曹軍南下的消息後不久就病死了。繼任者劉琮向曹操投降，曹操佔據荊州後又把劉備趕跑，隨後沿長江東進，攻打江東孫權。劉備派諸葛亮出使江東，孫權在周瑜等人的鼓勵下，決定連劉抗曹，並讓周瑜統率軍隊，與劉備軍會合。

此時已是十二月寒冬，曹軍多來自北方中原地區，不習水戰，再加上水土不服，多有暈船者。曹軍與孫劉聯軍展開了試探性的戰鬥，曹軍失利，退到江北。雙方在赤壁（今湖北嘉魚東北）隔江對峙。曹操將大船用鐵鎖連接，鋪上木板，有如平地，以此解決士兵暈船的問題。但是這樣一來船隻就變得不靈活了。周瑜利用曹軍的這個弱點，和部將黃蓋定下火攻之計，由黃蓋向曹操詐降，並在一個東南風大作的晚間，以艨艟快船二十只，載引火之物，衝向曹軍。曹操以爲是黃蓋來降，遂不加防備。黃蓋將船隻點著，二十只火船將曹軍戰船引燃。曹軍大船都連接在一起，一艘著火，多艘難逃，曹操的水軍很快就被火勢吞沒。大火又延及岸上的曹軍陸軍營寨。曹操一見敗局已定，只好率殘兵敗將逃回。

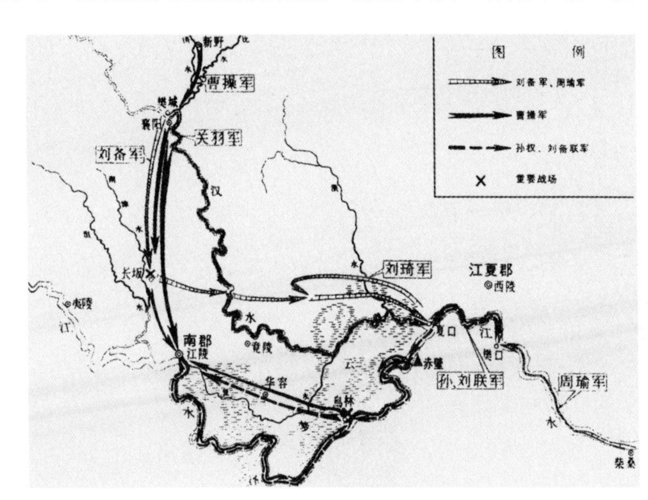

赤壁之戰示意圖

我們一般都認爲赤壁之戰是一場以弱勝強的大戰，《三國演義》中記載曹操有“馬步水軍八十三萬，詐稱百萬”，而孫權方面只派出了數萬人。不過小說家言，免不了誇大。史書並沒有明確記載曹操的軍隊人數，只有曹操給孫權的信中說自己有八十萬大軍，這顯然是嚇唬孫權的。史書中倒是明確地記錄了孫權派給周瑜的兵力是三萬人，而按照諸葛亮的說法，劉備此時還有近兩萬部隊，那麼孫劉聯軍就有五萬人。周瑜爲孫權分析曹操的兵力時說，曹操從北方帶來的軍隊有十五六萬，收降的荊州士兵也只有七八萬。不過周瑜說這話時爲了給孫權壯膽，也不一定是眞的。綜合來看，曹操方面的軍隊規模應該在三四十萬左右。雖然沒有小說中那麼多，但曹操在兵力上還是佔據了極大優勢。

曹操戰敗的原因，正如周瑜、諸葛亮分析的那樣，主要是軍隊遠來，長途奔襲，後勤補給艱難，士兵疲憊，水土不服，疾病叢生；荊州新近歸降，人心不穩，難以作爲鞏固的前進基地；曹軍不習水戰，曹操本人的水戰指揮水準也一般。在作戰過程中，曹操又犯了很多錯誤，比如將戰船連接、輕信黃蓋投降等等。而孫權和劉備方面則在大敵當前的情況下，通力合作，充分發揮自身的優勢，最終打敗了遠強於自己的曹操，並藉此初步建立起三分天下的格局。

113

夷陵之戰劉備敗在何處

赤壁之戰以後，曹操退回北方，孫權鞏固了自己的地盤，並佔據了荊州的部分地區，劉備則佔據了荊州的大部分以及益州等地，三分天下的格局已經形成。劉備佔據荊州之後，就取得了對孫權和曹操的主動權，孫權對此十分不滿。219年，劉備方面駐守荊州的大將關羽北上攻打襄陽，孫權趁機派呂蒙襲取了荊州，俘獲並斬殺了關羽，由此激化了孫、劉兩家的矛盾。

220年，曹操的兒子曹丕廢漢自立，建立魏國。221年，劉備也稱帝，國號爲漢，以示延續漢室正統，史稱蜀漢。稱帝之後不久，劉備不顧諸葛亮、趙雲等人的勸阻，執意出兵伐吳。221年七月，劉備率大軍十餘萬，出三峽，水陸並進，順流而下，攻打孫權。

孫權當初的目的只是奪取荊州，他並不想過早和劉備展開決戰。爲此，東吳方面數次派人向劉備表達和談的意向，都被劉備拒絕。劉備以吳班、馮習率四萬人爲先鋒，攻入吳境，接連取得了幾場勝利。又讓黃權在江北駐紮，防範曹魏。另派馬良到武陵等地活動，動員當地的少數民族首領沙摩柯起兵協助。

劉備畫像

孫權方面則以陸遜爲大都督，統兵數萬迎戰。陸遜見蜀軍士氣正盛，聲勢浩大，就決定實施戰略撤退，暫不與蜀軍決戰。吳軍一路撤到夷道、猇亭等地（均在今湖北宜昌附近）防守。

222年正月，劉備的大軍經過長途跋涉，到達了猇亭。劉備數次試圖引誘吳軍出擊，但是陸遜拒險而守，不爲所動。雙方僵持數月，由於蜀軍深入吳境，所經過地區多爲崎嶇山地，軍糧運輸困難。爲保障後勤供應，劉備把自己的大軍分散在數十座營寨中，在山中綿延數百里。至六月，天氣炎熱，蜀軍士卒苦不堪言，劉備不得已，命令水軍棄船登岸，在密林中安營。放棄了水陸配合的蜀軍，等於自斷臂膀。

陸遜見決戰時機已到，就派兵出擊，放火焚燒蜀軍營寨，蜀軍大亂。隨後，一隊吳軍穿插到蜀軍後方，截斷了蜀軍歸路。劉備見大勢已去，只好撤退，但是一路被吳軍追趕，幾乎被擒。最後逃到永安（今重慶奉節東，後改名白帝城），才算鬆了口氣。陸遜考慮到曹魏可能趁機混水摸魚，所以也沒有再深入追趕。蜀軍幾乎全軍覆沒，駐紮江北的黃權部與劉備失去聯繫，只好投降了東吳。

夷陵之戰以蜀漢的慘敗而告終，劉備在羞憤之下，也於223年四月在白帝城病死。夷陵之戰劉備之所以失敗，首先就是戰略上過於急躁，不顧群臣勸阻，貿然伐吳。其次是對戰爭的艱苦程度估計不足，尤其是輕視了東吳的統帥陸遜。再者，劉備在作戰指揮中失誤頻頻，聯營數百里、水軍棄舟登岸、密林中安營都是致命的昏招。

夷陵之戰對於三國局勢具有重要影響。蜀漢在這一戰中元氣大傷，從此不再有東進的念頭，東吳方面得到了荊州，心滿意足，與蜀漢也不再有根本利益的糾紛。以此戰爲標誌，三分天下的格局已經完全穩固，三國時代就此到來。

114

歷史上規模最大的以少勝多的戰役是哪一場

在戰爭史上，以少勝多、以弱勝強的戰役，往往被人們津津樂道。像漢末三國時期的官渡之戰、赤壁之戰、夷陵之戰，傳統上來說都是以少勝多的典型戰例。但是在中國古代史上，要說起規模最大的以少勝多戰役，那無疑是淝水之戰。淝水之戰還給我們留下了“投鞭斷流”、“草木皆兵”、“風聲鶴唳”等成語。

4世紀後期，北方氐族建立的政權前秦，在皇帝苻堅的努力下，已經基本消滅了各支割據勢力，統一了北方。爲了實現全國統一，苻堅準備率領大軍南下，一舉消滅南方的東晉政權。前秦的大臣們，包括苻堅的弟弟苻融，大多都反對這次出征，但是苻堅一意孤行。他大舉徵發軍隊，在383年，以步兵六十萬、騎兵二十七萬、禁衛軍三萬的大部隊，從長安（今西安）出發，綿延數千里，大舉征南。另派七萬軍隊從巴蜀順江東下，直趨東晉都城建康（今南京）。

苻堅對這次出征勢在必得，他說：“以我的百萬大軍，將馬鞭投入長江之中，就足以使長江斷流。”他連東晉君臣投降之後的官職都安排好了，還下令在長安提前爲他們建立府邸，驕傲之情溢於言表。

東晉方面也確實十分驚恐，但是晉孝武帝在宰相謝安的輔佐下，很快做好了禦敵的準備。東晉方面以謝安的弟弟謝石、侄子謝玄爲統帥，帶領八萬北府兵迎擊敵人。北府兵是東晉政府在北方流亡農民中挑選精壯組成的軍隊，訓練有素，戰鬥力出色。

前秦大軍擊潰了晉軍的幾支小部隊，很快佔據了壽陽（今安徽壽縣）。苻堅派降將朱序到晉軍大營勸降，朱序心向故國，到了晉軍大營就告訴晉軍，秦軍的大部隊還在行進過程中，現在趁著秦軍還沒有集中，應該果斷出擊，擊敗秦軍先鋒，百萬秦軍也就瓦解了。謝石本打算緊守不戰，聽了朱序的話，就決定主動出擊。

謝石派猛將劉牢之率五千精兵，在洛澗（今安徽淮南東）擊敗了秦軍的一支部隊，極大鼓舞了晉軍士氣。隨後，秦晉雙方夾淝水（又寫作肥水，在壽縣附近）列陣。苻堅看到晉軍陣列嚴整，又看到八公山上的樹木，也以為是晉軍，這才覺得有點害怕，稍微收起了輕視之意。

因秦晉兩軍夾河對峙，晉軍無法渡河，於是謝石派使者去見苻堅，要求秦軍暫時後退，留出空間，讓晉軍渡河決戰。苻堅和苻融認為，放晉軍渡河，就可以在晉軍半渡之時發動攻擊，於是答應了晉軍的要求。

苻堅剛剛下令秦軍後退，朱序就在陣中高喊："秦軍已敗！"前秦軍本就士氣不高，聽了這些話，更是信以為眞，紛紛逃散。晉軍趁機渡河發動攻擊，前秦軍全面潰敗，苻融死在亂軍之中，苻堅也受了傷。前秦軍殘部在逃亡中，聽到風聲和鶴的叫聲都以為是晉軍追來，苻堅也被嚇得夠嗆。淝水之戰以前秦的徹底失敗而告終。

淝水之戰，東晉以八萬軍隊擊敗了前秦的九十七萬大軍，創造了戰爭史上的一個"神話"。其實，細分析起來，東晉的勝利並非是謝石、謝玄等人的指揮有多麼出色，而是苻堅犯的錯誤實在太多。在政治上，前秦的統治並沒有被各族人民認可，幾乎所有人都反對出兵。前秦雖然動員了九十七萬軍隊，但是非常分散，前軍到達淝水，後方則剛到洛陽，實際參加淝水之戰的秦軍人數並不占壓倒性優勢。而且前秦軍多是臨時徵發各族民衆組成，軍心不穩，戰鬥力低下。相反，東晉的北府兵則是經過嚴格訓練的精銳，戰鬥力絕非秦軍可比。當秦軍前鋒失利之後，其他部隊不戰自潰，土崩瓦解，正是前秦在政治上虛弱的表現。

115

爲什麼說洛陽、虎牢之戰是唐朝統一的關鍵一戰

隋朝末年天下大亂，各農民起義軍、割據勢力紛紛登場。其中，隋朝太原留守李淵在618年於長安稱帝，建立唐朝。稱帝之後，李唐政權東征西討，很快消滅了一些割據力量，呈現出一統天下的趨勢。

620年，李淵派次子李世民率軍攻打割據洛陽的王世充。經過近半年的激戰，王世充損兵折將，洛陽城也被唐軍合圍。困守孤城的王世充幾乎到了彈盡糧絕的地步，無奈之下只好向割據河北的農民起義軍竇建德求救。戰前，李唐方面已經派人去聯絡過竇建德，爭取使其維持中立姿態。但是竇建德經分析認爲，唐軍如果消滅了王世充，那下一個目標肯定會是自己。權衡利弊之後，竇建德終於在621年春，率十萬大軍南下，救援王世充。

竇建德的大軍很快推進到了虎牢關。此時，因唐軍久攻洛陽不下，李淵已密令李世民撤兵。但是李世民力排衆議，寫信說服了李淵，繼續圍攻洛陽。得知竇建德大軍南下，李世民決定兵分兩路，由李元吉、屈突通等人率軍繼續圍攻洛陽，李世民則親率三千五百精兵，進佔虎牢關。

李世民到達虎牢關後，與竇建德打了幾仗，竇軍失利，士氣低落。621年四月，唐軍截斷了竇建德軍的糧道，使竇軍又陷入缺糧的困境之中。這個時候，竇建德的大臣凌敬提出，改變進軍路線，以主力渡過黃河，越過太行山，攻打汾陽、太原等地，以此迫使唐軍調兵回援，以解洛陽之圍。竇建德也想聽從這個建議，無奈手下大將多接受王世充的賄賂，主張直接救援洛陽，所以只好擱置凌敬的建議，與唐軍在虎牢關長期膠著。

四月底，李世民得到消息，竇建德欲乘唐軍草料將盡，牧馬河北之機襲擊虎牢。李世民決定將計就計，於五月初一牧馬千餘匹於河渚，引誘竇建德。竇建德果然中計，出動全軍，在汜水東岸佈陣。李世民按兵不動，調回馬群，待竇軍士卒疲憊欲退之時，命宇文士及率三百騎兵進行試探，並囑咐道，如竇軍陣形嚴整，即返回本陣；如其陣形鬆動，就可繼續攻擊。宇文士及率軍出擊，竇軍陣形立即鬆動，李世民趁機果斷下令，以輕騎突陣，大軍繼後，直衝敵陣。此時竇建德正召集群臣議事，唐軍已經突入竇軍陣中，竇軍前後堵塞，一片混亂。李世民又分兵迂迴竇軍後路，分割敵軍。竇軍見大勢已去，紛紛潰逃。唐軍乘勝追擊三十里，殺敵三千，俘虜竇建德本人及其部下五萬人，只有竇建德的妻子率殘部逃回河北。

李世民回師洛陽，王世充得知竇建德全軍覆沒，無奈之下，被迫出城投降，唐軍取得了洛陽、虎牢之戰的全面勝利。

洛陽、虎牢之戰，唐軍消滅了竇建德的主力，迫降王世充，基本打倒了這兩個最主要的敵人，統一全國已經水到渠成。李世民在這一戰中立下大功，為自己積累了充足的政治資本，這也為他以後殺兄奪位打下了基礎。

洛陽、虎牢之戰，唐軍能夠取勝，主要歸功於李世民指揮有方、多謀善斷；另外，唐軍出色的戰鬥力也是勝利的保障。反觀竇建德軍，則指揮無方，士兵缺乏戰鬥經驗，士氣不振，失敗也是理所當然的。

 116

唐朝是怎樣消滅東突厥的

繼漢朝擊敗匈奴之後，中原王朝擊敗北方遊牧民族的又一次典型戰例，就是唐朝消滅東突厥。

突厥是北方的一個遊牧民族，在隋朝初年分裂為東西兩部。隋末很多割據勢力都曾向東突厥借兵，攻打自己的對手。唐朝建立之後，東突厥仍然不斷南下侵擾，唐高祖李淵曾打算遷都躲避，被李世民勸阻。

唐太宗李世民即位之後，勵精圖治，國勢增強。而東突厥的首領頡利可汗則窮奢

古代突厥武士岩畫

古代突厥武士石像

胸前佩戴明光甲的突厥武士

極欲，對各部族橫徵暴斂，導致很多部族反叛，再加上大雪等自然災害，東突厥實力漸弱。李世民認爲時機成熟，就於629年正月，以李世勣爲通漠道行軍總管，李靖爲定襄道行軍總管，柴紹爲金河道行軍總管，薛萬徹爲暢武道行軍總管，統兵十萬，由李靖指揮，分路出擊，攻打突厥。

630年正月，唐軍與突厥接戰，取得了一些勝利。頡利可汗無奈之下，只好向唐朝請降，以作緩兵之計。唐太宗一方面派人去和頡利可汗談判，另一方面命令李靖等人接受突厥投降。李靖與李世勣會師之後商議，認爲頡利可汗並非眞心投降，決定不給突厥喘息之機，繼續進兵。630年二月，李靖派蘇定方爲前鋒，趁夜直趨突厥牙帳，頡利可汗毫無戰爭準備，只好乘千里馬逃走。李靖大軍隨後趕到，將突厥擊潰。此戰殺敵一萬有餘，俘虜十餘萬人。

頡利可汗率領殘部北逃，打算逃入漠北，卻被屯於道口的李世勣部堵截，突厥各部落大酋長紛紛歸降唐朝，李世勣俘虜了五萬多人。頡利兵敗後逃到小可汗蘇尼失的居地靈州，蘇尼失見唐軍勢大，就把頡利可汗抓起來送給唐軍，並率部衆投降。東突厥殘部或北上依附薛延陀，或投奔西突厥，漠南地區被唐朝平定，東突厥滅亡。

頡利可汗被俘後，突厥餘部奉小可汗斛勃爲主，在阿爾泰山以北重建突厥牙帳，號車鼻可汗，實力漸強。後來唐軍又兩次出兵攻打車鼻可汗，終於將車鼻可汗俘獲，徹底消滅了東突厥。唐朝在突厥舊地設立都護府進行管轄，鞏固了北方邊境。

唐朝之所以能一舉滅掉東突厥，得益於唐朝強大的國力，以及唐太宗的知人善任。戰前準備充分，戰鬥中李靖、李世勣等人指揮有方，蘇定方等人勇猛善戰，前線將領沒有被突厥的緩兵之計所迷惑，而是連續作戰，大範圍迂迴機動，終於消滅了東突厥這個宿敵。

117

日本爲什麼熱衷於學習唐朝

日本是一個非常擅長學習的民族，這是他們在近代亞洲國家中脫穎而出的重要原因。日本在近代學習西方，但是我們都知道，古代的日本一直是以中國爲榜樣的。那麼，是什麼促使了日本全面學習中國文化呢？這就要說到中日之間的第一場大戰——白江口之戰。

7世紀時的朝鮮半島上是三國鼎立的局面。高句麗、百濟、新羅三個政權互相攻伐，頗有些像中國的三國時代。其中，北方的高句麗實力最強，隋煬帝曾經幾次攻打高句麗，都沒有成功。唐太宗李世民攻打高句麗，也失敗了。唐高宗時，新羅與唐朝聯合，對抗高句麗和百濟。新羅遭到百濟的進攻，形勢十分危急，於是遣使來唐，請求援兵。660年，唐高宗派大將蘇定方統水陸軍十三萬出兵百濟，以解新羅之危。蘇定方大軍從成山（今山東榮城）由海路出發，乘船東下，進軍百濟。新羅方面也派兵配合唐軍作戰，只用了幾個月時間，就滅亡了百濟。蘇定方留劉仁願帶兵駐守，自己則率主力回國。

百濟的一部分殘餘力量死守周留城，並遣使到日本，請求援助。日本方面也有染指朝鮮半島的想法，於是在661年出兵百濟。另一方面，唐高宗也在這一年派出任雅相、蘇定方率軍進攻高句麗。高句麗又與百濟殘部聯合，並聯絡日本，向日本乞師，共同對抗唐軍。日本國王天智帝遂決定與唐軍開戰，派兵赴朝鮮半島，攻打新羅，對留守唐軍造成極大壓力。唐高宗派劉仁軌徵發新羅兵救援劉仁願。由此，朝鮮半島的局勢更加錯綜複雜。

663年，日本援軍抵達朝鮮半島，與百濟軍隊在白江口（白江口是今韓國錦江入海處形成的一條支流白村江的入海口）會合。此時，唐高宗又派出孫仁師率七千援軍趕赴朝鮮半島支援。劉仁願、劉仁軌與孫仁師會合後，分水陸兩部攻打周留城。

唐軍劉仁軌所率海軍駛抵白江口，與日本海軍相遇。日本海軍有戰船千艘，岸上還有百濟的騎兵護衛。劉仁軌立刻命令手下一百七十艘戰船佈陣，準備決戰。663年八月二十七日上午，日本海軍向唐軍水陣衝擊，由於唐軍艦船高大，日軍無法取勝，反而處於劣勢。在這樣的情況下，日本海軍的將領們認爲，憑藉勇敢的衝鋒，就能逼退唐軍，於是各隊戰船，爭先恐後毫無次序地衝向早已列成陣勢的唐海軍。劉仁軌見敵軍蜂擁而至，陣形混亂，便將己方戰船分爲左右兩隊，將敵軍圍在陣中，日軍頓時大亂。戰至多時，日軍大敗，死者不計其數。《新唐書》記載此戰“四戰皆克，焚四百船，海水爲丹”。岸上的百濟軍見日軍戰敗，慌忙逃散。百濟拒守的周留城在得知這個消息後，也舉城投降。

至此，百濟徹底滅亡，日本的勢力被完全逐出了朝鮮半島。五年之後，唐軍又滅了高句麗，朝鮮三國只剩下了一個與唐朝交好的新羅。

白江口之戰基本確立了7世紀以後東亞地區的政治格局。經過這一戰，日本認識到了自己與唐朝在實力上的巨大差距。向打敗自己的強者學習，成爲日本有識之士的共識，於是他們擴大遣唐使的規模，全面學習唐朝的文化、技術。此後近九百多年的時間裏，日本再沒有染指東亞大陸。

118

爲什麼說安史之亂是中華文明發展史的轉折點

安史之亂是唐朝歷史上的一次重要事件，“安”指安祿山（也包括他的兒子安慶緒），“史”指史思明（也包括他的兒子史朝義）。安史之亂從755年爆發，到763年平定，歷時近八年之久，是唐朝由盛而衰的轉折點。

唐玄宗時期，唐朝的主要軍事力量都佈置在邊境地區，內地則十分空虛。唐玄宗在邊境設置了九個節度使，節度使統管軍政、民政、財政大權，節度使因此雄踞一方，離心傾向嚴重。

755年，身兼范陽、平盧、河東（三地在今河北、山西等省北部以及遼寧等地）三地節度使之職、擁兵近二十萬的安祿山，以剷除權相楊國忠爲名，起兵叛唐。唐朝內地兵力空虛，安祿山叛軍很快攻佔洛陽。唐將封常清、高仙芝堅守潼關，阻擋叛軍，以待各地勤王兵力到來。但是唐玄宗卻聽信宦官讒言，以作戰不力的罪名處死了封常清、高仙芝，引起軍隊的不滿。

756年，安祿山在洛陽稱帝，國號爲燕。唐玄宗則任命哥舒翰爲統帥，鎮守潼關。哥舒翰憑地形堅守，唐玄宗卻強令其出戰。哥舒翰無奈之下，與安祿山叛軍作戰，力戰不敵，被俘後投降了安祿山。

潼關已破，唐玄宗只好逃離長安，退到蜀地，路上還出演了與楊貴妃生死離別的一幕。叛軍攻入長安，大肆搶掠。

此時，唐玄宗之子李亨跑到靈武稱帝，是爲唐肅宗，遙尊唐玄宗爲太上皇。唐肅宗整軍備戰，任命郭子儀、李光弼爲統帥，逐漸穩定住了局勢。

反映安史之亂唐玄宗避難的畫作《玄宗幸蜀圖》

757年，安祿山被兒子安慶緒所殺。隨後，叛軍進攻太原，李光弼死守太原，擊退了叛軍，並極大消耗了叛軍的兵力。另一方面，唐將張巡等人以幾千兵力死守睢陽（今河南商丘），雖然最後城破被殺，但也極大地殺傷了叛軍。

太原和睢陽的守城戰，促使戰局發生了扭轉。唐朝駐西域等地的兵力回援，又向回紇借兵，由郭子儀統帥，向叛軍發起反攻。唐軍接連收復長安、洛陽，安慶緒逃回河北。

759年，安祿山部將史思明殺安慶緒，自立爲帝，並再次率軍南下，被李光弼等人挫敗。761年，史思明又被其子史朝義所殺。此時安史叛軍已走向末路。762年，唐肅宗去世，唐代宗李豫即位，派李光弼、僕固懷恩等率軍討伐史朝義。763年，窮途末路的史朝義自殺而亡，安史之亂終於平定。

安史之亂以後，唐朝藩鎮割據的局面進一步加劇，大唐盛世一去不復返。安史之亂不僅是唐朝的轉折點，同時也是中華文明發展史上的轉折點。在安史之亂前的盛唐時期，中華文明以中原地區爲中心，不斷向外輻射、擴展，而安史之亂以後，則呈現出收縮、退卻的趨勢。雖然此後蒙元政權曾一度擴張到歐洲，但是一者整個蒙古帝國不能與中國劃等號；二者蒙元的擴張是一種純軍事的擴張，中華文明並沒有因這樣的擴張而恢復其影響力。因此我們可以說，安史之亂標誌著整個中華文明開始由盛轉衰，其意義十分重大。

119

宋遼爲什麼要簽訂“澶淵之盟”

宋朝自建立時起就面對北方遊牧民族的威脅。北宋時期，北方契丹族建立的遼政權不斷南下侵擾，與宋朝發生了多次戰爭，“楊家將”的故事就是以此爲背景的。宋遼之間的戰爭在1004年簽訂“澶淵之盟”後基本結束，進入了和平共處的時代。

遼國策馬勇士

1004年閏九月，遼朝皇帝遼聖宗和掌權的蕭太后率領大軍，大舉南下侵宋。遼軍雖然擊潰了宋軍的邊防部隊，但是在攻打一些防守堅固的城池時，卻久攻不下。無奈之下，只好放棄攻打堅固的城池，而是一路直趨宋朝都城汴梁（今河南開封）。另一方面，遼朝君臣也認識到，憑此一戰無法消滅宋朝，所以一邊進攻，一邊還遣使議和，希望能以一個比較有利的和約來結束這次戰爭。

這一年的十一月，遼軍兵鋒已直抵黃河北岸的澶州（今河南濮陽）。宋朝君臣皆驚，意欲遷都躲避鋒芒。宰相寇准堅決主張抵抗，強勸宋眞宗御駕親征。此時遼軍在澶州城下屢戰不利，遼軍大將蕭撻凜也在一次行動中被宋軍的弩箭射死。於是宋眞宗勉強同意親征，到達前線之後，宋軍士氣大振。遼軍雖長驅直入，但是河北的大部分地區實際還在宋朝控制之下，遼軍的後路不穩。進攻，遼軍無必勝把握，後撤的道路又不安穩，遼軍陷入進退兩難的境地，形勢開始朝著對宋朝有利的方向發展。

遼國武人俑

但是宋真宗畏懼遼兵，並不敢認真抵抗，對於楊延昭（即“楊家將”故事中的楊六郎）等邊將提出的制敵之策也不予理睬，而是一意講和。大臣們多數也都不願意抵抗。遼朝蕭太后害怕自己陷入腹背受敵的境地，也主張講和，儘早結束戰爭。於是，這一年的十二月，宋遼雙方達成和解，盟約內容是：雙方約爲兄弟之國，以白溝河爲邊界，雙方開放互市，宋每年向遼輸送“歲幣”銀十萬兩，絹二十萬匹。這就是著名的“澶淵之盟”。

簽訂澶淵之盟的蕭太后

如果站在宋朝的立場來看，“澶淵之盟”帶有一定的屈辱色彩。但是我們也應該看到，宋朝立國以來與遼朝的數次大戰，吃虧的時候居多，宋朝君臣對與遼軍作戰信心嚴重不足。而宋朝政權的支柱——文官士大夫集團，尤其反對戰爭。歷次戰爭，宋朝損失巨大，與之相比，每年十萬兩銀、二十萬匹絹的“歲幣”支出，也確實算不了什麼。對於遼朝而言，在相對不利的戰場形勢下，取得這樣一個和約，也基本算是滿意。此後，在將近一百年的時間裏，宋遼雙方基本維持和平局面，這也有利於民族間的交流融合。

120

劉錡怎樣憑小城順昌擋住十萬金軍

1115年，女眞族領袖完顏阿骨打建立金朝政權，並在1125年滅遼，1127年滅北宋。宋朝皇族趙構逃到江南，建立南宋政權，形成偏安局面。1139年，南宋與金達成協定，以黃河爲界。但是不久之後，金朝方面就違背盟約，南下侵宋。

1140年五月，金軍兵分四路南下，其中統帥完顏宗弼（即金兀術）親率十萬大軍，重新攻佔了汴梁。河南、陝西等地的地方官紛紛向金朝投降。金軍佔領汴梁以後，繼續南下，很快攻到順昌（今安徽阜陽）。

此時宋朝新任東京副留守劉錡剛好趕到順昌，便就地組織防禦。五月二十五日，金軍先頭部隊遊騎數千渡過潁河，進迫順昌城郊，初戰即被宋軍擊敗。劉錡從俘虜口供中瞭解到金軍駐紮的情報，便趁夜派兵劫營，擊潰了金軍先頭部隊。

二十九日，三萬餘金軍四面包圍了順昌城，進行強攻。順昌守軍憑城堅守，以勁弩向金軍射擊，逼其後退。劉錡抓住戰機，率兵出擊，又一次擊潰金軍。

順昌被圍第四天，金軍增調兵力，將順昌合圍。但是金軍專注於攻城，卻忽略了對營寨的防守。宋軍利用雷雨天氣，派出五百壯士，乘黑夜突入敵營，趁閃電起時殺敵，金軍不知底細，損失慘重，只得撤退。

金軍統帥完顏宗弼得知金軍進攻順昌失利，即率兵十餘萬從開封直趨順昌。

面對危局，劉錡決定堅決抵抗。他派人將順昌城東門、北門外停泊的船隻全部鑿沉，下定決心背水一戰。

六月七日，完顏宗弼領兵駐紮在順昌城外的潁水北岸，聲勢浩大。宗弼看到順昌城牆簡陋，遂起輕視之意。劉錡將計就計，故意向金軍散佈劉錡昏聵無能、貪圖享樂等假情報。宗弼於是更加輕視劉錡，便留下攻城器具輕裝前進，想盡快攻下順昌。

六月九日，宗弼指揮金軍包圍順昌，同時向四個城門發起總攻。但是遠道而來的金軍人困馬乏，無力持續作戰，只好休息準備再戰。宋軍則以逸待勞，主動出擊，突入宗弼的營壘，打敗了宗弼的親兵部隊。此時正值盛夏，金軍補給不足，人馬饑渴，就地取水飲用，卻不知水中已被宋軍投毒，於是中毒者衆多。劉錡又多次主動出擊，騷擾金軍。十日，又降大雨，金軍攻城不利，想轉入圍困，但是卻屢被宋軍襲擾，士氣低落。十一日，金軍終於支援不住，宗弼下令退兵。劉錡趁機出城追擊，又打了一場勝仗。十二日，金軍全部撤回汴梁，順昌之戰以宋軍獲勝告終。

順昌之戰是一次很典型的以少量兵力守城成功的戰例。此戰中劉錡所部兵力遠少於金軍，但是劉錡團結手下將士，又得到民衆支援，形成舉城同仇敵愾的局面。劉錡作戰指揮得當，戰爭準備充足，在守城時不是一味消極防守，而是尋找戰機主動出擊，數次擊敗金軍，最終迫使完顏宗弼撤兵。這些都是古代守城戰的重要經驗。

121

岳飛指揮的最重要戰役是哪一場

岳飛是家喻戶曉的大英雄，他投身於抗金鬥爭之中，一生打了無數勝仗。其中，郾城、潁昌之戰，是岳飛生前的最後一場大戰，同時也是他一生中最重要的一次戰役。

1140年，金軍大舉南下侵宋，宋朝廷急忙佈置各路人馬迎戰。此時岳飛因母喪而辭職在家，也被宋高宗趙構緊急起用。金軍雖來勢洶洶，但是完顏宗弼在順昌戰役失敗之後，撤回了汴梁。宋高宗認爲危險已經解除，又給岳飛下令，讓他撤兵。岳飛鑒於此時抗金局面大好，所以不聽朝廷命令，大舉北上，攻佔河南等地，還派人去河北聯絡抗金義軍。

完顏宗弼認識到岳飛率領的“岳家軍”是諸路抗金武裝中最具實力的，決定集中精銳消滅岳飛。1140年七月初八，宗弼挑選騎兵一萬五千，步兵十萬，突襲岳飛的前線指揮中心郾城（今河南偃城）。

岳飛派兵與金軍交戰，金軍用重甲騎兵“鐵浮圖”進行正面進攻，以“拐子馬”掩護兩翼。“鐵浮圖”衝擊力巨大，岳飛就派精銳親兵迎戰。岳家軍手持麻紮刀、大斧等兵器，上砍敵軍，下砍馬腿，遏制住了“鐵浮圖”的攻勢。岳飛的兒子岳雲、猛將楊再興都突入敵軍陣中廝殺。楊再興甚至單騎突擊，殺敵數百，試圖活捉宗弼。這一戰打到了天黑，金軍大敗。

宗弼不甘心失敗，又組織進攻，岳飛率軍迎戰，再次擊敗金軍。宗弼只好放棄攻打郾城，而是集結十二萬大軍，攻打郾城與潁昌之間的臨潁（今河南臨潁）。岳飛派張憲率軍趕赴臨潁，與金軍決戰。

岳飛畫像

楊再興率領三百騎兵爲前鋒，在臨潁南邊的小商橋遭到優勢金軍的包圍。激戰之後，楊再興等三百騎兵全部陣亡，但是也取得了殺敵兩千的戰果。十四日，張憲率軍趕到，宗弼不敢再戰，撤出臨潁，轉攻潁昌。

岳飛早已料到宗弼會攻打潁昌，就派岳雲率軍馳援。七月十四日，宗弼率軍猛攻潁昌，守將王貴留少量兵力守城，自己與岳雲一起出戰。雙方激戰多時，不分勝負。王貴見敵軍勢大，有些動搖，但被岳雲勸止。岳雲親自衝進敵陣，往返十數次。岳家軍跟著岳雲衝鋒，死戰不退。戰至正午，潁昌守城部隊也出城增援，金軍終於支撐不住，全線潰退。岳飛率軍乘勝追擊，又擊敗金軍，一直追到開封附近。

重甲騎兵：鐵浮圖

郾城、潁昌之戰，是南宋抗金鬥爭中取得的重大勝利。金軍主力被擊敗，士氣低落，如果宋軍乘勝前進，極可能收復失地。但是以宋高宗爲首的南宋朝廷消極畏戰，強令岳飛班師，後又在風波亭冤殺岳飛。此後，南宋朝廷偏安一隅，再也沒有光復北宋全境，直至滅亡。

122

爲什麼說釣魚城之戰大大延緩了南宋的滅亡進程

13世紀，北亞草原上的蒙古族在成吉思汗的領導下建立起了一個極具擴張性的帝國。蒙古帝國建立之後，不斷對外征伐，幾乎橫掃歐亞大陸，滅國無數。1234年，金朝被蒙古所滅。隨後，蒙古開始南下攻宋。蒙宋之戰持續半個世紀之久，其中影響最大的一場戰事，是釣魚城保衛戰。

釣魚城位於今重慶市合川區城東釣魚山上。釣魚山本就形勢險要，涪江在其南，嘉陵江經其北，渠江在其東，三面臨江，山勢陡峭，多懸崖峭壁。1242年，宋理宗派余玠入蜀主政，以抵禦蒙元。余玠到任後，接受當地賢者冉璡、冉璞兄弟建議，在原有釣魚城的基礎上，復築釣魚城。釣魚城分內城與外城，外城直接築在峭壁上。與中原傳統的夯土城牆不同，釣魚城城牆都用條石壘成，與山勢渾然一體。爲防止戰時糧草水源斷絕，釣魚城內還有大片田地和豐富的水源，周圍山麓地帶也有可耕田地。1254年，釣魚城守將王堅又進一步加固城牆，並收容了四川各地因躲避蒙古軍而前來避難的軍民。這樣，釣魚城就成了一座依託險峻地形的易守難攻的堡壘。

1254年，成吉思汗孫子蒙哥成爲蒙古大汗。1257年，蒙哥汗大舉發兵，以圖一舉消滅南宋。蒙古數路大軍南下，其中蒙哥汗率領主力部隊，將四川當作主攻方向。1258年秋，蒙哥率四萬蒙古軍入蜀，一路攻城拔寨，至1259年二月，攻到釣魚城下。蒙哥試圖勸降宋軍，被王堅拒絕。二月七日，蒙哥親自督軍，開始攻打釣魚城。釣魚城守將王堅和副將張鈺發動軍民應戰，戰爭持續到五月份，蒙古軍依然無法得手。

蒙古軍內部有人建議蒙哥放棄釣魚城，以主力順江東下，攻佔臨安（今杭州），儘快滅亡南宋。但是驕橫的蒙古將領們不甘心避開釣魚城這樣一座小城，蒙哥本人也否定了這個建議，而是繼續投入重兵攻城。

蒙古軍用盡攻城手段，卻無法前進半步，自己反而損兵折將。南宋方面派出數路軍隊救援釣魚城，但都在路上被蒙古軍擊敗，沒有一支到達釣魚城。但是這仍然沒有動搖守軍的決心。爲了表示堅守下去的意志，釣魚城軍民甚至將重30斤的鮮魚兩尾及面餅百餘張拋給城外蒙軍，並投書告訴蒙軍，城內糧食物資充足，即使再守十年都綽綽有餘。蒙古軍久屯堅城之下，水土不服，再加上四川悶熱潮濕的氣候，導致軍中疾病流行，士氣十分低落。

到了六月份，蒙哥本人也生病了（有些史料記載是攻城時受傷），釣魚城仍可望不可得。無奈之下，蒙古軍於七月撤軍。蒙哥一生驍勇善戰，從未遇到過這麼大的挫折，心情極度鬱悶，再加上疾病纏身，最終在沒有離開四川的時候就病死了。隨同蒙哥一同征戰的很多蒙古軍將領，也都斃命釣魚城下。釣魚城保衛戰以宋軍勝利告終。

蒙哥死於四川的消息傳來，產生了很大的國際效應。此時蒙古軍的第三次西征在蒙哥弟弟旭烈兀的指揮下，已經取得了很大戰果。蒙古軍攻佔了阿拉伯半島，正在向埃及進軍。聞知大汗已死，旭烈兀急忙率主力部隊東還，只留下少量軍隊繼續西征，結果在埃及被擊敗，蒙古帝國的向西擴張至此告一段落。非洲和歐洲大多數地區得以免遭蒙古軍攻擊。

釣魚城之戰還大大延緩了南宋滅亡的過程，並直接影響到了蒙古帝國內部的權力交接。此戰之後二十年裏，蒙古軍又數次攻打釣魚城，都沒能得手。直到南宋滅亡之後的1279年，在得到蒙元方面不殺城中軍民的承諾之後，守將王立才開城投降。釣魚城在外無援軍的不利條件下堅守了二十多年，堪稱古代守城戰的一個典範。

123

朱元璋在鄱陽湖水戰中爲什麼能以少取勝

鄱陽湖水戰，是元末朱元璋與陳友諒爲爭奪南部中國的控制權而進行的一場大戰。

元末天下大亂，農民起義遍佈全國。朱元璋與陳友諒是南方最大的兩股勢力，在朱元璋實力逐漸壯大之後，與陳友諒的衝突不可避免。1360年，陳友諒就出動大軍攻打朱元璋，但是遭到失敗。1363年四月，陳友諒再出兵圍攻江西洪都（今南昌），水陸兩軍號稱六十萬人，聲勢浩大，但是洪都在朱元璋侄兒朱文正守衛下，抵擋住了陳友諒的進攻。

七月，朱元璋親率大軍二十萬救援洪都，陳友諒認爲己方在水戰上具有優勢，於是撤圍，選擇在鄱陽湖迎戰朱元璋。

二十日，兩軍在康郎山（今江西鄱陽湖內）湖面遭遇。陳軍多大型戰艦，連接佈陣，氣勢奪人。朱元璋則針對其巨艦首尾連接、不利進退的特點，將己方艦船分爲二十隊作戰。第二天，雙方展開激戰。朱軍大將徐達率隊猛衝，擊潰陳軍前鋒，還俘獲一艘戰艦。朱元璋軍冷熱兵器並用，給陳軍造成極大殺傷，但是朱元璋的坐艦也在戰鬥中擱淺被圍，局面一度被動。戰至日暮，雙方收兵。

二十二日，兩軍再次交戰。因陳軍戰艦較大，朱軍一度失利。關鍵時刻，朱元璋採納部將郭興建議，採用火攻。朱軍選拔勇士，駕駛七艘漁船，船上裝引火之物，迫近敵艦放火。陳軍猝不及防，轉瞬之間被焚毀數百艘戰艦，朱元璋趁機猛攻，陳軍死傷慘重。

此後兩天，雙方又交戰數次。朱元璋一度被陳軍逼得更換坐艦，但是形勢還是在向著朱元璋有利的方向發展。陳軍屢戰失利，士氣大跌，陳友諒只好收攏殘部，由進攻轉為防禦。

二十四日晚，朱元璋乘勝進佔左蠡（今江西都昌西北），控制江水上游，陳友諒形勢愈加不利。兩軍相持三天，陳軍屢戰屢敗，陳友諒兩員大將投降了朱元璋，導致軍心動搖。陳友諒盛怒之下，又殺俘虜洩憤。而朱元璋卻將俘虜全部送還，並妥善安置死傷士兵，從而鼓舞了士氣，贏得了人心。

朱元璋為防止陳友諒退入長江，就在湖口處設置障礙，阻擋陳軍，並派兵佔領長江上游。雙方相持一個月，陳友諒軍糧已盡，無奈之下，在八月二十六日突圍，企圖退入長江，再回到武昌。朱元璋早有準備，在湖口阻截陳軍。陳友諒無奈之下，只能走涇江，又遇伏兵衝殺，陳友諒中箭而死，軍隊全面潰敗。朱元璋乘勝追擊，到第二年二月，攻下武昌，陳友諒兒子陳理投降，朱元璋終於消滅了陳友諒的勢力。

鄱陽湖之戰是中國古代一次典型的水上戰鬥，此戰中朱元璋指揮部署得當，最終以弱勝強。而陳友諒則自恃實力強大，只想通過決戰擊敗朱元璋，卻忽視了對湖口要地的防守，導致己方被圍，最後失敗。經此一戰，朱元璋消滅了勁敵陳友諒，成為南方最大的一股勢力，並奠定了以後統一全國的基礎。

124

“靖難之役”對中國歷史進程產生了何種深遠影響

“靖難之役”是明太祖朱元璋的四兒子朱棣為爭當皇帝而發動的一場戰爭。朱元璋建立明朝之後，大肆分封自己的兒子為藩王，試圖以此保住自己一家一姓的江山。

燕王朱棣

藩王們權勢很大，尤其是鎮守邊疆的幾個藩王。但是歷史無數次證明，同姓藩王間爭奪皇位的慘烈，並不亞於外人。

朱元璋死後，皇太孫朱允炆繼位，是爲明惠帝，歷史上一般稱他爲建文帝。建文帝對於手握重權的藩王叔叔們十分忌憚，就與自己信任的齊泰、黃子澄等大臣商議削藩。他們議定採用先易後難的辦法，首先削弱實力較小的幾個藩王，而最終的目標則是駐守在今京津地區以及河北北部的燕王朱棣。

燕王朱棣是藩王中勢力最大的一個，由於他駐紮邊境，有抵禦蒙古殘部的任務，所以手下多精兵強將，兵力達十萬之衆。老謀深算的朱棣看出了建文帝的打算，於是搶先發難，以“清君側”的名義，於建文元年（1399）七月起兵，反抗朝廷。朱棣把自己的這次軍事行動說成是爲了“靖難”，即平定禍亂，所以史稱此役爲“靖難之役”。

朱棣出兵後，首先攻佔了北平（今北京）以北地區，掃除了後顧之憂。朝廷方面派出老將耿炳文率軍十三萬來攻，但很快被燕軍擊敗。建文帝聽從黃子澄的建議，又以李景隆爲將，收攏各地軍隊五十萬進攻北平。李景隆猛攻北平，燕王世子朱高熾謹遵朱棣安排，堅守不出，李景隆無可奈何。朱棣則趁機進攻大寧（今內蒙古寧城），吞併了寧王的地盤和軍隊，隨後挾持寧王回北平，擊敗了李景隆。隨後燕軍又數次擊敗李景隆，並將勢力擴展到山東地區。

建文帝撤掉李景隆，以盛庸爲統帥，在東昌（今山東聊城）擊敗燕軍，朱棣被迫退回河北。建文三年，朱棣再次出兵，並得到了南京城內空虛的情報，於是決定以主力直趨南京。建文四年四月，燕軍兵鋒已達宿州，但是卻在齊眉山（安徽靈璧境內）

被朝廷軍隊擊敗，局面呈膠著狀態。此時建文帝將前線部分兵力調回南京駐守，燕軍趁機出擊，大敗朝廷軍隊。隨後燕軍兵臨長江，建文帝無奈之下，提出與朱棣分割南北的方式來結束戰爭，被朱棣拒絕。六月初三，燕軍渡過長江，十三日，南京城金川門的守將李景隆開門迎降，朱棣進入南京，建文帝不知所蹤。此後朱棣在大臣的擁戴下即位稱帝，即明成祖永樂皇帝。

靖難之役後不久，朱棣將首都由南京遷到北平，稱京師，南京爲留都。歷時四年的靖難之役，以朱棣的勝利而告終。此役改變了明朝的權力繼承格局，並對明代的戰略佈防產生了重要影響。北平靠近北方邊境，這就形成了明朝“天子禦國門”的戰略傳統。靖難之役中，建文帝下落不明，有傳言說逃到了海外，朱棣對此十分在意。以後鄭和下西洋，其目的之一就是尋找建文帝下落。靖難之役確實是對中國歷史進程產生重要影響的戰爭。

125

“萬曆三大征”指的是哪三次戰役

明神宗萬曆皇帝朱翊鈞在位時，曾經發生過三次大規模的戰爭，明朝都取得了勝利，明代史家稱其爲“萬曆三大征”。

明朝萬曆年間，由於張居正改革的成果，使政府的財政危機得到緩解，社會比較安定，隱隱有中興氣象。在此基礎上，萬曆年間的戰爭也取得了很多勝利，“三大征”就是其中的代表。“三大征”指的是以下三次大戰：

鎮壓蒙古人哱拜叛亂的寧夏之役

援朝抗倭之戰中明軍在圍攻日軍

一、寧夏之役，即鎮壓蒙古人哱拜的叛亂。哱拜本在嘉靖年間降明，駐守寧夏地區，後又由其子繼承職位，在當地勢力頗大。1592年，哱拜與其子哱承恩、義子哱雲及土文秀等，慫恿劉東暘叛亂，並聯絡蒙古。明朝廷立即調兵平叛，1592年四月，調李如松爲寧夏總兵，率軍圍剿。明軍經過數次戰鬥，包圍了寧夏城，並引水灌城。叛軍彈盡糧絕，孤立無援，內部發生火拼，最終叛亂得以平息。

二、播州之役。播州位於四川、貴州、湖北之間，地勢險要。自唐朝起，楊氏就世代統治此地。明初，楊鏗接受朱元璋的任命，擔任播州宣慰司使。萬曆年間，楊應龍爲播州宣慰司使，於1589年公然叛亂。明朝廷以李化龍爲總督，節制四川、湖北、貴州三省兵事，於1600年二月，分兵八路平叛。六月，明軍攻克播州城，叛亂平定。

三、援朝抗倭之戰。1592年，掌握日本大權的豐臣秀吉意圖向大陸擴張勢力，派兵進入朝鮮半島，攻佔朝鮮釜山，又渡過臨津江，攻克王京(今首爾)。朝鮮無力抵抗，只得向明朝請兵。七月，明軍入朝作戰。因兵力不足、地形不熟，明軍先頭部隊作戰失利。十二月，明朝派宋應昌、李如松率軍四萬大舉援朝。1593年初，明軍進逼平壤，李如松率部死戰，終於將日軍逐出平壤。此後在中朝軍隊的打擊下，日軍節節敗退，只能據守釜山。豐臣秀吉見勢不妙，以和談來拖延時間。明朝和朝鮮內部的主和勢力也開始抬頭，和談拖延三年之久。朝鮮統治者以爲和平到來，就罷免了抗倭有功的將領李舜臣。1597年日軍分水陸兩路再次進攻朝鮮，朝鮮又重新起用李舜臣。1598年七月，明朝也增派軍隊入朝。在明軍的打擊下，日軍士氣低落，給養不足，逐漸後退。至十一月，戰事基本結束，日軍被逐出朝鮮半島。

萬曆三大征能夠取勝，依靠的是張居正改革留下的家底。但是三大征也使明朝國力消耗巨大，很多人認爲這是導致明朝滅亡的重要原因。當然，明朝滅亡的主因是政治的腐敗和經濟的崩潰，不過萬曆年間的戰爭導致元氣大傷，也確實是不可忽視的因素。

126

爲什麼說薩爾滸之戰爲清朝入關打下了基礎

薩爾滸之戰是明朝與後金（即後來的清朝）之間的一次大戰，這一戰是明朝與後金爭奪遼東的關鍵一戰，也是在後金崛起過程中有著重要意義的一戰。

《明實錄》中描繪的薩爾滸之戰場面

明朝萬曆後期，遼東建州女眞部崛起，首領努爾哈赤建立八旗制度，統一了女眞各部，並於1616年正式建立後金政權，定都赫圖阿拉（今遼寧新賓）。明朝因集中力量鎮壓關內的農民起義，再加上遼東守軍戰鬥力低下，後金得以乘機佔據遼東許多地區，勢力逐漸壯大。直到撫順等地被後金佔據，明朝才開始重視遼東。萬曆皇帝以楊鎬爲遼東經略，準備大舉進攻後金。經過半年準備，明軍各路到達遼東，共有八萬八千餘人，再加上配合作戰的朝鮮軍隊以及葉赫部騎兵，共約十一萬（明軍的實際人數，仍有爭議，但是從明朝史料來看，當在十萬左右，絕對到不了二十萬）。但是明軍士氣低下，士卒逃亡現象嚴重，將帥互相掣肘，形勢並不樂觀。萬曆皇帝又催促楊鎬迅速進兵，楊鎬便制定了一個以赫圖阿拉爲目標，四路齊進、分進合圍的計畫。以總兵馬林所部一萬五千人走北路，出開原，經三岔兒堡（在今遼寧鐵嶺東南），入渾河上游地區；總兵杜松率三萬人擔任主攻，出撫順關入蘇子河谷，直趨赫圖阿拉；總兵李如柏率兵二萬五千，由西南面進攻；總兵劉綎率明軍與朝鮮部隊共兩萬人，出寬甸北上，由南面進攻。明軍於1619年二月二十五日出兵。

明軍的出兵計畫被後金得知，努爾哈赤採取“憑爾幾路來，我只一路去”的作戰方針，集中八旗精銳，在三月一日於薩爾滸（今遼寧撫順東大伙房水庫附近）擊敗了杜松率領的主力部隊，杜松陣亡。隨後努爾哈赤又轉向尙間崖（在薩爾滸東北），擊敗了馬林所部。擊敗馬林之後，努爾哈赤移兵南下，用設伏聚殲的辦法，派人穿著明軍衣甲，拿著杜松的令箭，吸引劉綎進入包圍圈，從而全殲劉綎部，劉綎戰死。

此時三路明軍盡沒，坐鎮瀋陽的楊鎬手中尙有一支機動兵力，但是楊鎬卻沒有救援任何一路明軍，只是下令李如柏撤軍。李如柏撤退時遭遇後金哨探，誤以爲後金主力來襲，明軍驚慌逃命，自相踐踏，又死傷一千餘人。

薩爾滸之戰以後金全面勝利而告終。明軍失敗的主要原因是：敵情不明，料敵不周，盲目分兵，主力部隊孤軍冒進，各路兵馬對各自動態缺乏瞭解，沒有配合，以至於被後金集中兵力，各個擊破；楊鎬坐鎮瀋陽，遠離前線，對戰場情況茫然無知，沒有妥善使用手中的機動兵力，而前線又無人負責協調指揮各部，再加上明軍作戰意圖早已被後金得知，所以戰敗也是必然的。

薩爾滸之戰使後金政權得到了鞏固，並奪取了遼東戰場的主動權。此後，明軍在遼東基本轉爲守勢，而且步步後退。後金則不斷擴大自己的勢力範圍，爲以後入關取代明朝打下了基礎。

127

“衝冠一怒爲紅顏”發生在哪次戰爭

如果用一個詞來形容明朝末年的形勢，那就是“內憂外患”：內有此起彼伏的農民起義軍，外有步步緊逼的遼東後金（清）政權。明朝廷顧此失彼，最終在崇禎十七年(1644)三月十九日，李自成率領農民軍攻破北京城，崇禎皇帝自殺，明朝滅亡。

李自成進京之後，派人招降駐紮山海關的吳三桂。吳三桂權衡之下，決意向李自成投降。但是當他率軍離開山海關進京時，遇到從北京逃出的家人，得知自己父親吳襄被農民軍拷打，愛妾陳圓圓被農民軍大將劉宗敏奪占，氣憤至極，遂打出爲崇禎皇帝報仇的旗號，返回山海關，這就是“衝冠一怒爲紅顏”的故事。

李自成得知消息，決定剿撫並用，於四月十三日與劉宗敏率軍十萬向山海關進發，爲了爭取吳三桂投降，還帶了吳襄同行。吳三桂見農民軍勢大，就向清攝政王多爾袞寫信求援。此時清軍也正在南下，準備趁中原混亂時奪取政權，接到吳三桂書信後，便急速行軍，趕至山海關。

四月二十一日，李自成率農民軍到達山海關，當晚，清軍也抵達山海關外十五里處駐紮。李自成向吳三桂發出勸降通牒，被吳三桂拒絕，農民軍開始攻打山海關。吳三桂以主力出戰，與農民軍激戰。雙方大戰一日，互有損傷，但是農民軍在總體上佔據了優勢。吳三桂只能期待清軍的援助。而多爾袞老謀深算，經過一天的觀察，已經深知農民軍的虛實，欲待雙方打得兩敗俱傷之時出兵。吳三桂見形勢危急，就在二十二日早晨突圍來到多爾袞軍中，主動剃髮投降，多爾袞遂派兵入關，支援吳三桂。

多爾袞以吳三桂所部爲前鋒，與農民軍進行野戰。農民軍不知清軍已經加入戰鬥，所以還是按原計劃猛攻吳三桂部。吳三桂因得到清軍支援，也奮力死戰。這時戰場刮起大風，飛沙走石，對面難見人。農民軍不顧傷亡，將吳三桂部包圍，雙方血戰至中午，損失都很大。多爾袞趁機命令清軍起兵出擊，向農民軍發起衝鋒。農民軍本已疲憊不堪，又見清軍衝來，猝不及防，陣腳大亂。戰至午後，劉宗敏中箭負傷，李自成見大勢已去，只好撤退。農民軍在路上與清軍追兵纏鬥，又損失不小，李自成一怒之下將吳襄殺死。

李自成率殘部於四月二十六日退回北京。四月二十九日，李自成稱帝，第二天就退出北京，向西轉移。此後清軍進入北京，建立起對全國的統治。

由李自成農民軍、吳三桂軍、清軍參加的山海關之戰，是清朝入主中原過程中的關鍵一戰。此戰清軍乘農民軍與吳三桂軍激戰之時果斷出擊，不僅擊敗了農民軍主力，還迫使吳三桂投降，爲進入北京打通了道路。可見，在清軍入關的過程中，吳三桂是一個重要人物。山海關之戰以後，清王朝開始了對中國二百六十多年的統治，並成爲中國歷史上最後一個專制王朝。

128

爲什麼古代有那麼多以少勝多的戰役

在古代戰爭史上，以少勝多的戰役往往都特別引人注目。很多歷史小說、戲曲、影視當中，也喜歡渲染這種以少勝多的大戰。鉅鹿之戰、井陘之戰、昆陽之戰、官渡之戰、赤壁之戰、淝水之戰、陳慶之七千人攻魏等等，都是爲人津津樂道的傳奇戰役。很多歷史小說中，描寫幾十萬大軍出征，往往都得不到好結果，徒勞爲別人作了陪襯，這一方面是文藝作品爲吸引眼球而有意爲之，另一方面也確實不是空穴來風。

古代以少勝多的大戰，往往還贏得非常邪乎。昆陽之戰，王莽調集了四十萬軍隊，而綠林軍前後加起來不過兩三萬人，居然還是王莽軍敗了；赤壁之戰，曹軍號稱八十萬，孫權只給了周瑜三萬兵馬；淝水之戰，前秦調集九十七萬大軍，卻敗給了東晉的八萬北府兵。這些兵力相差懸殊的大戰，往往給人一種“以多勝少不算本事，以少勝多才是英雄”的印象。

在唐朝以前，確實經常有數十萬大軍卻打了敗仗的例子。出現這種現象，與將領能力的局限有關。韓信與劉邦曾經有過一段對話，韓信說劉邦最多只能帶十萬兵，而韓信自己則是多多益善。並不是所有將領都有韓信的本事，因此一些庸才帶著數十萬大軍卻大吃敗仗也就不奇怪了。在古代，眞正有能力指揮幾十萬大軍的將領，其實並不多。幾十萬甚至上百萬的大軍，要有一個負總責的主將，同時各路兵馬也需要有優秀將領來指揮，因爲某一路的將領出了問題，就可能導致滿盤皆輸。因此才有“千軍易得，良將難求”的古語。

當時軍事技術的落後，也是造成大軍不一定取勝的原因。軍隊也和其他任何組織一樣，人數越多，結構就越複雜，指揮的難度就越大。而統帥軍隊，比一般的組織管理更爲複雜。在古代落後的通訊條件下，軍隊多了，指揮調度反而不便。淝水之戰，苻堅只是下令全軍後退，可是前秦軍隊卻一退而不可收拾，迅速潰敗，就是明證。而且軍隊規模太大，也就無法達成戰役的突然性，更談不上隱蔽性。在古代的技術條件下，幾十萬大軍的後勤供應，也是一個非常棘手的問題。人數越多，軍隊的機動性、靈活性就喪失得越多，軍隊的戰鬥力就會不升反降。

戰場條件的限制，也是一個重要因素。很多愚笨的統帥，會把大量軍隊投入到一個狹窄的戰場之中，導致人數雖多，卻不能展開，難以發揮戰鬥力。譬如以大軍攻打一條只能一次通過兩人的小路，人數再多，能在前面交戰的也就只有那麼幾個，後面的大隊人馬乾著急沒有辦法。即使在現代戰爭中，軍隊火力的輸出，也要依賴戰鬥隊形的即時展開，何況是以肉搏爲主的冷兵器時代。

在唐朝之後，這種兵力懸殊的以少勝多的大戰就很少了。這一方面是因爲軍事技術的進步，將領們更加注重“精兵”的作用，強調軍隊的戰鬥力，而不是無限制地增加人數。另一方面則是大規模全面徵兵的制度逐漸消失，各種職業兵製成爲主要的兵員徵集制度。雖然在戰亂時期，依然存在強拉民夫當兵的現象，但那已經不是主流。

朝廷對將領的選拔與培養，也更加嚴格，能夠統率大軍的主將，一般也都是老成持重、冷靜睿智之人，不太容易犯錯。在這樣的歷史環境下，再想以少量軍隊去戰勝大量敵軍，就變得很困難了，除非是以經過訓練的正規軍去對付缺乏戰鬥經驗的農民起義軍。

總之，在古代戰爭中，軍隊數量多，未必意味著戰鬥力強。那些能以少勝多的將領，其實也並不是特別神奇。隨著軍隊向著職業化和正規化方向發展，以少量兵力行險取勝就成爲了“旁門左道”，以強勝弱、以多打少才是正道。

中國人應知的

古代軍事常識

The Knowledge of Military Affairs

名將風雲

名將風雲

129

中國歷史上第一位女將軍是誰

戰爭是伴隨著人類文明史一起產生的，我們想要確定誰是中國歷史上有明確記載的第一個將軍，那是很困難的。不過我們倒是可以確定誰是歷史上第一個有明確記載的女將軍，那就是商王武丁的配偶婦好。

武丁是商朝中後期的一個著名君主，他振興了當時已經衰落的商朝政權，在對外征伐中取得一系列勝利，擴大了商朝的影響力。商朝人爲了表達對武丁的尊重，尊稱其爲“商高宗”。

婦好是武丁衆多妻子中的一個。上個世紀通過殷墟的考古發掘，人們瞭解了婦好的一些事蹟。甲骨文中記載了婦好的赫赫戰功，由此證明婦好是中國歷史上第一個有據可查的女將軍。

當時商朝對外征戰的主要對手是四周的部落方國。按照甲骨文的記載，婦好曾經和武丁配合作戰，在攻打巴方的戰鬥中採用伏擊戰術，成爲伏擊戰的鼻祖。婦好不僅是武丁的助手，而且也經常獨自領兵作戰。她數次率軍攻打鬼方、羌方、土方，並取得了勝利。在一次攻打羌方的戰鬥中，婦好居然指揮了一支一萬三千人的部隊。在那個生產力極不發達的時代，這樣的軍隊規模，絕對稱得上是龐大了。

婦好不僅會領兵作戰，而且還經常主持祭祀工作。古語有云：“國之大事，在祀與戎。”婦好可稱得上是當時的一個全才了。

婦好先於武丁去世，武丁十分懷念她，給她的諡號是“辛”，後代商王就稱之爲

河南安陽殷墟婦好墓出土的商代貴族女像

“母辛”。所以甲骨文以及各種商代器物中，凡是出現“母辛”這兩個字，都是指婦好。

由於資料所限，關於婦好的身份、來歷，有很多說法。很多書籍當中都說婦好是武丁的王后，或者至少是幾位王后之一。不過婦好墓的規模並不是很大，從隨葬品來看，祭祀的規格應該也不是很高。武丁的配偶有很多，婦好是不是其中地位最高的，恐怕還有待考察。而且，從甲骨文記載來看，婦好有自己的封地，平時也並不經常和武丁生活在一起。有些研究資料認爲，婦好與武丁之間並不是從屬關係，而是一種合作關係。婦好極可能是某個和商朝結盟的母系氏族部落首領，婦好和武丁的結合，也代表了她的部落與商朝的聯合，婦好雖然成爲武丁的妻子，但是她同時也保留原來的部落首領身份。這種聯姻方式有些類似於歐洲王室之間的婚姻。

雖然關於婦好的詳細情況，仍有不少謎團，不過婦好作爲中國歷史上第一個有明確記載的女將軍的地位，還是不可動搖的。

130

民間爲何有“姜太公在此，諸神退位”的說法

姜太公是歷史上的一個傳奇人物，他在各種民間傳說和魔怪小說中頻繁出現，在民間可謂無人不知、無人不曉。

關於姜太公的傳說很多，比如說他學藝昆侖山，在渭水邊用直鉤釣魚，被周文王發現並啓用，此後輔佐周文王、周武王發展實力，最後消滅商朝，奪取天下。在興周滅商的過程中，姜太公還完成了斬將封神的大業。雖然姜太公自己不算正牌的神仙，但是所有的神都得聽他的，所以民間有“姜太公在此，諸神退位”的說法。

歷史上姜太公的生平，當然不是這樣光怪陸離。史載姜太公姓姜，呂氏（古代姓氏有別，貴族男子一般稱氏不稱姓），名尙，字牙（或子牙），所以史書上一般稱姜太公爲“呂尙”或者“呂牙”。《史記》中說他是“東海上人”，但是“姜”這個姓是一個源自西方的姓氏，而他的祖先在夏商之際又被封在申、呂等地，所以呂尙的出生地更有可能在河南西部、南部一帶。周文王在得到呂尙的輔佐之後，非常高興地說：“我們的先王太公就曾經盼望著能找到你這樣的人才來興盛大周啊。”因此，人們又稱呂尙爲“太公望”，也就是“周太公所盼望的人”，“姜太公”的稱號也由此而來。周武王即位，將呂尙當作老師侍奉，尊稱爲“師尙父”。

綜合起來，我們就知道，各種史料中出現的呂尙、呂牙、師尙父、太公望、呂望、呂公望，都是對姜太公的稱呼。而在一些不太嚴格的場合，也可以稱之爲姜尙、姜子牙、姜太公。滅商之後周武王大封諸侯，呂尙被封在齊國，所以也稱齊太公。

呂尙的生卒年月無可考察，民間說他活了一百多歲，當然不可信。周文王在渭水河邊找到呂尙的時候，呂尙最多也就三四十歲。在滅商成功之後，呂尙以齊侯的身份又活了很多年，將齊國治理得井井有條，這也說明歷史上的姜太公，在輔佐周朝的時候，年齡並沒有那麼大。

呂尚在投奔周文王之前，曾經在商都朝歌做過小買賣謀生活，對商朝的虛實有所瞭解，所以很多資料上都說他是以間諜的身份打入商朝內部的。呂尚爲周文王、周武王出謀劃策，史書上說周朝興起，多靠呂尚的謀略。

在滅商的過程中，呂尚至少在兩次重大決策中發揮了作用，確實是滅商的大功臣。首先就是周武王興兵伐紂，起兵之前進行占卜，卻得到了一個惡兆。大臣們都勸周武王不要興兵，唯獨呂尚，力勸武王起兵，終於促成了這次伐紂之戰。其次是在周軍到達牧野之後，周武王及手下大臣看到商紂大軍氣勢洶洶，於是便有退卻之意，此時又是呂尚站出來，一力主戰，並親自率領一支部隊向敵陣衝擊，打擊了商軍士氣，並摸清了商朝奴隸大軍的實力。周軍隨後發動全面進攻，這才取得了牧野之戰的勝利。

由於姜太公爲周朝的興起出了很多奇謀妙策，所以後人講兵法陰謀權術，都以姜太公爲老師。很多兵書戰策都掛著姜太公的名字，但都是後人僞造的。姜太公即使眞的有一些兵書著作，也沒有留傳下來。不過姜太公作爲中國兵學史上一個“祖師爺”級的符號，還是有著巨大的文化影響力的。

131

中國史上第一位元帥先軫是怎麼死的

先軫是春秋時期晉國的一個重要軍事將領，他爲晉文公稱霸諸侯立下了汗馬功勞，並使晉國成了當時的第一大國。春秋時期還延續著文武不分職的傳統，不過先軫一生基本都擔任軍職，指揮過很多次戰鬥，而且是逢戰必勝，可以說是春秋時期少見的專職將軍。

西元前632年，先軫被晉文公任命爲三軍元帥，指揮了著名的城濮之戰，並取得了勝利，晉文公由此成爲諸侯霸主，先軫也成爲史書記載中第一個獲得“元帥”稱呼的人。西元前628年，晉文公去世，秦國趁機出兵，準備越過晉國，吞併晉國的同姓盟友鄭國。先軫聞訊，力排衆議，主張對秦國開戰。西元前627年，先軫指揮軍隊，在崤山設伏，全殲了秦國軍隊，俘虜了秦軍統帥孟明視、白乙丙、西乞術三人，打成了中國歷史上第一場大規模殲滅戰。

在崤之戰結束後，晉國軍隊押解俘虜回國。晉文公的夫人文嬴本是秦穆公的女兒，便打算援救秦國俘虜。她乙太夫人的身分，請晉襄公釋放孟明視等三人，認爲應該把這三人送回國內，讓秦穆公來處置他們，以此維護秦晉兩國的友好關係。晉襄公聽從了文嬴的建議，將秦軍三個主將釋放。孟明視等人急忙逃回，連囚服都沒有更換。先軫得知此事，連忙去見晉襄公，質問俘虜下落。晉襄公以實相告，先軫異常氣憤，當面斥責晉襄公："武將們費盡力氣才在戰場上擒獲敵人，可是婦人說了幾句話，就馬上把他們釋放了。這是長他人的志氣，滅自己的威風，晉國早晚毀在你手!"說完，先軫還覺得不解氣，當面啐了晉襄公一口。晉襄公如夢方醒，派人去追孟明視等人，但是這三個人早已上了渡船，越過黃河回秦國去了。

先軫氣急敗壞之下，出言辱及太夫人文嬴，又當面啐了晉襄公，這都是極爲失禮的行爲。事後晉襄公並未責備先軫，但是先軫深知自己這麼做是亂了君臣上下的規矩，絕不能成爲卿大夫的表率，因此深深自責。

西元前627年八月，北方的少數民族狄人入侵晉國，晉襄公派先軫率軍抵禦。先軫再一次發揮了出色的指揮才能，將狄人擊敗。就在戰鬥大局已定、晉軍即將勝利的時候，先軫將指揮權交給自己的兒子先且居，自己則脫掉盔甲，隻身一人駕駛戰車衝向敵軍，在亂軍之中被殺死。

戰鬥結束後，狄人把先軫的首級送歸，晉襄公等人看到先軫面色平靜，就和活著的時候一樣。

春秋時期的第一個專業統帥、傑出的軍事人才先軫，就這樣以自殺的方式結束了自己的生命。先軫的死，也是當時人們重視榮譽、信念更甚於生命的一種表現。

132

孫武是戰功赫赫的將領嗎

即使是對軍事史再不瞭解的人，也會聽說過《孫子兵法》這本書，並會由此知道《孫子兵法》的作者——孫武。

最早明確記載孫武生平事蹟的史書就是《史記》，不過記載得非常簡略。《史記》上說孫武是齊國人，著有《兵法》十三篇。孫武在面見吳王闔閭時，闔閭讓他訓練宮女，孫武就用吳王的兩個寵妃當隊長，因訓練不力，孫武殺吳王寵妃，嚴明軍紀，終於把宮女們訓練得令行禁止。隨後，孫武和伍子胥等人幫助吳王闔閭伐楚，取得了勝利，孫武立下了一定的功勞。除此之外，沒有別的記載。

可是隨著時間的推移，關於孫武的記錄反而多起來了，孫武的父親、祖父被人找出來了，孫武還有了字，有人說他字長卿。其實，這些東西，在早期的史料中都沒有記載。在歷史上某一個時代（魏晉南北朝），中國人很喜歡編家譜，並把一些名人和自己家族扯上關係，孫武的家世就這樣被“創造”出來了。

很多人都認爲，孫武能夠寫出《孫子兵法》這樣一部影響力巨大的兵學名著，那麼孫武本人一定也是一個了不起的將軍。在現實生活中，很多以古代名將爲題材的歷史普及讀物，都把孫武當作一個著名將領來介紹，並極力誇大他在伐楚戰爭中所發揮的作用。不過正如我們前面所說，《史記》中對孫武的事蹟記載得很簡單，除了訓練宮女，就是泛泛地說，吳國能夠攻破楚國、擊敗越國、北上與齊晉爭霸，“孫子與有力焉”，而沒有說到具體的戰績。而作爲研究春秋時代最重要史料的《左傳》當中，根本就沒記載過孫武這個人。所以我們在很多文學作品中所看到的孫武的赫赫戰功，其實並沒有原始史料方面的依據。

到了東漢時期，一本名爲《吳越春秋》的書，詳細記載了吳、越兩國的歷史人物和事件。這本書裏對孫武的事蹟作了相對詳細的描述，成爲後世所有孫武故事的依據。《吳越春秋》雖然被人們當成史書來看，但是書中採用的野史傳說很多，其實有點歷史小說的色彩。對待這樣的史料，應該要慎重。

總的來說，從現有的資料中，我們很難看出孫武指揮過哪些重大戰役、取得過多少輝煌戰果。雖然我們基本能夠確定《孫子兵法》是孫武所作，但是還是要明確一點，好的軍事理論家未必能成爲好的將領。孫武的事蹟在歷史上記載很少，這很可能是因爲孫武確實沒有什麼實際的戰果，在吳國的地位也並非十分重要。歷史上眞正的孫武，除了理論上的建樹之外，恐怕稱不上特別出色的將領。

133

怎樣評說戰國名將吳起的功過是非

吳起是與孫武齊名的古代軍事家，相比於史書中語焉不詳的孫武，吳起的戰績則是有著明確記載的。可以說吳起既是一個軍事理論家，又是一個優秀將領。

吳起的生活年代是戰國初年，他是衛國人，出生地大概是今天的山東定陶。吳起年輕的時候就很想出人頭地，幹出一番大事業。吳起早年曾經去魯國，拜孔子的弟子曾子爲師。適逢齊國派兵攻魯，魯國國君有意讓吳起領兵，但是吳起的妻子是齊國人，於是魯君就在猶豫。吳起得知此事後，居然把自己的妻子殺了，以取得魯君的信任。吳起最終帶兵擊敗了齊國，但是魯君對於吳起的人品十分不齒，不再重用他。

後來，吳起老母親逝世，吳起居然不回家奔喪。吳起的老師曾子是以孝著稱的，他對吳起的這種做法十分不滿，就將吳起趕出師門。吳起在魯國混得人緣很差，只好離開魯國，來到了當時正在銳意進取的魏國，並拜孔門另一位弟子子夏爲師，但是子夏也不太看得上吳起，只是將就著收他爲徒。

此時魏國國君魏文侯正在招賢納士，聽說吳起善於用兵，但是名聲卻很壞，於是就問自己最信任的大臣李悝：“吳起這個人怎麼樣？”李悝告訴魏文侯：“吳起貪財好色，但是用兵極有手段，古時名將司馬穰苴也比不了他。”魏文侯權衡利弊之後，決定重用吳起，讓他率兵攻秦。吳起與普通士兵同吃同住，關心士兵疾苦，有了賞賜就分給下屬，還親自爲受傷的士兵吮吸瘡口，士兵們都願意爲吳起拼死作戰。吳起帶領這樣的軍隊，奪取了秦國在黃河以西的五座城池。魏文侯就任命吳起守衛河西地區，吳起連續多次將入侵的秦軍擊退。

魏文侯死後，魏武侯即位。吳起被魏相公叔排擠，不得已離開魏國，前往楚國。楚悼王知道吳起是個人才，就重用他，讓他主持楚國的變法改革。吳起借鑒魏國改革的經驗，在楚國推行新法，廢除舊貴族的特權，裁撤不必要職位，以節省的錢糧供養戰士。於是楚國強大起來，對外征戰取得了很多勝利。但是吳起的改革也損害了舊貴族的利益，他們時刻想著報復吳起。終於在楚悼王去世之後，一起發難，殺害了吳起。

吳起的一生頗爲坎坷，最後也不得善終。按照傳統儒家的觀點，吳起在道德上是一個不合格的人。以我們今天的眼光來看，吳起“殺妻求將”的故事，也反映出這個人有著很強的功利心。不過吳起在軍事上的才能確實非常出色，一生戰功赫赫，而且在政治上還很有作爲，是戰國早期法家的代表人物。吳起還留下了一部非常有名的著作《吳子兵法》，曾經一度與《孫子兵法》齊名，不過《吳子》留傳至今的篇章很少，所以影響力有限。

134

孫臏和龐涓有過怎樣的恩怨

孫臏和龐涓是先秦時代的兩個著名人物，他們兩人之間的恩怨也是各種文藝作品中常見的題材。孫臏是齊國人，孫武的後代，活動於戰國前中期。龐涓是魏國人，與孫臏是同學關係。

傳說孫臏和龐涓都拜鬼谷子爲師，但是鬼谷子這個人在歷史上太過撲朔迷離，也許鬼谷子不是人名，而是一個學派名，或者是地名。孫臏和龐涓是不是眞的拜在鬼谷子門下，我們也不好肯定。

龐涓先學成下山，來到家鄉魏國，取得了魏惠王的信任。魏惠王讓龐涓當了將軍，龐涓訓練軍隊，打敗了很多諸侯，由此名聞天下。

但是龐涓知道孫臏的才能在自己之上，將來會成爲自己的威脅。於是龐涓將孫臏騙到魏國，說是要向魏王引見他。但背地裏，龐涓卻誣陷孫臏暗中勾結齊國，意圖對魏國不利。魏惠王一怒之下，將孫臏處以“臏刑”（即挖去膝蓋骨）。從這裏可以看出，孫臏可能本名並不叫“孫臏”，是因爲受了臏刑，人們才稱他爲孫臏。

龐涓還想從孫臏那裏弄到《孫子兵法》，但是孫臏識破了龐涓的陰謀，沒有讓他得逞。

後來齊國使者來到魏國，孫臏趁機與齊國使者謀面，以自己的才學說動了使者，被使者偷偷送回齊國。

孫臏到了齊國之後，和將軍田忌成爲朋友。田忌和齊威王都以賽馬爲樂，賽馬時一般都賽三場，分上、中、下三等，田忌的馬一場都贏不了。孫臏經過觀察，認爲田忌雖然都輸了，但是每一場輸得並不多，就建議田忌以下等馬對齊威王的上等馬，而以上等馬對齊威王的中等馬，中等馬則對齊威王的下等馬。結果田忌贏了兩場。齊威王得知田忌獲勝的原因之後，也重用孫臏，以孫臏爲軍師，和田忌一起統率軍隊。

西元前354年，魏國派龐涓率軍攻趙，趙國向齊國求救。齊威王以田忌爲大將，率軍救趙。田忌接受孫臏的建議，不直接救援趙國，而是派兵深入魏國境內，調動龐涓回援，結果齊軍在桂陵設伏擊敗了魏軍，這就是“圍魏救趙”的故事。

西元前342年，龐涓又帶兵攻打韓國，韓國同樣向齊國求救。這次孫臏故伎重施，再一次率軍直趨魏都大梁，吸引龐涓回援。孫臏還採用減灶誘敵的辦法，使龐涓誤認爲齊軍膽怯逃亡，於是丟棄大部隊和輜重，只帶精兵前進，終於在馬陵進入了齊軍的包圍圈。齊軍萬弩齊發，龐涓自知無路可逃，於是拔劍自刎。孫臏與龐涓的恩怨，終於了結。

此後孫臏沒有再參加大規模的戰鬥，而是潛心整理祖上留下來的《孫子兵法》。學術界普遍認爲，孫臏在《孫子兵法》的成書和流傳過程中起了重要作用。孫臏自己也寫過一部《孫臏兵法》，漢朝以後失傳，直到1972年才重新發掘出土。

135

殺人最多的將領是誰

白起畫像

古話說："一將功成萬骨枯"，名將們的戰績往往建立在犧牲無數生命的基礎之上，這就是戰爭帶來的殘酷現實。雖說有戰爭就免不了要殺人，但是說到歷史上殺人最多、最爲冷酷、毫無憐憫之心的將領，那首推戰國名將白起。

白起的祖先是楚國貴族，他自己則在秦國爲將。秦國經歷了商鞅變法之後，在秦昭王時代已經是無可爭議的第一強國。西元前294年，白起擔任秦國的左庶長，帶兵攻打韓國，取得了勝利。從此以後，白起爲秦國東征西討，立下卓越戰功，同時也給東方六國造成了巨大的損失。

我們可以羅列一下白起一生的戰績：西元前293年，在伊闕之戰中擊敗韓、魏聯軍，斬首二十四萬；西元前292年，領兵攻魏，取魏國六十一座城邑；西元前286年，攻趙，取光狼城；西元前279至前278年，率軍攻楚，攻佔楚都郢等多座城池，佔據大片土地，楚王被迫遷都到陳，楚國遭極大削弱；西元前273年，在華陽之戰中大破魏、趙聯軍，斬首十三萬，隨後又溺斃趙卒兩萬；西元前264年攻佔韓國陘城等九座城邑，斬首五萬；西元前260年，在長平擊敗趙軍主力，前後殺死趙國士兵四十五萬。

在以上這些戰役中，有明確數字記載死於白起手上的六國士兵，總數就已達百萬。而有些戰役，比如白起攻楚之戰，戰果極其輝煌，雖然沒有殺敵的具體數字，但是以白起作戰的兇狠特色，殺傷也不會少。再加上其他一些規模稍小的戰役，白起殺人的數量絕對在一百萬以上。近代有學者統計，戰國二百年間，有明確記載的死於戰場的人數是二百多萬，白起一人就占了一半。無怪乎民間稱白起爲“人屠”，而其“殺人魔王”的名號也一直流傳至今。

白起確實是中國軍事史上數得著的出色將領，他擅長指揮大軍團作戰，以消滅敵方有生力量爲目的，並不拘泥於攻佔一城一地。白起注重戰前謀劃，善於調動敵人，掌握戰場主動，追求打殲滅戰，對敵人窮追猛打，作風十分兇狠。以白起的軍事才能，加上以軍功爵位制動員起來的秦國士兵，這樣的組合，足以讓其他諸侯的軍隊聞風喪膽。

白起對於秦國統一做出了巨大貢獻，雖然在他活著的時候沒有看到滅六國的那一天，但是他卻基本摧毀了六國的有生力量。秦始皇的輝煌成就，其實可以說只是完成了摘桃子的工作。秦昭王封白起爲“武安君”，意思就是白起每戰必克，安定百姓，這是對白起極高的評價。

白起在長平之戰以後，受到秦國權相范雎的陷害。本來長平戰後，秦軍一鼓作氣，很可能攻佔趙都邯鄲，但是范雎害怕白起威望太高會超過自己，就力勸秦昭王接受趙國議和的請求，命令白起停止進兵。後來趙國並未履行議和條件，秦昭王再次命白起出征，白起認爲滅趙的時機已過，不同意出戰。秦軍進攻趙國失利，秦昭王遷怒白起，強令白起出來領兵。此時白起已經患病在身，只好帶病上陣。范雎又暗中進讒言，使秦昭王以心懷怨恨爲名，賜劍白起，令其自盡。白起死前悔悟，認爲自己殺死趙國降卒四十萬，現在是得到報應了，於是自刎而死。此時是西元前257年。

白起領兵打仗的才能可稱天下無雙，但是他的殘暴與嗜殺，也長期成爲人們譴責的對象。

136

廉頗和李牧等名將能改變趙國命運嗎

在戰國晚期，面對秦國咄咄逼人的攻勢，東方六國幾乎沒有招架之力。可是就在秦國已經顯露出統一的強勁勢頭時，趙國卻出現了很多優秀將領，並數次阻擊秦國，極大延緩了秦國兼併的步伐。

西元前269年，秦軍進攻趙國的閼與，被趙將趙奢擊敗。西元前260年的長平之戰，廉頗率軍堅守，一度也使秦軍難有進展，秦軍只好用反間計這樣的手段使趙王撤換廉頗，才能在長平擊敗趙軍。長平之戰以後，秦國又數次攻打趙國，卻被趙國名將李牧連連擊敗，最後又是使出反間計，使趙王殺了李牧，秦國才終於消滅了趙國這個有力的對手。

在戰國後期秦軍戰無不勝的整體環境下，趙國湧現出了廉頗、趙奢、李牧等名將，居然數次頂住了秦國的進攻，這在當時的抗秦鬥爭中確實是一大亮點。於是後世很多學者認爲，如果不是幾代趙王聽信讒言，撤換廉頗、李牧等名將，那麼秦國未必能夠滅趙。這種論點比較典型的是蘇洵的《六國論》，其中說到："趙嘗五戰於秦，二敗而三勝。後秦擊趙者再，李牧連卻之。洎牧以讒誅，邯鄲爲郡，惜其用武而不終也。……向使……良將猶在，則勝負之數，存亡之理，當與秦相較，或未易量。"

如果趙國一直重用廉頗、李牧等良將，那麼趙國滅亡的命運是不是就能改變呢？

其實，即便是廉頗和李牧一直得到重用，趙國滅亡也是不可避免的事情。趙國能在戰國後期極其不利的形勢下與秦國周旋，靠的是趙武靈王的“胡服騎射”改革所積攢下來的國力。趙武靈王改革之後，建立起一支強大的軍隊，並依靠這支軍隊開疆拓土，增強了趙國實力。可是趙武靈王的改革卻沒有涉及到經濟方面，趙國的經濟水準較低，基礎不牢，所以無法像秦國那樣應對長期的大規模戰爭。

長平之戰中，廉頗之所以被趙括取代，也並不僅僅只是秦國反間計的作用。廉頗率軍到達長平之後，與秦軍作戰失利，轉爲堅守，兩軍相持很久，趙國爲支持幾十萬大軍作戰，幾乎將國力耗盡。在這樣的情況下，即使長平不敗，趙國也維持不下去了，所以當時的趙孝成王才有迅速結束戰爭的想法。廉頗被撤換，可以說是形勢使然，並非只是趙王糊塗。

李牧的情況也頗有相似之處。李牧本來在北部邊境防禦匈奴，後來趙國的兵力損失很大，只好把李牧這支僅有的機動兵力調回內地，抵禦秦國。此時秦國名將白起已經去世，其他的將領居然都不是李牧的對手，接連被李牧擊敗，趙王仿照白起之例，封李牧爲趙國的武安君。但是之後不久，趙國發生大地震，又發生饑荒，趙國的國力窮竭，即使李牧不死，滅亡也是不可避免了。

廉頗、李牧等人確實稱得上是良將，尤其是李牧，他打仗的本事，似乎不遜於白起。但是個人的才能無法扭轉國家的頹勢，趙國與秦國的國力對比極不平衡，在戰爭中也完全處於被動，這就決定了僅憑幾個名將，趙國改寫不了滅亡的命運。

137

史上戰績最輝煌的將領是誰

前面介紹過殺人最多的武將白起，他的戰績在歷史上也是數一數二的。不過要說起戰績最爲輝煌的將領，恐怕白起還要讓位於韓信。

淮陰侯韓信畫像

西元前206年，韓信被劉邦拜爲大將，隨後就指揮漢軍用“明修棧道、暗渡陳倉”的辦法，迅速出兵關中，擊敗項羽封在關中的章邯、司馬欣、董翳三個諸侯王，平定三秦。

西元前205年，劉邦親率漢軍出函谷關，收服及聯合魏、韓、趙、齊等諸侯，趁項羽領兵在外之機，一起攻打楚都彭城。項羽聞訊，率軍回援，在彭城擊敗漢軍，諸侯皆叛漢附楚，劉邦倉皇逃命。韓信則收攏潰兵，在滎陽等地阻擊楚軍，使劉邦能夠安全撤回關中。

西元前205年八月，劉邦派韓信率軍攻打魏國。魏王豹在黃河渡口蒲阪（今山西永濟）佈置重兵，阻止漢軍過河。韓信在渡口陳列船隻，佈設疑兵，暗中卻帶主力部隊在夏陽（今陝西韓城）以木缸、木桶渡河，直襲魏都安邑。魏王豹措手不及，率軍迎戰，被韓信擊敗，魏王豹被俘，魏國平定。

劉邦看出了韓信開闢北方戰線的戰略意義，就派張耳領兵協助韓信，讓韓信繼續東進。九月，韓信擊敗代國，隨後就將俘獲的精兵交給劉邦，派往抗楚前線。韓信則帶著新招募的士兵繼續攻打趙國，在井陘之戰中以背水陣擊敗趙軍，滅亡趙國。又滅趙餘威，迫降燕國。這個時候，劉邦又打了敗仗，就偷偷來到韓信軍中，把主力部隊調走，繼續派到抗楚前線。

韓信只好率餘下的士兵攻打齊國。此時齊國在酈食其的遊說之下，已經決定降漢，但是韓信接受遊說之士蒯通的建議，仍然出兵攻齊。齊王田廣殺了酈食其，向楚國求救，項羽派大將龍且率軍二十萬救齊，與韓信隔濰水對峙。龍且素來輕視韓信，韓信就利用這一點，在濰水上游以沙袋堵水，並引兵佯敗，引誘龍且渡河，待龍且軍過河之時，決開沙袋，河水奔流而至，楚軍大亂。韓信乘機率軍出擊，殺死龍且，並平定齊國。劉邦封韓信爲齊王，漢軍對項羽的戰略包圍已經形成。

西元前202年，韓信又指揮了漢楚之間的最後決戰——垓下之戰，充分發揮漢軍兵力上的優勢，擊敗了項羽，取得了楚漢戰爭的勝利。

劉邦稱帝之後，忌憚韓信的才能，數次削弱韓信。西元前196年，韓信以謀反罪名，被呂后、蕭何設計殺害於未央宮，結束了傳奇名將的一生。

韓信和白起相似，一生從未打過敗仗。若單論殺敵之衆，韓信比不了白起。但是我們應該看到，白起統帥的是訓練有素的秦軍，對手的實力也往往不如自己。而韓信則是什麼樣的兵都能帶。井陘之戰前，韓信的主力都被劉邦調走，韓信只得招募幾萬新兵攻趙，也能取勝；滅齊之戰前，劉邦又將韓信的精銳部隊調走，韓信靠著剩餘兵力還能擊敗二十萬楚軍。韓信既善於發揮兵力優勢，打贏以多勝少的戰役（如垓下之戰），也擅長指揮以少勝多、以弱勝強的戰役（如井陘、濰水之戰）。白起的戰功建立在秦軍“虎狼之師”的基礎上，而相比之下韓信就更體現出以謀取勝的特點。

在漢朝建立之後，韓信還奉劉邦之命，與張良一起整理兵書，對古代兵學做出了貢獻。韓信自己還寫了一部兵法，可是因種種原因沒有傳世。綜合來看，稱韓信是古代戰績最輝煌的將領，是實至名歸的。

138

李廣爲什麼“難封”

漢代抗擊匈奴的飛將軍李廣是一個很有名氣的將領，但是他的一生卻很不得志，沒能獲得封侯的榮耀（漢高祖規定，只有劉姓皇室子孫才能封王，大臣中功勳卓著者可以封侯，所以封侯是漢代大臣的最高榮譽），難怪初唐四傑之一的王勃感歎：“馮唐易老，李廣難封。”

關於李廣爲什麼“難封”，很多人將其歸結於命運。如唐代詩人王維在他的《老將行》中寫道：“衛青不敗由天幸，李廣無功緣數奇。”李廣曾經四次領兵出擊匈

李廣畫像

奴，兩次因迷失道路無功而返，一次遇到匈奴主力導致全軍覆沒，還有一次因與友軍配合不力而被匈奴圍困，後來得友軍相助而脫險。這樣看來，李廣一生確實運氣不佳，不是出征遇不到敵人，就是遇到優勢數量的敵人，難怪打不了勝仗。還有些人認爲李廣不得志，是漢朝統治者不善於識別和使用人才，致使能人被埋沒。

實際上，李廣難封的主要原因就是指揮才能欠佳導致戰功不足。李廣的運氣也許不算太好，但是也不能說很差。李廣與匈奴作戰，曾經數次打了大敗仗，甚至有全軍覆沒自己被俘的情況，但是至少性命都保住了，而且即使因爲打敗仗丟了官，也會在不久之後被重新起用。迷失道路固然是李廣無法取得戰功的原因，可是作爲一個合格的將領，在戰前找好嚮導、瞭解地形、制定行軍路線，本也是分內之責，迷路恰恰反映出李廣的軍事素養不夠硬。

漢武帝本人對李廣也是信任有加，曾經調李廣負責他的宮廷護衛。西元前121年，李廣和張騫（即出使西域的張騫）一同率軍出擊匈奴，戰敗。戰敗的原因一是張騫的大部隊延誤了行程，沒有和李廣一起行動；二是李廣孤軍深入，陷入敵軍包圍。戰後處理結果是，張騫延誤行程是戰敗主因，論罪當死，靠贖刑免爲庶人；李廣損兵折將有罪，但是力戰敵軍有功，功過相抵，仍然擔任將軍。張騫有出使西域大功，漢武帝也十分器重此人，但是仍因戰敗獲罪，由此可見漢代律法執行還是很嚴格的，對責任的區分也很明確，並沒有誰故意難爲李廣。李廣的族兄李蔡官至丞相，就連李廣的兒子李敢也封了侯，漢武帝又怎麼會單單爲難李廣一人呢？

史載李廣作戰勇敢，騎射的本領十分高強，而且爲人忠厚，善待士卒，深得士兵愛戴。但是李廣治軍過於簡易，不重視約束隊伍，軍中紀律鬆弛，紮營時不設崗哨，文書流轉也十分混亂。士兵們跟隨李廣，不用受森嚴軍紀的約束，自然高興，但這是一種無原則的寬鬆，一味遷就士兵們的喜好。這樣的管理方式，用在任何一個組織群體中，都是極爲有害的。史書中記載李廣的軍隊遇到困境時往往驚慌失措，全要靠李廣個人的勇氣來鼓動全軍，這就是李廣治軍不嚴的惡果。

李廣雖然個人勇猛善戰，但是對於指揮大部隊卻並不在行。關於李廣的故事，更多的也是突出了個人勇武，卻少見睿智的指揮。而且李廣將自己的不得志歸因於命運，而不是想著如何總結失敗教訓、改進作戰方法。這樣一來，李廣就一直也無法進步，一次次重蹈覆轍，當然會"難封"。

139

衛青、霍去病的勝利是因爲運氣好嗎

在邊塞詩人們感慨李廣時運不濟的同時，也對同時代抗擊匈奴的名將衛青、霍去病進行品評，說他們是因爲運氣好，才能屢戰屢勝，正所謂"衛青不敗由天幸，李廣無功緣數奇"。

應該說，衛青、霍去病確實稱得上是運氣不錯。衛青本是平陽公主家奴，還是私生子的身份，地位很低。後來衛青的姊姊衛子夫嫁給漢武帝，還當上了皇后，衛青就有了外戚的身份。再經過皇帝撮合，衛青又娶了平陽公主爲妻。靠著這層關係，衛青得到了漢武帝的信任，這才有了領兵作戰的機會。

而霍去病則是衛青的外甥，他的母親是衛青的另一個姊姊。從另一個方面來看，漢武帝則是霍去病的姨父。霍去病十七歲的時候就得到了領兵作戰的機會，可謂少年

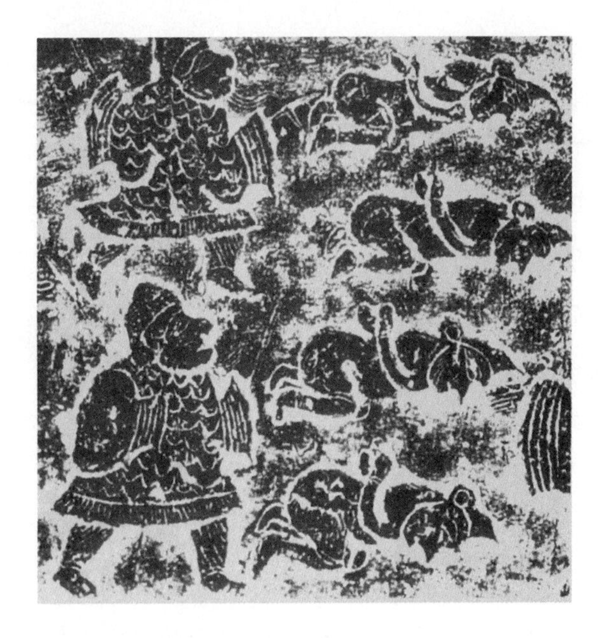

漢代畫像石中武士擒敵圖。地上跪伏著匈奴俘虜，眞實記載了漢代對匈奴戰爭的全面勝利。

得志。

然而托庇於皇后衛子夫之下，只是獲得了領兵的機會，打勝仗還是要靠自己的努力。匈奴不會因爲衛青是皇帝的小舅子就故意輸給他，更不會因爲霍去病是皇帝的外甥就棄械投降。衛青、霍去病的勝利，靠的是出色的軍事才能。

西元前129年，匈奴南下入侵，漢武帝派出四路大軍迎擊，每路一萬人。其他三路都失敗了，只有衛青這一路，不僅取勝，而且深入匈奴境內，直搗匈奴祭天的龍城，取得了一次重大勝利。西元前128年，匈奴再次南下，從雁門關入塞，又是衛青率軍三萬，擊退了匈奴。西元前127年，衛青領兵四萬，以靈活多變的戰術，奪回了具有戰略意義的河南地（即黃河河套地區），俘虜敵軍千人，獲牲畜百萬。西元前124年，衛青再次出擊匈奴，擊潰匈奴右賢王部，俘虜一萬五千人。第二年，匈奴進犯定襄（今山西定襄），衛青率軍反擊，又取得了殺敵一萬餘人的戰果。由於衛青屢立大功，漢武帝就將對匈奴作戰總指揮的職務交給了他。衛青作爲總負責人，指揮了西元前119年的漠北之戰，將匈奴趕到大漠以北，實現了漢朝對匈奴戰爭的決定性勝利。

而霍去病在西元前123年統帥八百騎兵，作爲衛青下屬的一支騎兵，參加了定襄之戰。霍去病率領這支並不龐大的部隊，深入茫茫大漠，奔襲千里，殲敵兩千多人，俘虜匈奴相國和單于叔父，殺死匈奴單于的祖父，勇冠全軍，被封“冠軍侯”。此後霍去病數次出擊匈奴，都是長途奔襲，深入匈奴境內，面對的形勢十分險惡，可是每次霍去病都能大勝而回。幾年當中，被霍去病斬殺俘虜的匈奴人，多達十幾萬，其中包括匈奴的王爺、閼氏（匈奴單于的王后妃子統稱閼氏）、王子、相國以及各類官員，最遠到達了狼居胥山（今蒙古烏蘭巴托以東）。

衛青和霍去病的戰果，遠非李廣能比。即使是某些戰鬥的勝利有運氣成分，但是屢戰屢勝，就不能簡單地用運氣來解釋了。衛青深通謀略，既擅長指揮步兵，也善於運用騎兵，作戰方法多樣，勇敢而又沉穩，是眞正的大將之才。而霍去病則擅長指揮騎兵，進行長途奔襲，其攻擊迅猛，不懼艱險，善於發現敵人的薄弱之處，進行窮追猛打。看到他們指揮的這些盪氣迴腸的大戰，再對比李廣的戰績，我們不得不說，詩人錯了：衛青不敗，靠的是實力；李廣難封，蓋因能力不足。

雖然詩人墨客們多憑弔李廣，但是歷代的著名將領則把衛青、霍去病當成楷模。尤其是霍去病說過的那句“匈奴未滅，何以家爲”的豪言以及他遠征千里、封狼居胥的英雄事蹟，更是讓將軍們熱血沸騰，也是他們不懈追求的目標。正所謂“外行看熱鬧，內行看門道”。歷代將領們的態度，也是對衛青、霍去病才能的最有分量的評價。

140

“犯強漢者，雖遠必誅”是誰說的

在說起中國歷代名將的時候，陳湯這個名字似乎不那麼耀眼，不過他的故事卻很具有傳奇色彩。

陳湯是西漢中後期的一位將領，在漢元帝時任西域都護府副校尉。當時匈奴已經發生了分裂，五個單于爭立，其中又以郅支單于最爲兇狠，而且勢力最大。郅支單于與康居（今新疆北境至俄羅斯境內）結成同盟，欺凌西域各國，還數次囚禁、殺死漢朝的使者。

西元前36年，陳湯作爲西域都護甘延壽的副手，一起出使西域。當時他們只帶了很少的護兵，可是陳湯看出郅支單于的威脅，就建議甘延壽趁其羽翼未豐之時，調集西域各國兵力討伐郅支單于。甘延壽贊同陳湯的看法，但是他要奏請朝廷批准。陳湯認爲公卿們難以統一意見，朝議必將久拖不決，可甘延壽堅持要走上奏的程序。適逢此時甘延壽生病，陳湯就用矯詔的辦法，假傳聖旨，調集漢朝邊境的屯田兵以及西域車師國的兵力，準備攻打郅支單于。甘延壽在病榻上得知此事，想要阻止，陳湯居然手握劍柄，威脅甘延壽："大軍已經集結，你小子還敢阻撓嗎？"甘延壽無奈之下，只好和陳湯帶領各族士兵四萬人，攻打匈奴。

漢軍遠端奔襲，到達康居境內，擊敗了康居的軍隊，隨後進逼郅支城（在今哈薩克斯坦境內）。郅支單于沒想到漢軍居然會攻過來，慌忙率軍抵禦，但是他只有三千兵力，並不是漢軍的對手。陳湯命令士兵圍住城池，四面放火，漢軍趁機猛攻，一舉擊殺郅支單于，殺敵一千五百，俘虜及投降者千餘。甘延壽和陳湯就派人將戰果報告給皇帝。在陳湯給皇帝的上疏中，有一留傳千古的名句："宜懸（郅支單于的）頭槁於蠻夷邸間，以示萬里，明犯強漢者，雖遠必誅！"

陳湯所指揮的重要戰役，就是這麼一場，但是這場戰役卻足以使其進入古代名將之列。戰後，關於陳湯矯詔問題，在朝堂上形成討論。朝臣大多認爲，陳湯、甘延壽矯詔出兵，是死罪；但是作戰畢竟勝利了，可以功過相抵，不賞不罰。後經劉向等人爭取，漢元帝還是赦免了陳湯的矯詔之罪，並給與封賞。

不過陳湯本人的生活作風也不是很檢點，後來又觸犯法律，一度入獄。但是在關於西域的重大問題上，漢朝君臣都願意徵詢陳湯的意見。

關於郅支城之戰，還有一些有趣的傳說。史料記載陳湯在與匈奴作戰時，遇到了一支排著密集方陣的西域步兵部隊，他們被陳湯擊敗並俘虜，陳湯把他們安排在漢朝邊境地區，並建造了一座"驪軒城"讓他們居住。匈奴是遊牧民族，沒有正規的步兵，那麼這些步兵一定來自別的民族，而其作戰方式，則類似羅馬兵團。歷史上羅馬帝國曾經派兵東征，其中一支部隊走失，不知所蹤。近現代有幾位西方學者提出，陳湯遇到的奇特步兵就是這支羅馬軍隊。後來又有考古學者到甘肅，發現了一座漢代古城，城中的骨骼明顯接近歐洲人。另有人類學者對當地的一個村落進行調查，發現該村村民具有一些白種人特徵，DNA檢測的結果也顯示其有歐洲人基因。根據這些研究，國內也有學者認可了陳湯當年遇到的就是被匈奴雇傭的羅馬軍團這一觀點，而位於甘肅永昌的這個村落，就是羅馬人的後裔。“驪靬”則是羅馬軍團的音譯。

雖然這個說法很有傳奇色彩，不過我們站在學術嚴謹性的角度來考慮，則依據不足，牽強附會之處很多。有證據表明驪軒城的建造要遠早於郅支城之戰，而所謂“歐洲人血統”，其實也可能來自於中亞。因此，這個研究成果在國內史學界遭到了普遍的質疑，我們也不應輕易相信。

141

“雲台二十八將”都有哪些人

“雲台二十八將”指的是漢光武帝劉秀麾下的二十八員大將，劉秀在他們的幫助之下，復興漢室，一統天下，建立了東漢政權。

在漢光武帝的時代，是沒有“雲台二十八將”的說法的。光武帝之後，漢明帝時期，明帝追憶當年幫助劉秀打天下的功臣宿將，擇其中功勳最著的二十八位，繪其圖像於洛陽南宮的雲台，故史稱“雲台二十八將”。後來民間又將二十八將與天上的二十八星宿對應起來，稱這些人是星宿下凡。

需要指出的是，漢光武帝劉秀本人，就是一個十分出色的軍事將領。他在消滅王莽軍主力的昆陽之戰中發揮了重要作用，而且自己也親自指揮過一些重要戰役。但是劉秀畢竟是當了皇帝，所以我們一般不在“名將”這個範圍內介紹他。

雲台二十八將是鄧禹、吳漢、賈復、寇恂、馮異、祭遵、蓋延、耿純、馬成、陳俊、傅俊、王霸、李忠、邳彤、臧宮、耿弇、岑彭、朱祐、景丹、銚期、馬武、王梁、杜茂、堅鐔、任光、萬修、劉植、劉隆。

古代版畫描繪的雲台功臣圖之一

這二十八位功臣當中，鄧禹排名第一，官職最大，但是他實際上相當於劉秀的軍師和參謀，與劉秀關係最爲密切，另外他在用人上給了劉秀很多不錯的建議，若論戰功，則比不了馮異、寇恂等人。由於劉秀本人的軍事才能也十分了得，所以二十八將中的大多數人都在劉秀的陰影之下，論名氣、論戰績，在歷史上似乎都不太突出。

當然，也有一些名將沒能列入二十八將，比如“馬革裹屍”的馬援。因爲馬援的女兒是漢明帝的皇后，地位比較特殊，所以雖然也被畫上雲台，但卻是二十八將的“編外”人員。

“雲台二十八將”帶有更多的文化意義。與西漢建立之後大肆屠殺功臣不同，東漢光武帝劉秀是一個十分寬容的君主，對待臣下也比較寬厚，君臣關係融洽，這才有了雲台二十八將。假如是劉邦、朱元璋這樣的君主，當上皇帝之後把功臣都屠殺盡了，那也不會有什麼二十八將了。

被當作功臣，將畫像留在某一地方，也被很多臣子視爲莫大的榮耀。唐朝時，唐太宗李世民就借鑒雲台二十八將的典故，將幫助他奪取天下的二十四位功臣肖像，畫於淩煙閣，這也是雲台二十八將對後世的重要影響了。

古代版畫描繪的雲台功臣圖之二

古代版畫描繪的雲台功臣圖之三

142

班超是怎樣“投筆從戎”的

班超是東漢時期著名的軍事家、外交家。班超字仲生，東漢史學家班彪之幼子，兄班固、妹班昭也都是著名史學家。班超生於西元32年，死於西元102年，正處於東漢國力較爲強盛的時期。

班超年輕時家境較爲貧寒，曾經給官府抄寫文書（在印刷術發明之前，抄寫文書也是一個常見的行業）維持生計。瑣碎的工作並沒有磨滅班超的理想，他常輟筆感歎：“大丈夫應該仿效傅抱子、張騫，立功西域，怎能一輩子從事這種抄抄寫寫的工作呢？”

西漢武帝時期，西域各國和漢朝建立起了臣屬關係。新莽時期錯誤的民族政策使很多西域國家脫離了漢朝控制，再加上匈奴重新崛起，導致東漢初年漢朝廷已經無法控制西域。西域各國曾經多次遣使入朝，請求漢朝庇護，以對抗匈奴，但是漢光武帝考慮到國家初步安定，無力顧及西域，所以都拒絕了。

漢明帝時期，班超終於得到了立功西域的機會。西元73年，大將竇固出兵攻打匈奴，班超隨軍，實現了他“投筆從戎”的夙願。班超在戰鬥中立有功勳，竇固很賞識他，就派他和郭恂出使西域。

當時西域各國多已被匈奴控制。班超和郭恂帶著三十六名屬下來到鄯善國（今新疆羅布泊西南）。鄯善王起初對班超等人禮遇有加，可是後來突然變得很冷淡。班超分析認爲，這是因爲匈奴的使者也來到了鄯善，鄯善王打算投靠匈奴了。於是班超將侍奉他們的侍者找來，問道：“匈奴使者已經過來好幾天了，他們現在住在哪裏？”侍者大驚，倉皇之中不知如何應對，被班超套出了所有情報。班超將侍者囚禁，接著就將三十六名部下召集起來，說：“我們如今遠在異國，沒有後援。匈奴使者已到鄯善，鄯善王打算投靠匈奴，就一定會把我們交給匈奴使者。”衆人知道情況危急，就說：“一切都聽您的。”班超說：“不入虎穴，不得虎子。爲今之計，只有趁夜擊殺匈奴使者，才能讓鄯善王歸附大漢。”有人建議班超和郭恂商議後再做決定，班超認爲情況緊急，要避免洩露消息。於是直接帶著三十六人到了匈奴侍者住地，以十人大聲鼓噪，迷惑敵人，其他人拿著武器埋伏在門口。班超順風放火，匈奴人大驚失色，紛紛逃散，結果被班超等人所殺。

第二天，班超請鄯善王來見，並將匈奴使者的首級展示給他。鄯善王大爲驚恐，班超趁機好言撫慰，曉之以理，鄯善王表示願意歸附漢朝，並將兒子送到長安爲質。

竇固得知班超已經成功，非常高興，就準備給他加派人手，但是班超認爲有手下三十六人足以完成任務。班超在西域活動兩年，使西域幾個較大的王國都歸附了漢朝。

西元75年，漢明帝去世，西域焉耆國趁機殺死西域都護陳睦，一些依附匈奴的西域國家也紛紛出兵作亂。班超孤立無援，但仍堅守在西域。漢章帝即位以後，便下詔調班超回國，打算放棄西域。疏勒國的一個將軍聽聞此事後，十分悲痛，居然在班超面前拔刀自刎。西域各國的百姓也都在路上挽留班超。班超最終決定繼續在西域奮戰，暫不回國，並上書漢章帝，陳述平定西域方略。

此後，班超在很少得到國內支援的情況下，運用個人能力，在西域縱橫捭闔，在西元94年，終於使西域各國都歸附漢朝。此時班超已官至西域都護，西元95年，漢朝廷又下詔封班超爲定遠侯。

班超在只動用了漢朝很少資源的情況下，收服了西域各國，並長期在此駐紮，穩定了漢朝西部邊境的形勢。東漢在開疆拓土方面的功業，遠比不了西漢，假如沒有班超，那麼東漢可能連西域都要丟掉。由此可見，班超在古代民族交流和民族融合的過程中，起了重要作用。

143

史書記載的關羽、張飛眞如小說描寫那般厲害嗎

說起歷史上的名將，人們總會想起三國時期的關羽、張飛等人。受《三國演義》和各種民間傳說的影響，很多人都認爲古代的大將就應該像關羽、張飛這樣，於百萬軍中取上將首級如探囊取物。而排兵佈陣、制定方略，應該是軍師謀士們的任務。

這種認知當然是不正確的，本書中也多次對此進行了解釋。歷史上眞實的關羽、張飛，又是什麼樣子的呢？

歷史上的關羽，是劉備集團地位最高的大將。在劉備起兵早期，不分兵則已，一旦分兵，必然是劉備自領一軍，關羽領一軍。《三國演義》中說關羽斬了華雄、顏良、文丑等名將，不過實際上，眞正死在關羽手裏的只有顏良一人。關羽過五關、斬六將的故事，也是虛構，從史書中看，關羽離開曹操的時候，曹操並沒有派人阻攔。

關雲長敗走麥城

關羽一直跟著劉備，資歷最老，屢立戰功。不過總的來說，在駐守荊州之前，關羽並沒有表現出突出的指揮才能。眞正讓關羽名震天下的是219年，他率兵北上，攻打曹操佔據的襄陽。曹操派出于禁，龐德來救，關羽水淹七軍，俘虜于禁，斬殺龐德，曹操聞訊一度商議遷都，躲避鋒芒。但是隨後，孫權派呂蒙偷襲荊州，斷了關羽的後路。關羽被孫權俘虜，並殺害。

歷史上張飛的年齡比關羽小，把關羽當成兄長。又有史料記載劉、關、張三人“恩若兄弟”，這可能就是“桃園三結義”的由來。小說中說張飛字翼德，但史書上說是“益德”。從履歷來看，張飛打過的硬仗比關羽要多。比如208年，曹操率大軍南下，收降荊州。劉備轉移時在長阪坡被曹軍先頭部隊追上，並擊敗。張飛保護劉備，在長阪坡布疑兵陣，又單槍匹馬，拒水斷橋，擋住了曹操，爲劉備逃跑贏得了時間。在劉備奪取益州的過程中，張飛攻城掠地，降服嚴顏，爲平定西川立下大功。在蜀魏漢中爭奪戰中，張飛又擊敗曹軍大將張郃，奠定了劉備集團取勝的基礎。雖然歷代學者和民衆都將張飛排在關羽後面，但是從史書記載來看，張飛立下的戰功似乎比關羽要多，表現出來的作戰才能也要強於關羽。

實際上，關羽、張飛都不是那種能夠獨當一面的大將。關羽鎮守荊州，算是一方大將了，但是結果卻是悲劇。對比同時代的一些將領，我們很難說關、張兩人的才能有多麼突出。曹軍方面的名將張遼，駐守合肥，逍遙津一戰，擊敗孫權，以幾千士兵讓孫權十萬大軍一籌莫展。孫權方面的周瑜，指揮了赤壁之戰，名留千古。在關羽、張飛的履歷當中，是找不到這樣的大戰的。總的來說，歷史上的關羽和張飛，只能算是比較優秀的將領，但即使在同時代的人當中，他們也稱不上翹楚。如果把這兩個人放在整個中國軍事史上，那地位就更微不足道了。

 144

三國時期眞正有能力的將領是哪些

三國時代大概是最爲中國人熟悉的一個歷史時代了，三國時期的猛將們，不僅在中國大受歡迎，同時也在日本等地人氣値頗高。民間對三國猛將的排名，有“一呂二趙三典韋，四關五馬六張飛”的說法。

這樣的排名，根本沒有反映出三國時期眞正的一流名將。戰爭是不可能靠武將個人的武功來打勝的，一個將領當然可以身先士卒、勇猛作戰，但是同時他也必須有著出色的指揮技巧以及敏銳的判斷力和決斷力。指揮重大戰役、取得重大戰果、對歷史進程產生重要影響，這樣的統帥才能稱爲名將。

除去曹操、諸葛亮這樣的政治人物，對三國局勢有著重要影響的將領，首先就要說孫策。孫策是東吳政權的實際建立者，他的父親孫堅只是打出了名號，而弟弟孫權則只是守業。孫策在父親死後，依附於袁術。後來孫策從袁術處借兵數千，到江東謀求發展，最終佔據了江東全境，奠定了吳國的基礎，還一度準備出兵北伐，攻取許都。孫策作戰勇敢，戰無不勝，江東百姓將之比爲楚霸王項羽，稱其爲小霸王。孫策本人在軍事上極具才能，政治上也有一定建樹，可惜早死，沒能對三國局勢發揮出更大作用。

周瑜指揮了著名的赤壁之戰，使曹操經歷了一生中最大的挫折，也對三國局勢產生了很大影響。陸遜雖然在人氣上不如周瑜，但是無論是能力還是戰績，陸遜都要強於周瑜。他在夷陵之戰擊敗劉備，又數次打敗曹魏的進攻，是東吳的頂樑柱。

魏國有威震逍遙津的張遼，以幾千兵力阻擋孫權十萬大軍。司馬懿號稱是諸葛亮的剋星，他守衛魏國西部邊境，屢次阻擋蜀軍。鄧艾是滅蜀之戰的最大功臣，他出其不意，從陰平小路偷襲成都，使蜀國滅亡，開啓了三國統一的時代。羊祜、杜預、王浚都是在滅吳過程中發揮了重要作用的，雖然他們的成功是水到渠成的，但是其能力也應肯定，作爲重新完成統一的功臣，也應劃入名將行列。只是從時代上來說，他們更應該被劃入西晉，而不是三國。

以上這些人，似乎不是大衆眼中的三國名將。但是無論怎麼說，是這些人眞正影響了三國局勢，而不是呂布、關羽這些人。

以上面說的標準來定義名將，我們發現，魏國、西晉方面的名將最多，吳國其次，蜀國最少。蜀國的關、張等人勉強稱得上是名將，但是他們的功績和影響力是比不了上面這些人的。另外姜維算得上是有些影響力的大將，可惜他屢次敗於鄧艾之手，北伐沒能取得進展，實在很難誇耀。

145

周瑜是被氣死的嗎

我們印象中的周瑜，是一個很有才能，但卻心胸狹窄的人。他處心積慮地想要除掉諸葛亮。周瑜給孫權獻計，以美人計除掉劉備，但是在諸葛亮的精心謀劃之下，劉備不僅把孫權的妹妹娶了回去，還擊敗了周瑜的追兵，使周瑜“賠了夫人又折兵”，周瑜因此被氣死，死前還憤而高呼“既生瑜，何生亮”。雖然《三國演義》中指出，周瑜忌恨諸葛亮的動機是要爲東吳除去一個威脅，而不是出於私心，但是“嫉賢妒能”這樣的評語，還是被加在了周瑜身上。

這些當然只是小說家言。周瑜是孫氏集團非常倚重的將領。小說中說，周瑜在赤壁之戰前被諸葛亮所激，遂決心抗曹。但實際上周瑜是東吳堅定的主戰派，無論對曹操還是對劉備，他都持強硬立場，根本就沒有諸葛亮智激周瑜這樣的事情。

歷史上的周瑜很有度量，志向遠大。赤壁之戰時，孫權任命周瑜爲都督，負責對曹操的作戰。當時老將程普也在周瑜帳下聽命。程普是東吳政權中資歷最老的一員大將，很早就開始跟隨孫堅了。眼見著周瑜這個小字輩居然爬到自己頭上了，當然是不太服氣。程普以老賣老，經常在各種場合嘲笑、羞辱周瑜。周瑜知道這是老將軍心裏不服氣，所以也沒有計較，反而對程普表現出應有的尊重。後來，程普對周瑜心悅誠服，再也不找麻煩了。和別人提到周瑜的時候，程普頗爲讚賞地說："與周瑜相處，就像是飲醇酒，不知不覺間，人就醉了。"

赤壁之戰以後，周瑜率軍攻打荊州地區的曹軍殘餘力量，結果在與曹仁的交戰中被弓箭射中，受了重傷，而且一直沒能痊癒。210年，益州劉璋受到漢中張魯的襲擾，被弄得焦頭爛額。周瑜覺得這是一個好機會，就上書孫權，請求攻打益州。周瑜認爲，如果攻打益州成功，就能使長江以南的土地連成一片，孫權也就有了北上和曹操抗衡的資本。孫權批准了這個計畫，派周瑜出兵。可惜天不作美，周瑜剛剛趕到江陵，準備西征的時候，卻不幸染病身亡，時年三十六歲。孫權集團西進蜀地的計畫，就此告吹。假如周瑜不死，那恐怕整個三國的形勢都會因之而變。

從周瑜的經歷來看，所謂諸葛亮三氣周瑜的說法，是沒有什麼依據的。赤壁之戰以後，諸葛亮一直在荊州南邊，主要負責徵收賦稅、供給軍資，並沒有與周瑜直接打過交道。周瑜死在荊州之後，劉備方面派人送周瑜遺體回去安葬，辦這個事情的人是龐統，也不是諸葛亮，也就是說，沒有所謂的"臥龍弔孝"，而應該是"鳳雛弔孝"。可是在小說戲曲中，爲了突出諸葛亮這個主角，就只好去醜化周瑜了。

146

祖逖的北伐爲什麼不能成功

祖逖是東晉將領，在歷史上知名度很高。他生於266年，年輕時性格曠達，輕財好施，但是不喜讀書。十四五歲時，祖逖才開始發奮學習，與好友劉琨一起聞雞起舞，傳下佳話。

西晉滅吳實現統一之後，只維持了短暫的安定局面，統治者內部爲爭奪權力爆發了“八王之亂”。匈奴、鮮卑、羯、氐、羌等少數民族政權紛紛崛起，入侵中原，殘殺百姓，導致天下大亂，史稱“五胡亂華”。中原士民爲躲避戰亂南下，祖逖被推爲首領，帶領大家南下，在流民中贏得了很高的威望。東晉皇族司馬睿（即後來的東晉元帝）任命祖逖爲徐州刺史，後來又移居京口（今江蘇鎭江）。

南遷的流民時刻思念北方故土，祖逖也希望能夠北伐收服失地。313年，祖逖上書司馬睿，請求北伐。司馬睿一心想在江南經營自己的勢力，於是只給了祖逖一千士兵和三千匹布，讓他去北方自行招募士兵。祖逖帶著部下渡江北上，在中流擊楫發誓：“祖逖如不能克復中原收復故土，就有如這長江一樣，有去無回！”大家受到他的感染，都豪情萬丈。

祖逖來到北方之後，一邊冶鑄兵器，一邊招募流民爲兵，得兩千餘人。316年，西晉滅亡，司馬睿在建康（今南京）正式稱帝，建立東晉。祖逖也加緊了他的北伐大業。北方因戰亂，很多豪強地主修築塢堡，割據一方。祖逖攻打、收服了這些塢堡，並數次擊敗了羯族人石勒所建立的後趙政權。祖逖的北伐軍在作戰中不斷壯大，成爲石勒的勁敵。到321年，祖逖已經收復了黃河以南的很多地區，並開始經營虎牢關。

但是東晉朝廷卻懼怕祖逖的威望太高，不好控制，便派出戴淵爲都督兗豫雍冀並司六州軍事，坐鎭合肥，主持北伐。戴淵是南方人，對北伐並不積極，晉元帝的這個安排，主要是針對大將王敦。此時王敦與朝廷的矛盾逐漸加深，隱隱有分裂之勢。祖逖看到這些情況，感到北伐大業難成，憂慮之下，在322年病死。祖逖死後，他所收服的土地又再次被石勒攻佔。

客觀的說，祖逖的北伐，規模並不大，取得的成果也不算出色。但是他在當時紛亂的局面下，奮力北伐，解救故土百姓，展現出了積極進取的精神，以及為國為民的信念。這些，都是留給後人的寶貴財富。

147

"不能流芳百世，也要遺臭萬年"是誰的名言

東晉政權雖偏安一隅，但是也時刻沒有放棄北伐，以收復故土。桓溫就是東晉北伐的一個著名將領，也是一代權臣。

桓溫像

桓溫生於312年，少年喪父，年輕時結交名流，逐漸打出了名聲。後經庾翼推薦，娶晉明帝之女南康長公主為妻，被晉明帝授予琅琊太守之職。

345年，桓溫率兵攻打割據四川的成漢政權。桓溫知道朝廷肯定會對自己的行動進行曠日持久的討論，所以他乾脆上表之後直接出征，朝中大臣雖多數認為此戰難以成功，但是也無法阻止了。結果桓溫用了兩年時間攻下成都，消滅了成漢政權。

平定蜀地之後，北方混亂，各割據政權互相攻伐。桓溫認爲北伐的時機已到，要求帶兵北上。但是桓溫的才能和桀驁的作風，都令東晉朝廷極不放心，於是朝廷派名士殷浩率軍北伐。但是殷浩徒有虛名，不會打仗，北伐遭到失敗。朝廷只好再派桓溫北伐。354年，桓溫率軍四萬出征。此時北方的主要對手是氐族人建立的前秦。桓溫屢次戰勝前秦軍隊，一直打到長安附近。前秦國主苻健用堅壁清野的辦法，使桓溫無法獲得糧食，最終因糧盡退兵。這一次北伐，極大地提高了桓溫的威望。

356年，桓溫第二次北伐，攻佔了舊都洛陽，修復了西晉歷代皇帝的陵墓，並請求東晉朝廷遷回舊都。但是此時，權力鬥爭內耗的惡果已經顯露。東晉朝廷認爲北方尚不安定，遷回舊都，安全得不到保障；另一方面，如果遷都洛陽，就等於進入了桓溫的勢力範圍，朝廷就會被桓溫挾制，東晉君臣當然不願意。而桓溫本人，要求朝廷回遷，固然是基於國家大計，但是也未嘗沒有借此擴大自己勢力的想法。在這樣的矛盾之下，東晉朝廷拒絕遷都，桓溫只能撤兵南歸。中原地區被鮮卑族慕容氏建立的前燕佔據。

369年，桓溫第三次北伐。這一次桓溫被前燕大將慕容垂擊敗，只得退回。

此時桓溫已盡攬東晉大權，可是他光復中原的夙願，卻已經無法實現了。無奈之下，桓溫選擇用另一種辦法來證明自己的價值，那就是篡權稱帝。桓溫曾經說過："既不能流芳百世，不足復遺臭萬載耶？"體現了這個人的獨特個性。桓溫雖然大權在握，但是支撐東晉政權的世家大族並不支持他，所以桓溫最終也沒能篡位，在373年病死。

148

南北朝時期戰績最出色的將領是誰

都說"亂世出英雄"，兩晉南北朝時期，是中國歷史上持續很久的一個分裂混亂

南北朝時期白袍戰將俑，極符合史書對陳慶之的描述。

時期，出現的優秀將領也不少。只是由於缺乏描寫這段時期的優秀文藝作品，所以這個時期的很多名將，在民間並不為人們熟知。

說起南北朝時期戰績最輝煌的將領，應該說是南梁名將陳慶之。陳慶之生於484年，出身寒微，少年時是梁武帝蕭衍的隨從。南北朝時期是中國歷史上講門第、講出身最嚴重的時代，出身不高的陳慶之長期難以獲得展現自己才能的機會。而且，和大家通常所認為的武將不同，陳慶之的武功也比較差勁，既不擅騎馬，射箭的水準也不高。到525年，陳慶之才獲得了第一次帶兵機會，展現了他的軍事才能。

在與北魏的作戰中，陳慶之屢屢以少勝多，功勳卓著，所以很快成為了一名高級將領。528年，北魏爾朱榮作亂，皇族元顥投降南梁，被梁武帝封為魏王。元顥請求梁朝出兵，助他稱帝。梁武帝半信半疑，決定派陳慶之領兵七千，協助元顥，北上進行試探。

陳慶之與元顥帶兵出征，元顥也沒指望能有什麼大的成果，只是想過一把皇帝癮，所以北上之後不久就稱帝，不打算前進了。而陳慶之繼續北上，於529年五月，攻打滎陽。魏軍調集各路兵馬，總共三十萬大軍部署在滎陽附近。準備以滎陽城的七萬守軍拖住陳慶之，然後各路兵馬將其合圍。但是包圍圈還未形成，陳慶之就攻下了滎陽。隨後，又依託滎陽城，擊敗了魏國的二十萬大軍。隨後陳慶之又率軍追擊，北魏虎牢關守將爾朱世隆不戰而逃。緊接著洛陽城也向陳慶之投降了。陳慶之就把元顥接到洛陽，讓他當了名正言順的皇帝。此後，陳慶之又在洛陽附近擊敗了魏國軍隊的反攻，還攻取了不少城池。

陳慶之以七千人的兵力，先後擊敗了魏國幾十萬大軍，還攻佔了洛陽，這樣的戰績似乎是神話。由於陳慶之和部下在作戰時皆穿白袍，於是“白袍將軍”也成了陳慶之的一個綽號。洛陽城內流傳著這樣的童謠：“名師大將莫自牢，千兵萬馬避白袍。”

陳慶之能夠取得這樣的勝利，一方面是他本人指揮有方，擅長作戰，另一方面也是利用了北魏內部混亂、洛陽周邊地區空虛的有利時機。另外，北魏方面始終認爲元顥不是什麼重大威脅，爾朱榮等率領的精銳部隊忙於平叛，也沒有與陳慶之正面交鋒。至於史書上那些衆寡懸殊的大戰，其實對魏軍的人數極可能進行了誇大。後來爾朱榮親自率軍來奪洛陽，陳慶之與之數次交戰，終因寡不敵衆，洛陽失陷。陳慶之率軍南退，遇到魏軍追擊，又遭山洪，導致部隊完全損失，最後隻身一人逃回南梁。

隨後，陳慶之繼續征戰，而且從無敗績。其間在治理地方上也頗多建樹，深爲百姓愛戴，直到539年去世。

陳慶之的軍事生涯，頗多傳奇色彩。即使他的那些勝仗有誇大成分，但是以區區七千之衆深入敵境，攻克敵國首都，這樣的戰果也足以標榜後世。據說毛澤東在讀《陳慶之傳》的時候，也不禁爲之神往。稱陳慶之爲南北朝第一名將，實至名歸。

 149

兩位門神在唐代名將中的地位如何

說起秦叔寶和尉遲敬德這兩位大將，民間幾乎無人不曉，因爲按照傳統，家家門上都會貼著他們的畫像，這兩個人就是“門神”。

秦叔寶名秦瓊，字叔寶，今山東濟南人。秦瓊本是隋朝來護兒部將，後來跟隨張須陀討伐瓦崗山，結果戰敗，張須陀戰死，秦瓊則跟隨裴仁基投降瓦崗山李密。李密失敗以後，秦瓊又和程知節（即程咬金）一起投靠王世充。因不滿王世充的爲人，

近代的門神畫

619年，秦瓊、程知節等人一起降唐，並投入李世民麾下。從此以後，秦瓊參加了唐朝歷次重大軍事行動，每戰必衝鋒在前，英勇無敵，屢立戰功。後被封爲胡公，是凌煙閣二十四功臣之一。因年輕時衝鋒陷陣受傷過多，老年的秦瓊疾病纏身，病逝於638年。

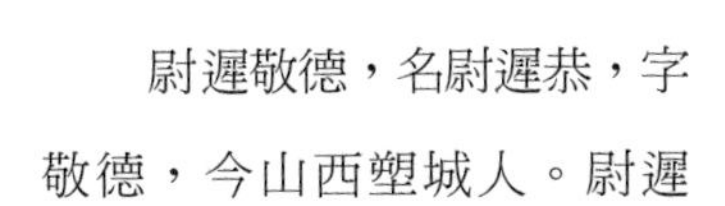

尉遲敬德，名尉遲恭，字敬德，今山西塑城人。尉遲恭本以打鐵爲生，隋末從軍，以勇武著稱。後來跟隨劉武周爲偏將，曾與宋金剛一起侵唐。620年，李世民攻打劉武周時，派人勸降尉遲恭，尉遲恭於是降唐。因尉遲恭曾經救過李世民的命，所以深得李世民信任。降唐之後，尉遲恭多次以勇將身份作戰。又參與了玄武門之變，爲李世民登上皇位立下大功。他還曾經率軍抵擋突厥。尉遲恭被封鄂公，亦位列凌煙閣。因拳打皇親李道宗，尉遲恭被李世民批評，於是晚年在家閉門謝客，倒也活得自在，於658年去世。

因秦瓊和尉遲恭驍勇善戰，所以民間逐漸將這兩人神化。其實門神自古就有，唐朝以前的門神是神荼、郁壘。到了唐朝，門神的地位就被秦瓊和尉遲恭取代了。

雖然秦瓊和尉遲恭在民間的知名度很高，但是我們將他們放在唐朝初年的衆多名將之中來品評，恐怕也難以進入一流。這兩個人都是以勇力著稱，在戰場上的主要表現就是衝鋒陷陣。但是運籌謀劃、指揮決斷，則不是他們的特點。在大多數戰役中，他們不是指揮官，至少不是主要指揮官，而是被指揮者。與李勣（李世勣）、李靖等人相比，確實不在一個級別上。而縱觀整個唐朝，將星璀璨，秦瓊、尉遲恭兩人也確實算不上太出色。總的來說，民間傳說中的英雄，和戰場上的優秀將領，未必能夠劃上等號。

150

李靖和“托塔李天王”是什麼關係

托塔李天王是中國的著名神話人物，在《封神演義》和《西遊記》中都是重要角色。在神話傳說中，托塔李天王手托寶塔，善於降妖除魔。從《西遊記》中來看，他似乎是天庭中地位最高的大將，每次出征都擔任總指揮。托塔李天王還有三個兒子：金吒、木吒、哪吒，個個也是英雄了得。

托塔李天王姓李，《封神演義》中直接說他名叫李靖，是商朝的陳塘關（今天津塘沽）總兵。而我們知道，歷史上確有一個叫李靖的唐朝名將，他是不是托塔李天王的原型呢？

李靖，字藥師，生於571年，今陝西人，是隋朝名將韓擒虎的外甥。隋末，李靖任馬邑（今山西朔縣）郡丞。隋朝太原留守李淵招兵買馬，準備起事的時候，被李靖發覺。李靖準備告發李淵，但是未能成行，即被李淵俘獲。李靖因此投降，並進入李世民幕府。

李靖在唐朝統一的過程中立有戰功，而他一生中最大的成就是指揮了唐朝消滅東突厥的戰役，俘虜了東突厥頡利可汗。他還指揮了反擊吐谷渾的戰爭。李靖還曾經官至宰相，但是顧慮到朝廷政爭之複雜，所以不久就辭官。晚年的李靖生活很低調，死於649年。李靖也是凌煙閣二十四功臣之一，有兵法《李衛公問對》傳世。

由於李靖戰功卓著，爲人又沉穩謹慎，所以在民間聲譽很高，百姓爲其建造祠堂廟宇。關於李靖的傳說也越來越多，比如唐傳奇中就有李靖與虯髯客、紅拂女之間“風塵三俠”的故事。到晚唐的時候，李靖就被慢慢神化了。

托塔天王本是佛教的形象，原指佛教“四大天王”之一的多聞天王。多聞天王的形象原爲右手托塔，左手持三叉戟，而且有一子名爲哪吒。唐朝時期，盛行對多聞天王的信仰，唐朝軍隊也多以多聞天王的形象繪製於戰旗之上。後來隨著名將李靖被神化，人們將多聞天王的形象與李靖結合起來，創造出了手托寶塔的托塔李天王形象。多聞天王的形象則演變爲手持雨傘（寓意爲風調雨順中的“雨”），並與原來的形象分離。在古代神話體系中，多聞天王作爲“四大天王”之一，與托塔李天王成爲並行存在的神話形象。

 151

唐朝名將郭子儀和李光弼爲何有不同的人生軌跡

郭子儀和李光弼同是唐代中興名將，在平定安史之亂中發揮了重要作用，可以說有再造唐朝天下的功勞。

郭子儀和李光弼的軍事才能都十分出色，戰功也同樣卓著。李光弼是經郭子儀推薦，才得到朝廷任用的，算是郭子儀的後輩。在平定叛亂的過程中，郭子儀總攬全局，主持收復了長安和洛陽，這當然是最大的功勳。而李光弼也毫不遜色，很多大仗、硬仗，其實都是在李光弼的直接指揮下打贏的。李光弼往往在面對絕對優勢的敵軍之時，仍然能夠力戰取勝。然而兩人最後的結局卻大不相同。郭子儀與皇帝結爲親家，榮寵無雙，安享晚年。李光弼則飽受猜疑，抑鬱而終。

爲什麼同是中興名將，結局卻有這麼大的差異？

安史之亂的爆發，使得唐朝皇帝重視將領專權所帶來的弊端。爲防止安史之亂再次出現，唐朝廷對於武將的猜忌與防範，遠遠大於以前，尤其是對那些立有殊勳、威高望重的武將。但是凡事皆有相對的一面，朝廷的猜忌，反而促使某些將領叛變，比如同樣在平亂中立功的僕固懷恩。郭子儀和李光弼也同樣受到朝廷猜忌，但是兩人的處理辦法大不相同。

郭子儀功勞很大，但是他從不居功自傲，而是寬厚待人，不計私仇。不僅麾下士兵敬服郭子儀，就連很多敵對的將領，也都很尊重他。回紇、土蕃等番邦將士，也都敬重郭子儀的才能與爲人。宦官魚朝恩嫉妒郭子儀的功勞與地位，數次詆毀郭子儀，但是郭子儀卻不與其計較，甚至很少主動爲自己辯解。在朝廷的猜忌之下，郭子儀一度被解除兵權，可是一旦戰事需要，他又毫無怨言地接受朝廷任命，一切以朝局的穩定爲重。這些，都爲郭子儀贏得了空前的聲望，最終也消除了朝廷對他的猜疑，得以安享天年。

若論領兵才能，李光弼甚至還在郭子儀之上。史書記載，郭子儀帶過的兵，交給李光弼統帥，軍隊面貌立刻煥然一新。人稱李光弼爲“中興第一戰功”。但是李光弼在爲人方面則不如郭子儀豁達。李光弼本是郭子儀推薦，但是他與郭子儀的關係反而不是很好，對郭子儀居於自己之上很不服氣。最後還是郭子儀用公心和坦誠感動了李光弼，二人得以精誠配合。李光弼同樣受到宦官魚朝恩等人的中傷，被朝廷猜忌。面對這種情況，李光弼的應對方法是佔據一方，幾年時間都不進京朝見，遇到朝廷的徵召也以各種理由推脫。李光弼本來治軍嚴謹，令出必行。可是由於他這種消極自保、不顧大局的行爲，使得很多部下將領對他不再信任，不聽從他的指揮。李光弼羞愧抑鬱成疾，病死時只有五十六歲。

李光弼的悲劇，首要原因當然是朝廷對功臣的無端猜忌，是專制體制下的犧牲品。而另一方面，李光弼在個人性格方面亦有欠缺。郭子儀和李光弼的鮮明對比，倒是驗證了“性格決定命運”這句話。

152

眞實的楊家將和小說裏一樣嗎

楊家將的故事，在民間流傳極廣，可謂盡人皆知。在評書界，有“金呼家，銀楊家”的說法。關於楊家將的藝術作品種類繁多，數量龐大。但是正如我們所說，民間傳說中的英雄和戰場上的優秀將領之間，未必能劃等號。歷史上眞實的楊家將，又是什麼樣子呢？

楊家將的第一代是老令公楊繼業。楊繼業在歷史上確有其人，本名楊重貴，是北漢大將，屢立戰功，人稱“楊無敵”。北漢皇帝劉崇十分欣賞楊重貴，收其爲義孫。因劉崇的孫子皆以“繼”字排輩，所以楊重貴改名劉繼業。後來宋朝滅了北漢，劉繼業降宋，改回本姓，稱楊繼業，史書上一般稱其爲楊業。

楊業在北漢期間就以抵禦契丹而出名，歸降宋朝之後，作爲邊關將領，曾經數次擊敗遼國的入侵，以至於契丹軍隊往往一見到楊業的旗號就撤軍而走。

986年，宋太宗趙光義派出三路大軍北上收復燕雲十六州。這三路軍是：曹彬率領的東路軍、田重進率領的中路軍、潘美率領的西路軍。楊業也參與了這次軍事行動，是西路軍的副將，他的主將潘美，就是潘仁美的原型。

這次出兵開始比較順利，但是隨著遼軍的反擊，中路軍遭到失敗，東路軍也因糧草不繼無法前進，宋太宗下令西路軍撤退，還要把已經攻佔的土地上的人民都遷到宋境。楊業向潘美提出，以部分兵力誘敵，主力埋伏於道旁伏擊，以掩護百姓撤退。但是監軍王侁卻嘲笑挖苦楊業膽小，楊業無奈之下只好自己去打頭陣，並囑託潘美在陳家谷埋伏。楊業與遼軍交戰，寡不敵衆，撤至陳家谷。可是由於王侁胡亂干預指揮，潘美並未在陳家谷佈置伏兵，導致楊業力戰不支被擒，後絕食而死。

戰後，潘美因失陷部將，被宋太宗貶官三級，而王侁則革職爲民。從中可以看出，潘美確實應該爲楊業的死負責，但是卻並不像小說故事中的潘仁美那樣，是存心陷害楊業。因此，所謂潘楊兩家之間的血案，實際上也是不存在的。論起身份地位，潘美也要遠高於楊業。

楊業死後，他的兒子楊延昭繼承父親遺志，駐守邊關，繼續抵禦遼國。小說中說楊延昭是楊繼業第六子，但是實際上，楊延昭是楊業的長子（也有資料說是次子）。因爲楊延昭作戰勇敢，屢次擊敗遼國的入侵，所以契丹人將其看成是天上的“六郎星”下凡，因此稱其爲“楊六郎”，後來被人誤解爲第六子。至於楊業的其他兒子，在歷史上並沒有留下多少記載。

楊延昭在邊境雖然打過不少勝仗，但總的來說他還只是一個中低級將領，並不像小說描寫的那樣是大宋朝的頂樑柱。1004年澶淵之盟簽訂，楊延昭等邊將深以爲恥，就私自帶兵追擊遼軍，攻到遼國境內而還。主戰派宰相寇准十分欣賞楊延昭，推薦他爲宋朝高陽關路的主要軍事負責人，擔負河北防禦。但是寇准不久就因主和派排擠，被罷免了宰相。主和派王若欽（即小說中王強的原型）打壓主戰將領，楊延昭抑鬱不得志，於1014年病逝，終年五十六歲。

文藝作品和傳說中，楊延昭有兩子：楊宗保和楊宗勉，而楊宗保又有一子楊文廣。很多評書裏還把楊家的故事演義到了楊家的第七、八代人。這些當然都是小說家言。按史書記載，楊延昭有三子：楊傳永、楊德政、楊文廣，其中只有三子楊文廣曾跟隨范仲淹抗擊西夏，立有功勳。楊家再往後還出過哪些人物，就於史難考了。

楊家將的故事，是在歷史記載的基礎上，經過多方面的加工所形成的。楊家確實是將門世家，爲宋朝守禦邊關，貢獻良多。但是楊家將在宋朝的地位和發揮的作用，卻被傳說誇大了不少。

153

狄青爲什麼遭到迫害

狄青字漢臣，生於1008年，是北宋仁宗時代的名將。他出身寒微，靠著戰功不斷得到提升，成了一位統帥。狄青在與西夏作戰時屢立戰功，後來又平定了廣西的儂智高叛亂，因功被提升爲樞密使，當了宋朝的最高軍事長官。但是狄青晚年極爲淒慘，屢遭朝臣中傷。1057年，還不到五十歲的狄青，就憂懼而死。

狄青的死，是一個時代的悲劇。鑒於五代十國武將割據帶來的弊端，宋朝實行以文制武之策。宋太祖曾經立下祖制，不得擅殺士大夫，與士大夫共治天下。在這樣的氛圍之下，有宋一朝，重視文化，尊重知識份子，但同時文官集團也十分囂張，處處刁難、壓制武將。樞密使雖是最高軍事長官，但是卻要由文臣擔任。狄青以武將身份擔任這個官職，明顯是侵犯了文官集團的利益。

當時以歐陽修、文彥博爲首的文官系統，用各種手段對狄青進行輿論攻擊。其實狄青爲官素來謹慎，約束自己和家人，沒有任何違法犯禁之舉。但是文官系統就是不饒他。歐陽修、文彥博等人找不到狄青的罪證，就把當年發水災歸結到狄青頭上，他們用陰陽五行的觀點，認爲水是屬陰的，兵也是屬陰的，武將更是屬陰的，正是因爲任命了狄青這個武將，所以才會有水災。宋仁宗開始還想保護狄青，說“狄青是忠臣”，可是文彥博居然回答：“太祖當年不也是周世宗的忠臣嗎？”

文官集團不僅在朝堂上排擠狄青，在民間也掀起各種謠言。狄青家有點什麼特殊情況，他們都說這是造反稱帝的前兆，甚至還有人說狄青家的狗頭上都長角了。最後狄青終於被罷免了樞密使的職務，去地方當官。即使這樣，朝廷還不放過他，時不時派人過來調查、監視。狄青終於忍受不了這樣巨大的心理壓力，最後暴病而亡。

狄青一生謹慎，深得士兵百姓愛戴，民間稱他爲武曲星下凡，是上天派來保大宋江山的。可是在文官集團眼中，這些通通都是罪名。他們認爲武將越是受愛戴，立的戰功越多，對皇位的威脅就越大。可是我們反過來想想，難道國家養武將就爲了讓他打敗仗嗎？

歐陽修、文彥博，這在歷史上都是有名的賢臣，但是所謂賢臣，在陷害武將時卻絕不手軟。他們完全是以猜忌、造謠、中傷等手段來迫害狄青。而狄青的遭遇，也不過是北宋時期武將遭遇的一個縮影罷了。

154

岳飛爲什麼會被陷害致死

岳飛是家喻戶曉的英雄人物，他冤死風波亭也被看成是古今冤案之首。在抗金鬥爭中立下大功、爲南宋政權的建立與穩固做出重要貢獻的岳飛，最後卻被以“莫須有”的罪名冤殺，實在令人憤怒和惋惜。

現在，學術界對於岳飛的問題研究已經比較透徹，岳飛被冤殺是毫無疑問的。但是岳飛被冤殺的原因，則比較複雜，我們也很難說誰應爲岳飛之死負主要責任。簡單總結一下，主要原因如下：

岳飛之所以會被冤殺，首先是因爲政治立場上的問題。岳飛作爲一個軍事將領，主張北伐當然是他一貫的立場。在當時的環境下，北伐也確實是正當的要求。可是我們要看到，對於南宋朝廷而言，北伐並不是一個好的選擇。南宋朝廷建立在江南，那麼它要想長久地統治下去，就要依靠江南本地士紳的力量。對於江南士紳而言，北伐中原並不能給他們帶來什麼好處，而成本卻要由他們來承擔，這當然是不可接受的。沒有了江南士紳的支持，宋高宗這個皇帝也就當不安穩了。何況北方的金朝展現出了強大的軍事實力，雖然岳飛取得了郾城、潁昌之戰的勝利，但是金朝的國力並未受到很大損害，金攻宋守的局面沒有根本性改變。北伐並無必勝的把握，即使收復舊都汴京，也不一定守得住。而北伐一旦失敗，南宋在江南的統治恐怕就要終結了，所以宋高宗和南宋朝廷的實權派，是反對北伐的。北伐對於他們而言，只是向金朝求和的籌碼，而不是目的。所以在金朝提出“和談必殺岳飛”的條件下，岳飛會被冤殺，也就不難理解。

其次，是南宋朝廷和宋高宗本人對岳飛的猜忌。北宋歷來有防備、迫害武將的傳統，南宋因面臨北方的巨大威脅，所以在這方面比北宋要收斂一些，但是本質不會改變。岳飛本來是很受宋高宗信任的，在南宋初幾個主要將領中，岳飛的提拔速度是最快的。但是岳飛本人卻沒能進一步爭取到皇帝的信任，他總是將“還於舊都，迎回二聖（宋徽宗、宋欽宗）”作爲自己的追求。宋高宗對於這樣的口號，當然會有所介懷。無論所謂“二聖”是否影響宋高宗的地位（實際上在殺岳飛的時候，宋徽宗早就死了好幾年了），岳飛堅持這樣的口號，無疑說明他和宋高宗並非一條心。另外，岳飛爲人正直，但是比較孤傲，曾經數次違逆皇帝的命令，甚至有時候還會鬧脾氣辭職。岳飛還會做出一些超出其武將身份的事情，比如上書朝廷談論立太子的問題，還有就是喜歡結交士大夫，自己似乎也有意進入士大夫這個圈子。這些做法，如果是放在北宋，岳飛恐怕不死也要被一擼到底了。

岳飛的所作所爲，不僅使宋高宗擔心他的忠誠，朝廷的文官集團也會感覺到威脅。隨著岳飛威望的不斷升高，文官集團更會感覺如芒在背。在這種氛圍下，秦檜作爲最後的執行者，完成了冤殺岳飛的所有工作。1141年，宋金之間簽訂“紹興和議”，正式承認了雙方的控制範圍。1142年，岳飛以“莫須有”的罪名被冤殺，時年三十九歲。

岳飛的冤死，是由南宋政權的性質和統治基礎所決定的，同時也是兩宋文官集團壓制、猜忌武將傳統的一種表現。

155

明軍最忌憚的元朝將領是誰

元朝是中國歷史上第一個完全由少數民族統治的王朝，統治中國約九十年。蒙元以戰爭立國，曾經出現過不少戰績輝煌的名將。然而像遠征到西亞、歐洲的拔都、旭烈兀等人，都建立了自己的汗國，雖然仍算是蒙古帝國體系之下，但是我們卻很難把他們算在“中國名將”的範圍之中。

由於元朝實行民族壓迫政策，所以在滅宋六十多年之後，就爆發了紅巾軍大起義。在鎮壓農民起義的過程中，元朝出現了一位讓明太祖朱元璋都十分忌憚的將領，這就是王保保，胡名擴廓帖木兒。

王保保的父親是中原漢人（元代人分四等，一等蒙古人，二等色目人，漢人爲第三等，指原金朝治下的漢、契丹、女眞等民族，原南宋境內的漢族和其他民族則爲第四等，稱南人），母親是維吾爾人（元朝時屬於色目人）。“保保”這個頗有喜感的名字，其實只是一個小名。他的舅舅是元末將領察罕帖木兒，這個舅舅同時也是他的養父。1362年，察罕帖木兒被紅巾軍降將刺殺，王保保代父職，元順帝拜其爲太尉、中書平章政事知樞密院事等職，並賜名擴廓帖木兒，這成爲他在元朝的官方名字。此後，王保保迅速平定了河南、山東等地的農民起義軍，隨後駐紮在河南，成爲元朝廷最爲倚重的一支兵力。

此時朱元璋正和陳友諒在爭奪江南，王保保並沒有利用這樣的機會率兵平定江南，而是積極參與朝廷內部的政治鬥爭。他幫助太子清除政敵，因功被封爲太傅、左丞相。

1365年，朝廷封王保保爲河南王，調集天下兵馬平江淮。但是各地擁兵自重的將領根本不聽王保保調遣，王保保便與這些將領廝殺，爭奪地盤。朝廷方面也是朝令夕改，時而幫王保保，時而幫助其他將領。1367年，元順帝削弱王保保的權力。1368年，明太祖朱元璋令徐達、常遇春北伐，直趨元大都（今北京），元順帝這才重新起用王保保，可王保保還來不及進京勤王，元順帝就放棄了大都。王保保在河北一帶與明軍交戰，擊敗了湯和，但是於大局無補。元順帝退到北方，沿用元朝年號，史稱“北元”，王保保繼續爲保衛北元政權而戰。

元朝退入草原之後，明軍數次北伐，王保保曾經被明軍擊敗，但是在1372年的明軍北伐中，王保保擊敗了明軍大將徐達，取得了一次重大勝利。後來王保保也率兵南侵，被明軍擊敗。

朱元璋很重視王保保，曾經數次派人招降，但是王保保始終不答應。朱元璋很奇怪王保保以漢人身份，爲何死心塌地爲元朝賣命。其實雖然王保保有漢人血統，但是他也認可元朝的正統地位，這種現象在當時很常見。他不認同朱元璋，也是情理之中的事。在朱元璋看來，王保保是比常遇春還要優秀的大將，並稱其爲“奇男子”，還將他的妹妹冊封爲自己的兒媳。王保保甚至出現在明初民間俗語中，如有人大吹大擂，那麼其他人就會揶揄道：“有本事就到西邊去把王保保抓來啊。”

1375年，幾乎獨立支撐元末江山的王保保病逝。他死之後不久，北元政權也在明軍的打擊之下滅亡了。

156

徐達是怎麼死的

徐達是明朝開國功臣，也是當時公認的第一大將。在整個中國軍事史上，徐達也能排得上前十。徐達字天德，是濠州鐘離（今安徽鳳陽）人，與朱元璋是老鄉。生於1332年，1353年參加農民起義軍郭子興部，歸朱元璋麾下。徐達英勇善戰，屢立大功。在幫助朱元璋奪取應天（今南京）、建立吳政權的過程中，出力頗多。在消滅陳友諒、張士誠的戰爭中，發揮了重要作用。南方穩定，他又與常遇春北伐中原，將元政權趕到草原。推翻元朝在中原的統治之後，徐達又數次遠征北元，雖曾敗於擴廓帖木兒，但是大多數情況下是取得了勝利。徐達因戰功當上了中書右丞相，封魏國公，朱元璋稱其爲“塞上長城”。

徐達像

1373年，徐達最後一次出兵北伐，取勝之後，就回到北平（元大都被明朝改稱北平），戍守邊防。1385年，徐達病死，葬於南京。朱元璋追封其爲中山王。

關於徐達的死，史書上記載是得到善終。但是在明朝中葉的文人筆記小說中，曾經記載徐達是吃了朱元璋賜的食物以後才死的。後來這一說法在清朝時得到完善，說徐達患有背疽，最怕吃河鵝，因鵝是“發物”，會促使病情發作。朱元璋懼怕徐達功高震主，就賜了蒸鵝肉給徐達，徐達含淚吃下，然後病發而死。

這個故事流傳很廣，有些嚴肅的史學作品當中也採用這種觀點。但是實際上，這一故事漏洞很多。背疽是一種背部大面積感染化膿，在沒有抗生素和手術療法的古代，背疽的確是一種難以治癒的疾病。一直到清朝，死於背疽的名人有很多，他們也未必是請不起名醫的。而患背疽不能吃鵝肉的說法，在明代中藥大典《本草綱目》中，並無記載，甚至任何一本正規的中醫典籍中都沒有這種說法。按照現代科學理論，說鵝肉能致人死地，就更是無稽之談。至於所謂的"發物"，則完全是民間的說法。

朱元璋確實是一個比較殘忍的君主，他幾乎將幫自己打天下的功臣們屠戮殆盡了。但是朱元璋殺功臣也是分階段的。在徐達去世前後，朱元璋主要的矛頭是指向以胡惟庸爲代表的文官集團。而此時北元對於明朝仍是很大的威脅，朱元璋還需要借助武將們的力量。大肆屠殺武將，則是藍玉攻滅北元之後的事了。

另一方面，朱元璋雖然殺戮甚重，但是每次殺功臣，都是走司法程序，並公開宣佈其罪狀，從沒有用過暗殺手段。而且朱元璋誅戮功臣，往往是斬草除根，牽連很多。可是徐達的後代卻繼承父親爵位，榮寵如故，這也說明徐達之死是自然死亡。

朱元璋殺戮功臣的手法雖然殘忍，但是我們也應看到，很多被殺的功臣都有結黨營私、違法亂紀、驕橫跋扈的一面，總之多多少少都能找出他們的問題。而徐達安分守己，從未居功自傲，其子孫家人也很守規矩，沒有什麼觸犯朱元璋的舉動。

所以，說徐達是被朱元璋害死，證據不足。但是這樣的說法並不是空穴來風。一個人做的壞事太多，人們就會把不是他做的壞事也安在他頭上。朱元璋殺戮功臣之多，遠超過漢高祖劉邦，人們因此懷疑功臣徐達之死與他有關，也是情理之中的事情。

157

常遇春爲什麼被稱爲"常十萬"

常遇春是明初僅次於徐達的大將，字伯仁，安徽懷遠人，生於1330年。史載常遇春長臂善射，勇力過人。元末常遇春曾聚衆落草，後來投奔朱元璋。

1356年採石磯大戰中，常遇春身先士卒，冒著箭雨登上採石磯，擊潰了元軍，爲朱元璋獲得採石之戰的勝利，立下大功。在1363年朱元璋與陳友諒的鄱陽湖大戰中，朱元璋坐艦擱淺，形勢危急。幸好常遇春趕到，射傷陳軍大將張定邊，並用自己的戰船將朱元璋坐艦撞離淺灘，救了朱元璋。1366年，朱元璋以徐達爲大將，常遇春爲副，出兵東征張士誠，並將其消滅。1367年，朱元璋又派徐達、常遇春這對“黃金組合”率軍二十五萬北伐，1368年攻佔大都，推翻了元朝的統治。

在攻佔大都之後，常遇春又率軍北上，攻佔開平，元順帝再次北逃。1369年，在回軍途中，常遇春暴病而亡，時年虛歲剛剛四十。

常遇春一生大戰無數，而且從未打過敗仗。在人們印象中，常遇春的勇猛與徐達的沉穩形成了鮮明對比，但是常遇春實際上也是有勇有謀。他善待士卒，每戰衝鋒在前，撤退時又時常爲大軍殿後，因此深得士兵愛戴。常遇春出身貧寒，關心民間疾苦，曾向朱元璋建議停止向百姓強徵軍糧，被朱元璋採納，此後朱元璋建立起了比較完善的屯田制度，減輕了百姓負擔。常遇春爲人十分豁達，他比徐達年長兩歲，卻一直居於徐達副手的位置，但是從未因此有何不滿，也服從徐達的指揮。正因爲如此，他們兩人配合，才能立下不世功勳。當時人們說起名將，總是徐達、常遇春並提。常遇春對自己的能力也很自信，曾經說過：“我能將十萬衆，橫行天下。”因此軍中稱其爲“常十萬”。

朱元璋十分信任常遇春，將常遇春比作古之名將。在得知常遇春死訊時，他悲痛萬分，親自爲其祭奠，追封其爲開平王。

158

戚繼光有哪些重要貢獻

戚繼光是明朝中期著名將領，生於1528年，字元敬，山東登州人。戚繼光可稱將門世家，他的父親就是明朝軍官。當時是明嘉靖年間，邊防形勢十分嚴峻，有所謂“南倭北虜”的問題。“南倭”指的就是東南沿海的倭寇，“北虜”則是北方的蒙古勢力。戚繼光最重要的功績，就是應對這兩個問題。

1555年，戚繼光被調到浙江，抵禦倭寇侵擾。在與倭寇的作戰中，戚繼光發現明朝衛所軍戰力不足，難堪大用。於是招募礦工、農民等，組建新軍，並對其進行嚴格訓練，安排合適的戰術，演練陣形，終於練成一支四千人左右的軍隊，人稱“戚家軍”。

1561年，倭寇大舉進犯浙江，戚繼光率軍與倭寇作戰，十三戰十三捷，消滅倭寇數千，取得重大勝利。浙江的倭患因此基本平息。

1562年，戚繼光又奉命入福建抗倭。戚繼光到任後，就攻克了倭寇的幾個老巢，倭寇稱其爲“戚老虎”。後來戚繼光爲補充兵員，暫時回到浙江，倭寇又猖獗起來。1563年，戚繼光回到福建，與俞大猷、劉顯等將領繼續攻打倭寇，連續取得勝利。到1566年，福建的倭寇也基本被掃清。

由於戚繼光在平倭戰爭中展現了出色的軍事才能，朝廷又調他北上，負責訓練邊兵。戚繼光根據北方作戰的特點，制定了車、步、騎配合、冷兵器與火器交替使用的新戰術。他在鎮守薊州期間，整頓防務，使邊軍戰鬥力大增，邊防形勢逐漸穩定。

當時朝廷內部的權力鬥爭十分激烈，戚繼光能夠一展其才能，得益於掌權的首輔張居正的支持。可是1582年張居正病死之後，戚繼光失去了朝中的有利支援，終於在1585年被免除職務，回家鄉養老，病死於1588年。

與歷史上的很多名將比起來，戚繼光的名字似乎並不是特別耀眼，但是他在中國軍事史上，理應得到更多的重視。一是因爲戚繼光抗擊倭寇，是眞正意義上的抵禦外敵侵略、保護人民的生命財產安全（當然倭寇當中也並不都是日本人），這與在內戰中取得輝煌戰績的將領相比，顯然層次要更高一些。二是戚繼光嚴格挑選兵員，對其進行系統專業的訓練，並通過合理的武器搭配和戰術隊形來發揮軍隊戰鬥力的做法，符合軍事發展規律；他以少量經過訓練的精銳部隊，對抗佔據優勢的敵人，這種精兵策略，也與西方軍事理論有相似之處。正是因爲如此，戚繼光也受到很多國外軍事史研究者的關注。戚繼光的練兵方法和帶兵思想，對後世影響深遠。晚清曾國藩等人創立勇營，就學習自戚繼光。戚繼光的《紀效新書》、《練兵實紀》等作品，也是曾國藩、李鴻章、左宗棠等晚清名臣必讀的書籍。即使是清末袁世凱編練的新軍，在編制、訓練方面完全西化，但是在帶兵思想上，仍本於戚繼光。由此可見，戚繼光確實是一位影響深遠的古代名將。

159

曾國藩爲什麼受到那麼多人的推崇

晚清重臣曾國藩，字伯涵，諡號文正，所以也稱曾文正公。他生於1811年，死於1872年，是湖南湘鄉人。曾國藩一生的主要活動就是建立湘軍，鎮壓太平天國。除此之外，曾國藩也是晚清洋務運動的主要發起者，對中國的近代化具有推動作用。曾國藩還是晚清有影響力的理學家、文學家和書法家。

曾國藩在近代受到很多名人的推崇，甚至一度作爲“完人”的代表出現。年輕時的毛澤東說過：“余於近人中，獨服曾文正公。”蔣介石參考曾國藩編練湘軍的辦法來組建軍隊，還特別重視閱讀《曾國藩家書》。爲什麼這兩位政治立場截然不同的人都那麼尊重曾國藩呢？

曾國藩像

曾國藩確實稱得上是中華傳統道德的楷模，他精通儒學，是當時很有影響的理學家，並眞正按照理學的要求來約束自己以及家人。在言行一致方面，他甚至比理學大師朱熹做得更好。而且，曾國藩對清廷的忠誠，也符合傳統士大夫的價值觀。他雖擁重兵，卻沒有割據自立之心，反而以解散大部分湘軍的方式來取信於朝廷。當然，以我們的立場，不會認爲曾國藩對清廷的忠心是什麼值得讚賞的事情，但是我們也要看到，歷史上其他朝代，大規模農民起義被鎮壓之後，往往就是中央權威喪失，地方軍閥割據，民不聊

故宮收藏的描繪曾國藩平定太平軍的壁掛件，可見清室對曾國藩的青睞。

生。而曾國藩卻阻止了這種局面的發生，使清朝迎來了一個相對穩定的時期，這應該說是曾國藩對整個民族的貢獻，而不應只看到他對清廷的忠心。

曾國藩以文人身份帶兵打仗，他的帶兵思想對後世影響深遠。他組建的湘軍，開創的勇營兵制，是中國軍事力量由古代軍隊轉變爲近現代軍隊的過渡階段。作爲洋務運動的實際開創者，曾國藩主持建立了中國第一個近代工業企業——安慶軍械所，以及近代最有影響的企業之一——江南製造總局。中國第一台蒸汽機、第一艘蒸汽動力輪船的誕生，都與曾國藩的支持密不可分。

曾國藩的另一個重要貢獻就是培養了一批近代重量級人物，像李鴻章就出自曾國藩門下，左宗棠也算得上是曾國藩一系。其實，若論維護國家主權、抵禦外敵，曾國藩比不了左宗棠；若論對中國近代化的貢獻，他又比不過李鴻章。但是左、李兩人都是曾國藩的後輩，他們的成就，也離不開曾國藩的影響。

當然，無論我們怎樣誇讚曾國藩，他畢竟也只是一個舊式官僚。他在鎮壓太平天國運動時，手段殘忍，殺戮甚重。晚年處理天津教案時，又過於軟弱，一味妥協。這都是曾國藩身上的污點。毛、蔣兩人推崇曾國藩，可以說各有原因。毛澤東當時尚且年輕，蔣介石則更多地看重曾國藩的練兵之道。今天，我們當然要肯定曾國藩的歷史地位和貢獻，但如果再把他捧爲一個“完人”，那就沒有什麼意思了。

中國人應知的

古代軍事常識

The Knowledge of Military Affairs

兵學文化

兵學文化

160

《孫子兵法》是中國最早的兵書嗎

說起最早的兵法，人們肯定會想起《孫子兵法》。在很多場合，我們也都說《孫子兵法》是中國最早的兵書，同時在全世界範圍內它也是最早的一部軍事理論著作。其實，這個“最早”，是要加一些限定條件的。

《孫子兵法》誕生之前，早已形成悠遠的兵學文化。這個時期的兵學不以謀略權詐爲務，而是一種古老的貴族武士之間遵循的行爲準則，即軍禮文化，爲周禮的組成部分。圖爲宴樂攻戰銅壺刻畫的依據軍禮進行射禮的武士。

按照一般的說法，《孫子兵法》是春秋末年孫武的作品，孫武活動於西元前500年左右，所以這部兵書的時間大概也應定在這裏（當然，也有很多人對於《孫子兵法》的作者以及成書時間有不同的意見，後文會詳細論及）。但是在《孫子兵法》書中，也會偶爾引用一些更古老的軍事著作的名字，比如《軍志》、《軍政》等等。這些軍事著作又是一些什麼樣的兵書呢？

春秋時期及其以前的戰爭，具有典型的貴族戰爭特點，諸侯國之間按照一定的規

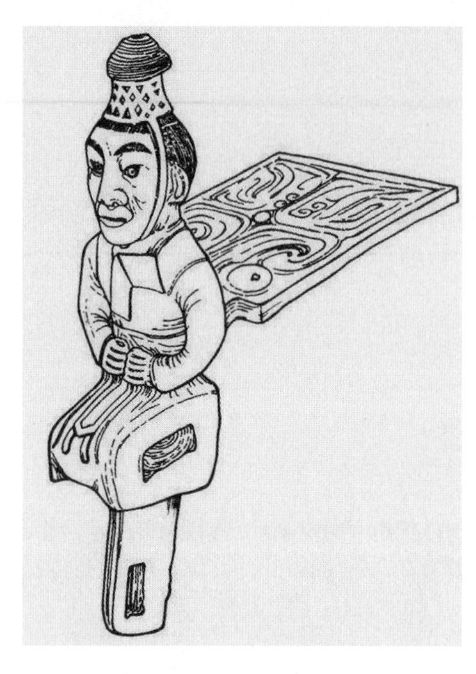
持古老軍禮軍姿的戰國時期武士銅像

則來打仗，在戰場上正面交鋒，作戰都有一定的程序。假如誰破壞了這個程序，就等於破壞了大家共同遵守的遊戲規則，後果是很嚴重的。這一整套的戰場規則，就是所謂的“軍禮”。

古代的貴族要學習六藝，六藝當中就有“禮”這一項，而“禮”當中，又有軍禮。軍禮不僅包括戰場上的規則，也包括指揮、管理軍隊的基本方法。在當時文武不分職、沒有專業將領的體制之下，貴族們經過學習之後，掌握了軍禮，就可以按照軍禮的規定，到戰場上去擔任指揮官。

《軍志》、《軍政》這一類軍事著作，就是系統講述作戰的規則、程序，以及軍隊的指揮、管理方法的書，相當於現在的作戰條令、軍事法規。正因爲這些書都是“禮”的一部分，具有程式化、教條化的特點，所以它們不可能系統地分析戰爭的性質、規律、取勝的方法等問題。

《孫子兵法》之前的這些軍事書籍，反映的是當時那個貴族戰爭時代的特色。但是隨著戰爭的規模擴大，戰爭的方式越來越複雜，“軍禮”就變成了一種過時的規定，自然就會被淘汰。所以我們現在除了在《周禮》等古代文獻中能夠看到當時貴族“軍禮”的一些痕跡外，《軍政》、《軍志》這一類作品，早已失傳了。

由此可見，從理論上說，《孫子兵法》並不是中國最早的兵書，但是《孫子兵法》卻是保存至今的最早的專業軍事理論著作，那些比它更早的軍事著作，並沒有留傳下來，而且其內容也具有很大的局限性。所以我們稱《孫子兵法》是現存最早的兵書，還是有理有據的。

161

《司馬法》是一部什麼兵書

《司馬法》是中國古代的一本著名兵書，字面意思是春秋後期齊國司馬田穰苴的兵法，但是田穰苴生活的年代比孫武還要早，爲什麼《司馬法》未能得到“最早的兵書”這一殊榮呢？

司馬是周代官職，按照周禮記載，是“六官”之一。司馬的職責是管理、組織和訓練軍隊，相當於現在的國防部長。不過需要注意的是，司馬並不等同於專職的將軍。在戰爭時期，司馬當然可以領兵，但是其他的卿大夫也同樣可以領兵，而且司馬也不一定就是軍隊的總司令。司馬要按照“軍禮”的要求來管理和訓練軍隊，所以像前面說過的《軍志》、《軍政》這一類古代兵書，就是司馬所必讀的書籍。這一類講述作戰的程序、規則，以及軍隊的典章制度的書，就統稱爲“司馬法”，我們稱其爲“古司馬兵法”。

古司馬兵法據傳是周初姜太公所作，然而根據周公“制禮作樂”的傳說，在性質上屬於軍禮的古司馬兵法，如果說是周公所作，也說得過去。其實，它是周代禮樂文化的一部分，難說具體作者是誰。

按照當代學者的建議，假如以英文來表示，那麼古司馬兵法中的“法”，應該翻譯爲“Law”，而《孫子兵法》中的“法”，則應該翻譯爲“Art”。這也可以反映兩者的不同性質。

田穰苴因爲擔任齊國司馬，因此也稱司馬穰苴。他活動於齊景公的時代，和著名的晏嬰（晏子）同殿爲臣。他曾經率軍打敗了晉國的入侵，是古人經常提起的名將。在司馬穰苴死後很多年，到了戰國時代，齊威王命令大夫們追論古代的司馬兵法，並將司馬穰苴的軍事思想也列入其中，稱爲“司馬穰苴兵法”，這就是我們今天看到的《司馬法》。

可見，作爲典章、制度的古司馬兵法與作爲一本書的《司馬法》，並不能劃上等號。古司馬兵法早已有之，而託名司馬穰苴的《司馬法》則是戰國時期成書的一本軍事著作。若論產生年代，《司馬法》當然在《孫子兵法》之後。

據史書記載，《司馬法》共有一百五十多篇，但是我們現在只能看到五篇，其他的篇章都已經散失了。《司馬法》中大量記錄了西周以及春秋前期的用兵法則，突出了那個以禮治軍時代的特點，是研究上古軍事史的重要材料。《司馬法》中也有"與時俱進"的部分，對戰國時期的軍事思想和作戰方式也有所反映。總的來說，《司馬法》在軍事上的價值，不如《孫子兵法》。甚至在《漢書·藝文志》中，《司馬法》不列入兵書，而是列入"六藝"中的禮部，稱《軍禮司馬法》，這也很恰當地表現出《司馬法》一書的性質。

162

《孫子兵法》是何時成書的

關於《孫子兵法》的作者以及成書時間問題，自古爭論很多。正如我們前面章節所講，孫武在先秦史料《左傳》、《國語》中沒有記載，只有《史記》中簡略記過幾筆，語焉不詳。孫武后代孫臏也有一部兵法，可惜沒能傳世。這些因素綜合起來，導致很多人認爲歷史上沒有孫武這個人，《孫子兵法》的作者應該是孫臏，所謂的"孫子"其實就指的是孫臏。在成書時間上，《孫子兵法》應該是戰國中期成書，書中的很多內容都有戰國時期的特點，比如書中總是提到十萬大軍，春秋時期是很少有這樣規模的軍隊的。還有人認爲《孫子兵法》是漢朝人僞造的，甚至有人說它的作者是曹操。這些爭論直到現在還在進行，很多著名的史學家，比如顧頡剛，都認爲孫子就是孫臏，《孫子兵法》是孫臏所寫。

1972年，考古學家在山東臨沂銀雀山發現一座漢代墓葬，墓主人的身份無法查明，但是墓葬的年代可以確定爲西漢早期。在隨葬品中，發現了很多竹簡，幾乎都是兵書。其中，就有《孫子兵法》。而令人驚奇的是，還有一批竹簡，是一部沒有見過的兵書，竹簡上則有“齊孫子”字樣。我們知道，歷史上的孫武活動在吳國，所以也稱“吳孫子”，而孫臏活動在齊國，因此稱“齊孫子”。這樣看來，這部竹簡兵書就是失傳已久的《孫臏兵法》。

《孫子兵法》與《孫臏兵法》的同時出土，說明歷史上的孫武和孫臏，確實是兩個人，而且各自有兵法傳世。認爲《孫子兵法》成書於春秋末期的觀點，開始占上風。

但是銀雀山漢墓出土的《孫子兵法》，依然有一些問題，比如在最後一篇《用間》篇中提到了戰國人蘇秦，這是一個很大的漏洞。很多人也就此做文章認爲《孫子兵法》成書於戰國後期，是戰國人託名孫武所作。

通過對《孫子兵法》的詳細研究，學術界基本還是認可《孫子兵法》是春秋晚期孫武的作品，但是在流傳過程中經過了很多人的修改。在先秦時期，印刷術還未發明，書籍在傳抄的過程中出現增漏等情況，也屬正常。而且古人沒有版權概念，對於古書中的詞句進行修改時，也不會加以說明。比如《孫子兵法》全篇都是講理論，只有《用間》篇中使用了舉例的方法，那麼此篇所舉的伊摯、呂牙、蘇秦等人的例子，極可能是後人在讀書時所作的注解，而不是原文的內容。從銀雀山竹簡《孫子兵法》中，我們還能看到很多春秋時期的語言習慣。比如在通行的傳世本《孫子兵法》中出現的“將軍”，在漢簡本中則大多寫作“軍將”。本書前文介紹過春秋時期無專職將軍，所以從這裏就可以看出，《孫子兵法》確實帶有春秋時期的特色。另外，書中提到了步兵、戰車，但是卻沒有一字寫到騎兵，這也說明了《孫子兵法》不可能誕生於騎兵已經普遍出現的戰國時期。

在銀雀山漢墓竹簡當中，還有一些與《孫子兵法》有關的殘篇，其中有一篇，被命名爲《吳問》，是吳王問孫武，當時的晉國六卿，哪一個先滅亡，哪一個能完全擁有晉國。孫武回答，范氏和中行氏先滅亡，智氏其次，韓氏和魏氏再次，趙氏最後會擁有晉國。從歷史進程來看，也確實是范氏、中行氏先滅亡，然後是智氏。可是智氏滅亡之後，韓、趙、魏三家分晉，趙國並沒有完全擁有晉國。從中可以看出，《吳問》篇的誕生年代，應該早於三家分晉，這也支持了《孫子兵法》成書春秋晚期的說法。

還有一些證據則表明《孫子兵法》是孫武在吳國寫成的，比如書中所描述的地形，多爲南方丘陵、水網地帶，書中明顯將越國作爲假想敵，還提到了吳越之間的矛盾。吳國在春秋末年就已經被越國所滅，如果《孫子兵法》是戰國時才寫成，那麼很難理解作者爲什麼會做這樣的內容安排。

所以總的來說，目前主流的觀點仍然認爲《孫子兵法》的著作權屬於孫武，而其成書時間則是在春秋晚期。當然，書籍在傳抄過程中經過很多人的整理與修改，我們今天看到的《孫子兵法》，很可能與原文已經大爲不同了。

163

《孫子兵法》爲什麼有那麼大的影響力

《孫子兵法》是一部有著巨大影響力的軍事理論著作，在國際上，它也成爲中國古代軍事文化的一個標誌性符號。國外的軍事史著作，即使再不重視中國，也都會說起《孫子兵法》。《孫子兵法》在世界上的影響力，已經遠遠超過軍事領域，滲透到政治、商業、國際關係等衆多行業。

爲什麼《孫子兵法》會有這麼大的影響力呢？

首先是因爲《孫子兵法》是中國軍事史上一部里程碑式的作品，它代表著中國古代的戰爭方式由崇尙“軍禮”到崇尙詭詐的轉變。《孫子兵法》繼承了古代司馬兵法的一些優秀思想，同是開創了務實、理性的戰爭思路。後代兵書，基本都以《孫子兵法》爲模仿和參照的藍本。可以說，《孫子兵法》開創了戰爭史上一個嶄新的時代，並奠定了中國傳統兵學文化的基調。

其次，是因爲《孫子兵法》的內容具有超前性。《孫子兵法》全書貫徹“捨事而言理”的風格，從理論的高度，對戰爭的性質、規律進行了探討和概括。這種方式凸顯了東方思辨哲學的特點，在世界範圍內都具有超前性。與《孫子兵法》幾乎同時、或者稍晚一些的西方世界，也有一些軍事著作產生，比如《伯羅奔尼薩斯戰爭史》、《高盧戰記》等等。但是這些著作，嚴格地說都是軍事史著作，只是側重於對戰爭過程的描述，缺乏理論上的概括，這與《孫子兵法》顯然不在一個層面上。《孫子兵法》的理論性、哲理性特點，使得它的軍事思想，到了今天仍有借鑒意義，仍不能說是過時了。在西方出現能夠達到這種程度的軍事著作，則要在近代以《戰爭論》爲代表的一批軍事理論著作誕生以後了。我國古代也有一些兵書，具體講一些排兵佈陣、行軍打仗的方法。這些兵書，在當時可能很有用，但是時代發生變化以後，它們就只有軍事史研究上的意義，而不可能對於當今的戰爭還有什麼指導作用。

再次，是孫子兵法本身的文字水準很高，語言簡潔而優美，寓意深刻而表述清晰，可稱古典漢語的代表性作品。古語有云："言之無文，行而不遠。"過於枯燥、艱澀的文章，即使內容博大精深，也難以流傳很久。

《孫子兵法》確實是中國古代最早、最優秀的軍事理論著作，即使放在全世界的範圍來看，其內容也是相當出色，地位十分重要。明代學者茅元儀曾經說過："前孫子者，孫子不遺；後孫子者，不能遺孫子。"也就是說，在《孫子兵法》之前的軍事思想精華，都被《孫子兵法》繼承；而《孫子兵法》之後的兵學著作，哪一本也離不開對《孫子兵法》的借鑒和繼承。這是對《孫子兵法》地位的最佳概括。

164

《孫子兵法》一共有多少篇

我們現在看到的《孫子兵法》，一共有十三篇，按照《史記》的記載，也是十三篇。我們現在也常把"孫子十三篇"當做《孫子兵法》的另一個稱呼。但是在《漢書》的《藝文志》當中，則又記載了《孫子兵法》有八十二篇，這是怎麼回事呢？

雖然是一部重要的軍事理論著作，但是《孫子兵法》的篇幅卻並不大，只有五六千字。自古都有很多人認爲，這樣優秀的作品，一定是卷帙浩繁的鴻篇巨制。現在我們看到的區區十三篇，應該不是《孫子兵法》的全貌。正因爲如此，《孫子兵法》有八十二篇之說，才得到了很多人的認可。

《史記》是西漢時期成書，而《漢書》則是東漢時期成書，《史記》的時間顯然更早。也就是說，司馬遷看到的《孫子兵法》就是十三篇，而到了班固的時候，卻有了八十二篇之多。從材料的先後順序來看，我們更應該採信的是司馬遷的觀點。

銀雀山漢墓出土的漢簡《孫子兵法》，也寫有"十三扁（篇）"字樣，因此我們可以斷定，在西漢初年，《孫子兵法》就是十三篇。

那麼爲什麼又會有八十二篇之說呢？在銀雀山出土的竹簡當中，除了《吳孫子》十三篇之外，還有一些與《孫子兵法》有關的篇章，共發現了四篇。學者們分別命名爲《吳問》、《四變》、《黃帝伐赤帝》、《地形二》。從其他殘簡來看，與《孫子兵法》相關的篇章，還不止這四篇，只是其他的已經無法辨識。這些篇章，應該就是《漢書‧藝文志》中所說的"八十二篇"。

這些與原書相關，但又明顯有區別的篇章，是後世人們所添加的。他們或許是孫武的弟子，或許是其他對軍事有所研究的人物。他們不斷地將自己的作品加入到孫子的名下，使得《孫子兵法》由十三篇而膨脹到了八十二篇。在司馬遷的時代，人們能夠明確區分哪些篇章是孫子的手筆，哪些是別人添加，銀雀山漢簡中也能將"十三篇"單獨列出。到了班固的時代，可能是出於對文獻完整錄入的考慮，班固將所有篇目都錄入《藝文志》中，就形成了"八十二篇"的說法。其實當時人們依然能夠認識到這些託名孫子的篇目中，哪些是眞、哪些是假。起碼曹操就能分辨，所以才給十三篇做注。

所謂的《孫子兵法》"八十二篇"，其實水準參差不齊，與原來的十三篇也難以形成一個完善的邏輯體系，所以後來大多失傳。要不是在銀雀山發掘出了其中的幾篇，我們恐怕永遠不知道"八十二篇"是什麼樣子。

雖然對於"八十二篇"的問題，我們已經瞭解得比較詳細，但是仍有人認爲孫子所做的兵法有八十二篇，篇幅起碼有十幾萬字。其實，一本書有多大篇幅，也是與當時的生產力相適應的。在先秦典籍中，《老子》只有五千字，《論語》也不過萬把字。到了戰國晚期，一些十萬字左右篇幅的巨著才能出現。《孫子兵法》共五六千字，恰是與春秋晚期的實際情況相符合的。

165

十一家注《孫子兵法》是指哪十一家

在《孫子兵法》的各種版本中，“十一家注”本是很重要的權威版本。研究《孫子兵法》的人，如果不瞭解“十一家注《孫子》”，那就算不上專業。

十一家注《孫子兵法》是在《孫子兵法》的流傳過程中逐漸形成的，是由從漢末到南宋時期的十一位著名軍事家或者學者對孫子兵法進行注解的作品。這十一位軍事家和學者是：曹操、孟氏、李筌、賈林、杜佑、杜牧、陳皞、梅堯臣、王晳、何氏、張預。

在這些注家當中，曹操自然大名鼎鼎，同樣作爲軍事家，曹操的注解最能切中原文含義，而且又能根據自身的軍事經驗進行發揮，可稱是各注家中最優的。到現在，還有單獨的曹操注《孫子兵法》傳世。

孟氏其人的基本情況不明，大概爲南北朝時期南梁人氏，他的注解雖然時代較早，但是比較簡略，影響也很有限。

李筌是唐朝人，其生平在正史中記載不詳，曾潛心鑽研道教，對於兵法也頗有研究，自著《陰符經疏》與《太白陰經》等兵書，他認爲曹操的注解錯誤很多，所以重新爲《孫子》做注解。

賈林也是唐朝人，曾經當過昭義軍節度使李抱眞的門客。他的注解也比較簡略。

杜佑並沒有單獨注過《孫子兵法》，他的注，是其著作《通典》中的一部分。杜牧是杜佑之孫，晚唐著名詩人，他的注解是曹操之外影響最大的。但是杜牧畢竟是一個文人，沒有實戰經驗，他的注解當中，錯誤也很多。

陳皞也是晚唐人，生平不詳。他的注解似乎是在和杜牧過不去，很多地方都在挑杜牧的錯，其實他的水準不如杜牧高，更達不到曹操的程度。

各種版本的《孫子兵法》

王皙是北宋仁宗時期的人，生平不詳。他的注解，影響力亦不是很大。

梅堯臣也是北宋人，與歐陽修同時代，兩人還是好友。歐陽修很推崇梅堯臣爲《孫子》做的注解。梅堯臣的注解，雖不及曹操，但與杜牧相比也是各有千秋。

何氏，姓名不詳，應該比梅堯臣略晚，注解簡略，水準一般。

張預，南宋人，著有《十七史百將傳》。他的注解援引戰例，自成一格，也是比較有價值的。

將十一家的注解輯錄在一起，是由南宋時期的吉天保完成的，記錄在《宋史．藝文志》中。

166

《孫子兵法》是何時傳播到國外的

《孫子兵法》作爲一部具有世界級影響力的兵學名著，它很早就走出國門，邁向世界了。

最早將孫子兵法傳播到海外的，還是我們的近鄰日本。日本在白江口之戰敗給唐朝以後，派遣了很多次遣唐使，到中國來學習。在第八次遣唐使中，出了兩位很有影響的人物。其一是阿倍仲麻呂（中國名晁衡），他熟知中國文化，與當時的很多大詩人都是好友，是一個在中日交流史上很有影響的人物。與阿倍仲麻呂同時來到中國的吉備眞備，則出身軍人世家，比較注重致用的學問。他拜趙玄默爲師，學習十七年，精通六藝，熟悉兵法。734年，吉備眞備帶著從中國買來的很多珍貴書籍，回到日本。吉備眞備帶回的書籍中，就有《孫子兵法》等數種兵書。吉備眞備在日本講授《孫子兵法》等兵書，使《孫子兵法》在日本逐漸流傳開來。最早在日本流傳的《孫子兵法》，都是漢字本，直到1660年才出現日文譯本。

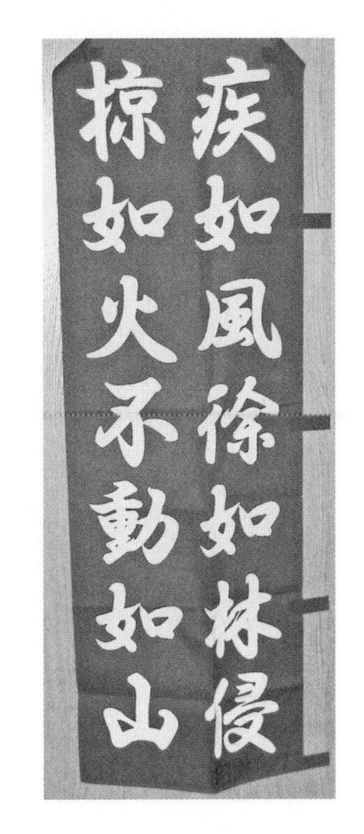

武田信玄的帥旗選定《孫子兵法》名言做軍徽，即日本歷史上赫赫有名的風林火山軍旗。

《孫子兵法》在西方的傳播，則開始於1772年。法國神父約瑟夫·阿密歐在巴黎出版了法文本《中國軍事藝術》叢書，其中的第二部就是《孫子兵法》。1905年，《孫子兵法》英譯本出現。1910年，《孫子兵法》又有了德譯本。

《孫子兵法》在國外傳播的過程中，得到了世界各國軍事家的認可，並都給與了較高的評價。在日本德川幕府時代，研究《孫子兵法》的學者，就多達五十餘家。近現代歐美學者，如利德爾·哈特、約翰·柯林斯等人，也都十分推崇《孫子兵法》。

現在，《孫子兵法》的譯本幾乎已經涵蓋了全世界所有的重要語種。《孫子兵法》已經眞正成爲了在世界範圍內有重大影響力的軍事著作，並成爲東方兵學文化的典型代表。

167

孫子“吳宮教戰”的故事蘊涵了什麼思想

據《史記》記載，孫武拿著他的兵法去見吳王闔閭，闔閭說：“你的兵法我已經看過了，能不能運用一下，試著給我訓練士兵？”孫武說：“可以。”吳王闔閭又問：“能不能訓練女兵呢？”孫武說：“可以。”於是吳王闔閭就選了一百八十名宮女，交給孫武訓練。孫武把她們分爲兩隊，選出吳王寵愛的兩個妃子來擔任隊長。孫武告訴她們軍中的紀律，然後就對她們下命令。宮女們都嬉笑打鬧，不聽號令。孫武說：“約束不明，申令不熟，將之罪也。”於是三令五申，可是宮女們仍然不聽號令。孫武說：“命令已經三令五申，軍隊仍然無法執行，那就是下面官吏的罪了。”就命令軍法官將兩個隊長斬首。吳王派人求情，孫武說：“將在軍，君命有所不受。”還是將這兩個寵妃殺了。宮女們全被震懾住了，都變得規規矩矩，令行禁止。吳王闔閭卻不太高興，不想用孫武，不過最終還是從大局出發，任用孫武爲將。

這個“吳宮教戰”的故事，反映了先秦時期以孫武爲代表的軍事家們，非常重視軍隊的訓練與嚴明的紀律，並將其作爲軍隊戰鬥力的保障。美國學者傑佛瑞·派克認爲，古代世界有兩個地區非常重視軍隊的訓練和紀律，其一是古希臘，另一個就是中國，其依據就是孫武“吳宮教戰”這個故事。

故事中孫武不顧吳王闔閭的求情，堅持斬殺兩個寵妃，這表明當時的軍事家們，對於軍法的維護是十分堅定的。他們明確提出“君命有所不受”的觀點，強調將領的前線自主權，而吳王闔閭也認可了這種觀點。可見在先秦時期，這種思想是被君主們普遍接受的。但是到了後世，君主們卻不喜歡這樣的思想，他們用各種手段控制將領，甚至還出現了臨戰授予將領陣圖，要求其必須嚴格按照陣圖作戰的情況。這也導致了中華文明的主調由剛強、堅韌逐漸轉向了文弱。

雖然孫武殺死吳王寵妃是爲了維護軍紀，但是這種狠辣的作風，也顯示孫武本人是一個比較殘酷的人，缺少人文關懷。隨著考古資料的出土，這種判斷發生了動搖。在銀雀山漢簡中，出土了一篇同樣描寫吳宮教戰的文章，被命名爲《見吳王》。此篇大部分內容與《史記》記載相似，只是補充了一些細節。《見吳王》中，孫武向吳王講了一些用兵的理論，並認爲任何人都能訓練成士兵。吳王就讓孫武訓練女兵，孫武回答："我不願意訓練女兵。"吳王闔閭不滿意，認爲孫武前面的話都是自誇。孫武無奈之下，說："讓婦人上戰場打仗，是很不人道的，但是既然大王您一定這樣要求，那我就只好訓練她們了。"這樣，孫武才開始訓練宮女，於是就發生了後面的事。漢簡的這篇文章，顯示孫武是一個很講道理的人，也不缺乏人文關懷。他在吳王的一再要求下，爲了證明自己所言非虛，才不得已用嚴酷的軍法來訓練宮女。這正反映了中國兵家"自古知兵非好戰"的特點。

一個小小的故事，背後卻有這麼豐富的軍事思想，可見我們傳統文化之博大精深。

168

什麼是《武經七書》

中國古代兵學文化發達，據當代學者統計，見諸史書的兵學著作有三千多部，全部或部分保留下來的也有兩千餘部。這麼多的兵書，水準當然參差不齊。其中，哪些是最有價值的，哪些影響力是最大的？

北宋時期，面對北方少數民族政權的巨大壓力，政府對於兵學十分重視。爲了選拔、培養、教育武將，宋神宗時期，皇帝頒佈命令，選取幾部優秀的兵書，用來當作官方的軍事教材，便於將領們學習。國子監組織人力、物力對七部兵書進行了整理、校訂工作，用了三年時間，終於完成。校訂後的七部兵書以叢書的方式發行，命名爲《武經七書》。

《武經七書》包括：《孫子兵法》、《吳子》、《司馬法》、《尉繚子》、《六韜》、《三略》、《李衛公問對》。在這七部兵書中，前面五種是先秦時期兵書，《三略》是西漢兵書，《李衛公問對》則是唐代兵書（也可能是宋代人僞造）。

《孫子兵法》的詳細情況我們已做了介紹。《吳子》據傳爲吳起所作，現僅存六篇。《司馬法》前面亦介紹過。《尉繚子》據說爲戰國時尉繚所作。《六韜》託名於姜太公之手。《三略》又稱《黃石公三略》，據傳是黃石公授予張良的。《李衛公問對》全稱《唐太宗李衛公問對》，據說是李靖的作品，記錄了唐太宗與李靖兩人對軍事問題的談話。

列入《武經七書》的這七部兵書，可以說是古代（宋朝以前）各種兵書中的精華，是水準最高、價值最大的。《武經七書》刊行之後，在兩宋、明、清時期都得到了官方和民間的高度重視，研究者衆多，很多將領也都要學習。在中國古代衆多兵書中，《武經七書》這一套書，是影響力最大的。

169

《武經七書》中爲何沒有《孫臏兵法》

孫臏是戰國軍事家，他所著的《孫臏兵法》也是先秦時期的一部有名的兵書。不過在宋代編定的官方兵學教材《武經七書》中，卻沒有《孫臏兵法》，這是什麼原因呢？

《孫臏兵法》在漢代人的著作中還可以看到，但是漢代以後，則失傳了。到了宋代，已經有不少人懷疑孫武和孫臏是同一個人，《孫子兵法》就是孫臏的作品，也沒有一部所謂的《孫臏兵法》。正是因爲《孫臏兵法》的長期失傳，宋代人不知道有這麼一本書，所以才沒有將其列入《武經七書》當中。

到了1972年，我們的考古工作者才在銀雀山漢墓發現了失傳已久的《孫臏兵法》。《孫臏兵法》在一些具體問題的闡述方面，比《孫子兵法》有所深入，但是總的來說沒有《孫子兵法》那樣的邏輯性和哲理性，語言文字的水準也遠不如《孫子兵法》。先秦時期很多優秀兵書都能留傳後世，而《孫臏兵法》卻失傳了，除了方方面面的原因之外，《孫臏兵法》本身的水準不是很高，被“自然淘汰”，也是一個重要原因。

《孫臏兵法》未能留傳到宋朝，導致《武經七書》中沒有它的一席之地。不過，即使《孫臏兵法》能夠留傳，恐怕《武經七書》也未必能變成“武經八書”。

170

古代的兵書怎樣分類

古代的兵學著作甚多，如何對這些兵書進行有效的分類，是一個大問題。由東漢班固在《漢書·藝文志》中使用的分類方法，是古代最有影響的兵書分類法。

班固繼承和發展了劉向、劉歆父子的《七略》，將當時所有的圖書分爲六個大類（《七略》也是將書籍分爲六大類，另加一個總論性質的《輯略》），分別是：六藝、諸子、詩賦、兵書、數術、方技。其中的兵書類，又分四大類：兵權謀家、兵形勢家、兵陰陽家、兵技巧家。

兵權謀家，就是“以正守國，以奇用兵，先計而後戰，兼形勢，包陰陽，用技巧者也”。可見，權謀家注重從整體上去把握治國用兵的方法，同時兼收兵形勢、兵陰陽、兵技巧各家的優點。《孫子兵法》、《孫臏兵法》、《吳子》都屬於兵權謀家。

兵形勢家，是“雷動風舉，後發而先至，離合背鄉，變化無常，以輕疾制敵者也”。兵形勢家注重的是軍隊在戰場上的部署、機動、變化。《尉繚子》被列入兵形勢家，但是從今本《尉繚子》中，我們很難看出它有哪些兵形勢家的特點。

兵陰陽家，是“順時而發，推刑德，隨鬥擊，因五勝，假鬼神而爲助者也”。兵陰陽家是利用陰陽五行相生相剋的觀點，來指揮作戰的。這樣看來，這一類兵書帶有很大的迷信色彩，似乎不足取。但是我們也應該看到，陰陽理論包含了古人對於天候變化規律的一種樸素的認知，也涉及到地形地貌對戰爭的影響，所以也有一定的價值。列入兵陰陽家的，有《太一兵法》、《黃帝》、《神農兵法》等等，確實都顯得有些神秘。

兵技巧家，是“習手足，便器械，積機關，以立攻守之勝者也”。兵技巧家就是詳細講解戰鬥技巧、器械的使用以及武器搭配的一類兵書。這類兵書中，有講弓箭使用的，有講格鬥之術的，也有講水戰的。這類兵書完全著眼於具體的操作層面，如果說兵權謀家講的是“道”，那麼兵技巧家講的就是“器”。隨著武器裝備、戰爭方式的改變，這些作戰的技巧，都很容易過時。對比而言，兵技巧家不可能像《孫子兵法》那樣，直到今天還有普遍的指導意義，我們也不可能用冷兵器時代的戰鬥方式來指揮現代戰爭。也正是這樣的原因，導致兵技巧家大多數都被淘汰，沒能留傳下來。其實，兵技巧家對於我們今天的軍事史研究很有意義。目前，在軍事史研究中，像西方軍事史學者復原西方古代戰爭那樣，精細地復原我們古代的戰爭，仍然難有大的進展，這與兵技巧家的失傳，也有很大關係。

171

《尉繚子》的作者是誰

《尉繚子》是先秦時期的著名兵書，也是《武經七書》之一。關於《尉繚子》的作者，歷來有各種不同爭論。

從現存《尉繚子》來看，開篇就是梁惠王（即魏惠王）向尉繚子發問，那麼尉繚子應該是戰國時期的魏國人，生活在魏惠王（西元前369~前319年）時代。可是也有人從史書中發現，秦始皇手下也有一個尉繚，是從魏國都城大梁來到秦國的。那麼《尉繚子》的作者，到底是魏國的尉繚，還是秦國的尉繚呢？

《尉繚子》書中，主張明確法令，以法治軍，明確指出，打仗，依靠的是國家的經濟基礎，所以要鼓勵人民努力耕作，生產更多糧食，還提出以賞罰手段鼓勵士兵奮勇作戰。這些觀點，的確很像法家的主張，而且與秦國的政策也有相似之處。

但是，假如是秦始皇時期的尉繚，以這樣的理論，恐怕難以說動秦始皇。因爲秦國自商鞅變法起，就確立了以法家治國的方針，《尉繚子》中的治國、治軍理論，放在秦始皇那個時代，已經是老生常談。秦國在這方面，甚至比《尉繚子》書中所說的還要極端，效果還要更好。所以，尉繚如果在秦始皇面前去說這些了無新意的主張，必然不能得到秦始皇的重用。相反，如果這些主張拿到魏惠王的時代，則正順應了那個時代變法圖強的社會思潮。

再者，秦始皇時代，已經是到了兼併六國、天下一統的最後關頭，秦國的軍事實力已經無人能比。此時對於秦始皇而言，最重要的問題就是如何儘快消滅六國。史書記載，秦始皇十年（西元前237年），魏國人尉繚來見秦始皇，爲秦始皇提出了用重金賄賂六國重臣，使其禍亂朝政、防止六國合縱抗秦的建議，被秦始皇採納，並取得一定效果。可是這些主張，並沒有在《尉繚子》書中有所表現。相反，《尉繚子》書中仍然強調戰爭要謹慎，要興“義戰”，這與當時秦國兼併天下的目標顯然是相悖的。

何況，如果《尉繚子》眞是秦國尉繚所做，又爲什麼要在開篇就說到魏惠王呢？難道以秦始皇的威名，還比不了那個屢次敗給齊、秦等國的魏惠王嗎？

所以，《尉繚子》的作者，一定不是秦始皇時期的尉繚，而應該是魏惠王時期的尉繚。成書時間，也應該在戰國中期。

當然也有人提出過比較有趣的觀點，即魏惠王時期的尉繚，與秦始皇時期的尉繚是同一人。魏惠王死於西元前319年，而史書中說尉繚去見秦始皇的時間是西元前237年，中間相隔八十多年。假如兩個尉繚是同一個人，那這壽命也太長了一些，實在是不可信。

其實，關於《尉繚子》一書，還有更多爭論。比如《漢書．藝文志》中，在兵書類兵形勢家中，錄有《尉繚子》；在諸子類雜家當中，也有一本《尉繚子》。我們現在看到的《尉繚子》到底是屬於雜家還是兵家、到底是否有兩本《尉繚子》等問題，現在依然難有一個圓滿的解釋。不過，現在我們看到的《尉繚子》，確實是一部非常有價值的兵書，這是沒有疑問的。

172

《太公六韜》是姜太公的兵法嗎

姜太公是一個歷史上的傳奇人物，據《史記》上說，後世所有搞陰謀權術的人，都把姜太公作爲他們的鼻祖。歷史上確實有很多兵法都打著姜太公的名號，其中最著名的就是《太公六韜》，或者直接稱其爲《太公兵法》，簡稱《六韜》。

《六韜》共分六卷，分別命名爲《文韜》、《武韜》、《龍韜》、《虎韜》、《豹韜》、《犬韜》。目前存世版本共有六十一篇，全書兩萬多字。

《六韜》雖然託名姜太公所作，但是早有學者考證，此書絕不可能是周初的作品。最早記載《六韜》之名的，是戰國典籍《莊子》。《莊子》一書，一般認爲是莊子門人或後學所作，時間應不晚於戰國後期。由此可見，《六韜》應該在戰國後期即已出現。

從內容上來看，《六韜》中詳細記載了騎兵的戰術運用，而中原地區的騎兵，是在趙武靈王胡服騎射之後才大規模出現的，因此，《六韜》的成書時間不可能早於此。而且書中記錄了較多的鐵製兵器，其軍隊管理與訓練思想，也與《尉繚子》等典籍類似。而在銀雀山漢簡中，也有《六韜》殘簡，這說明西漢早期，《六韜》即已流行。這都說明，《六韜》的成書時間，應該在戰國晚期。

雖然是一部兵書，但是《六韜》當中講政治的篇幅也有不少。全書明顯吸收了儒、道、法各家的觀點，反映了戰國晚期各派學術交流融合的趨勢。也正是因爲內容的龐雜，在《漢書·藝文志》裏，諸子類道家中列有《太公》，大概其中包含《六韜》。而儒家中又有《周史六韜》，不免使人覺得混亂。實際上，託名姜太公的各類古書很多，應該不限於兵書，但是大多數都沒有留傳下來。我們現在看到的《六韜》，應該只是衆多冠名姜太公作品中一部。

173

“韜略”一詞從何而來

“韜略”一詞，現在常用來指智計謀略，不過這個詞的詞源，則是兩本書，即《六韜》和《三略》。

據《史記》記載，張良年輕時，曾在下邳遇到一個老人。這個老人把鞋仍到橋下，讓張良去撿，說話還很不客氣。張良有些氣憤，但是又覺得不應該和老人置氣，就將鞋撿起來。老人又命令張良給他穿鞋，張良就把鞋給他穿上。老人對張良的態度很滿意，就約他五日之後在此相會。五天之後，張良來到橋上，卻發現老人已經到了。老人責怪張良來晚了，就約五日後再見。五天之後，張良在雞叫的時候就來了，可是還是比老人晚。老人又約五日，這次張良半夜就來了，終於趕在老人之前。老人拿出一套兵書給張良，說是讀此書可以治國安邦。張良得到的這套書，據說就是《太公兵法》。這個老人就是黃石公。

張良所得兵書，有人說即是《六韜》。但是《六韜》在戰國末年已經成書流行，沒必要弄得這麼神秘。學者普遍認爲，老人給張良的兵書，應爲《黃石公三略》。

其實，這個黃石公贈書張良的故事，本身是否是眞實的，都有待考察。《黃石公三略》一書，不見於《漢書．藝文志》，可見東漢中期還沒有此書。直到東漢末年漢獻帝時期，陳琳的文章中才提到“三略六韜之術”，可見在此時，《三略》已經是與《六韜》齊名的兵書了。而從這句話中亦可看出，此時人們已經將《三略》與《六韜》並稱，代表兵法謀略。久而久之，這種語言習慣就衍生出了一個新詞：“韜略”。

《三略》一書，篇幅並不大，分上、中、下三略，僅四五千字，而且大部分講的是治國之道，實際上涉及軍事的不多。與先秦兵書相比，《三略》受儒家影響很大，更多地體現出了漢代儒家爲尊的時代特點。以我們今天看來，《三略》對於研究從先秦到兩漢軍時思想的轉變，也有著重要意義。

174

《李衛公問對》是僞書嗎

《李衛公問對》，全名《唐太宗李衛公問對》，亦簡稱《唐李問對》、《李靖問對》或《問對》。該書是《武經七書》之一，分上、中、下三卷，記錄了唐太宗和李靖之間的九十八個問答條目，篇幅一萬多字。

李靖像

唐太宗與李靖，都是當時的大軍事家。李靖因戰功被封爲衛國公，所以稱李衛公。史載李靖曾著有《衛公兵法》等兵書，但沒有留傳，只是在杜佑的《通典》中保留了部分內容。

《李衛公問對》，名義上是李靖所作。但是宋代就有人指出，因在《舊唐書》、《新唐書》中均無記載，所以《李衛公問對》一書應爲宋代人阮逸僞作。但是阮逸活動於宋仁宗時期，並在天聖年間（1023~1031年）中了進士，而據可靠資料，包括《李衛公問對》在內的《兵法七書》，在北宋初年就已經廣泛流傳了，而《兵法七書》就是後來編訂《武經七書》的基礎。由此可見，此書應該不是阮逸僞造。

《李衛公問對》一書，風格不同於側重講述理論的先秦兵書，而是結合戰例，進行理論分析。在所選取的戰例中，有很多是唐太宗與李靖親身經歷過的戰爭。該書論述深入淺出，內容涵蓋廣泛，語言淺顯易懂，便於文化水準不高的武將學習。但是正因爲其言辭不夠深奧、容易理解，所以有人批評“其詞旨淺陋猥俗，兵家最亡足采者”，並進而判斷此書是唐末宋初民間讀書人根據唐太宗與李靖的事蹟杜撰出來的。

這種說法當然是偏頗的，實際上《李衛公兵法》是一部很有價值的兵書，比起《孫子兵法》等書甚至更適合作爲當時武將們學習的教材。

近人分析《李衛公問對》，認爲此書最晚應成書於唐末五代。雖然未必是李靖所作，但也應該出自熟悉李靖軍事思想的人之手。書中尤其注重奪取戰場主動權以及奇正的相互轉化等思想，這與李靖攻滅東突厥等戰役中所表現出來的軍事思想，頗有相合之處。《李衛公問對》極有可能是托李靖之名而作的僞書，不過我們將此書作爲李靖軍事思想的代表，也是可行的。

175

“兵家”是怎樣產生的

“兵家”，是我們對古代軍事家的稱呼，不過這個詞一般特指先秦諸子之中研究軍事的一個學派。“兵家”一詞，最早見於《孫子兵法》。在《孫子兵法》第一篇《計篇》當中，有一句“此兵家之勝，不可先傳也”。此書的“兵家”，指的是用兵者，後來便延伸爲一個學派的統稱。

按照《漢書．藝文志》的分類方法，諸子類當中共列九流十家，其中並無兵家。但是與諸子類並列，有兵書類。可見在班固看來，兵家並非是一個學派，而應該是一個學科。

《漢書．藝文志》中，也概括了兵家的起源：“兵家者，蓋出古司馬之職，王官之武備也。”司馬負責組織、管理和訓練軍隊，兵家來源於司馬之職，看上去是理所當然。雖然班固對於諸子源流的推斷，受到了很多人的質疑，唯獨在兵家起源方面，他的觀點得到了普遍的認同。

應該說，兵家的起源與古代司馬官職確有關係，古司馬兵法對於《孫子兵法》、《司馬法》等兵學典籍也有著深刻的影響。但是全面來看，兵家的來源並不是單一的。

就如我們前面所說，司馬大概相當於我們現在的國防部長，但是在文武不分職的體制之下，也並不是只有司馬才能帶兵打仗，所有高級貴族都可以作爲各級指揮官參加戰鬥。在戰場上，司馬也並不是最高指揮官。假如一國的軍隊傾巢而出，那麼擔任總指揮的，或者是國君本人，或者是執政卿士。而司馬，一般都不是執政的卿士。這些統帥們的軍事思想，比起古司馬兵法來，一般都有一定的發展與變化。

兵家思想，並不僅僅來源於古代司馬兵法，也來源於對春秋時期日益複雜的戰爭實踐的總結與發展。春秋時期的很多軍事統帥，都對兵家的產生，起了推動作用。可以說，在古司馬兵法的基礎上，結合時代變化產生的新的作戰方式和軍事思想，就形成了先秦時期的兵家。兵家眞正形成的標誌，就是《孫子兵法》。

176

古代的“軍禮”傳統爲什麼會衰落

我們前面說過，從商周一直到春秋時期，軍禮傳統都有很大的影響力。宋襄公在泓水之戰中的表現，其實就是軍禮傳統的一種表現，而並不僅僅是宋襄公本人的異想天開。軍禮傳統的內涵十分豐富，諸如打仗要“約日定地，鳴鼓而戰，不相詐也”；雙方結成大方陣，正面對敵；戰鬥當中，不能在敵人未列好陣勢的時候就發動攻擊；不能傷害已經受傷的敵人；遇到地方的君主或統帥要以禮相待；戰爭一般持續時間不長，一般一天就能分輸贏；不能殺戮、殘害戰俘；戰後要將戰俘放歸等等。

然而到了春秋末期，軍禮傳統就逐漸失效了。以《孫子兵法》爲標誌，古代戰爭由“以禮爲固”轉向了“兵以詐立”。到了戰國時期，已經基本沒有人在戰場上講軍禮了。出現這樣的轉變，與當時的社會環境以及軍事技術的發展是相關的。

應該說，軍禮傳統的產生，也是適應形勢的結果。雖然排成大方陣、按照僵化的規則去打仗，今天看來有些迂腐，但是這種作戰方式總要高於原始社會的部族之間群毆。在古代生產力不發達，後勤能力有限，軍隊的機動能力也有限的情況下，在平原地區以大方陣作戰，遵循固定的規則，確實有以不變應萬變的意義，是當時最合適的作戰方式。

而到了春秋後期，生產力水準得到提高，後勤保障水準相應提高，可以支持軍隊在更大的戰場範圍內活動，戰場不再局限於平原地區，而是覆蓋山林、水澤等複雜地形。後勤水準的提高，也支持了軍隊可以持續較長時間作戰。這就促使作戰方式開始突破軍禮的教條，向更加靈活、多變的方向轉變。

其次，長期的戰爭導致各國大量增加軍隊人數，戰爭規模擴大。以前是只有低級貴族“士”，才能當兵，後來徵兵範圍逐漸擴展到平民，甚至是“野人”。按照“禮不下庶人”的傳統，平民們一般沒有接受貴族“六藝”教育，不懂軍禮，所以他們在戰場上自然也不會按照軍禮來行動。這樣，軍禮傳統的衰落，也是不可避免的。

再者，春秋各諸侯國擴大自己的地盤，與周邊少數民族在戰爭中不斷交流、融合。少數民族當然不會遵守軍禮傳統，中原軍隊在與他們作戰時，也在不斷調整自己的戰法，從而一點一點突破軍禮的束縛。

可見，軍禮傳統，是與商周時期的基本社會情況相適應的。而社會環境一旦發生變化，戰爭的方式也就隨之發生改變，舊傳統因爲不適應新形勢，所以自然就會衰落。

177

什麼是“致師”

“致師”是古代戰場上常見的行動，在春秋時期及以前的戰爭中，這種行爲是很常見的。

史載，周武王伐紂，到達牧野之後，面對商紂王的大軍，首先派出師尚父（即姜太公）率百名勇士前往商紂陣前“致師”。師尚父率軍突擊，商朝由奴隸組成的軍隊根本沒有作戰的意志，甚至都盼著周武王趕緊打過來，消滅商朝。周武王捕捉到這一

“致師”在古代，大多發生在規模較小的戰爭中。據此看來，《三國演義》中頻頻出現的武將挑陣是有一定歷史依據的。

資訊，立刻命令主力部隊全面突擊，一舉擊潰了商朝軍隊。

從中可見，所謂“致師”，就是派出一部分勇力之士，前往敵軍陣前挑戰，以挫敗對方銳氣，提升己方鬥志。致師這種行動，其實也屬於軍禮的一種，是戰鬥時的常見程序。致師一方面是向敵軍挑戰，另一方面也含有對敵人表示尊重的意思。有時，負責致師的將領，還要在陣前發表一些外交辭令，以表明己方出兵的理由，並對敵人進行威懾。在春秋時期的很多戰役中，都保留有致師的傳統。

商周時代的戰爭，規模有限，作戰程式化，戰爭的勝負往往取決於雙方士兵的毅力及勇氣。在這樣的環境下，致師作爲一種鼓勵士氣的手段，對於戰爭勝負的確能產生很大影響。而且派出致師的部隊，一般是精銳戰士，他們的戰鬥素養，可以看成是一國軍事實力的縮影，所以致師的成敗，往往也可以預判整個戰鬥的勝負。

但是到了戰國，由於戰爭規模擴大，戰場範圍、持續時間都大大增加，騎兵、勁弩在戰場上大量出現，致師就失去了其原來的意義，因此也就逐漸消亡了。後世仍有類似於致師的行爲，比如唐初虎牢關之戰中，唐太宗親自帶著大將尉遲恭率軍攻打竇建德營壘，高呼致師。竇建德率軍出擊，卻中了唐軍埋伏。不過這樣的行爲，和古代的致師已經有了本質上的不同。先秦時期那種雙方列陣，陣前致師的行爲，在戰國以後基本上已經很少出現了。

我們在各種歷史小說中常見到的作戰模式，就是兩軍陣前大將鬥武。其實這就是古代藝術家根據致師這個傳統，經過藝術加工，所虛構出來的。因此，這種雙方大將陣前打鬥的情節，確實不是無根無據的，但是需要指出的是，決不能把這個當成是古代戰爭的眞實場景。

178

爲什麼舉白旗代表投降

在戰場上，舉白旗是投降的意思，這幾乎是人所共知的。而且在我們的印象當中，似乎無論古今中外，白旗都代表了投降。這到底是爲什麼呢？

實際上，我們應該先糾正一個觀點，就是在現代戰爭中，白旗並不是投降的意思，而是請求暫時停戰，進行談判。不過我們也能想像，勢頭正盛、即將取勝的一方，一般是不會請求停火的。既然有停戰的要求，那自然是形勢不太妙，打不下去了。所以大家普遍把舉白旗的一方當成是投降，倒也不算太離譜。

舉白旗的一方，需要派遣出軍使、號手、旗手與翻譯到對方指揮部說明條件與意圖。在談判期間，使者的安全要受到保護。一旦達成停火協議，雙方都必須嚴格遵守。如果某一方不合時宜地發揚我們兵學文化中“兵不厭詐”的理論，在戰場上濫用白旗進行欺詐，那就等於違反了國際法，國際社會就可以對此進行干預。所以我們應該注意，現代戰爭，也是有規則約束、有底線的，作爲國際社會的一員，是不能隨意違規的。

中國古代，舉白旗爲投降，源於秦末。按照五行理論，秦朝是以水德立國，服飾崇尚黑色。秦朝的統治在秦末農民戰爭中搖搖欲墜，西元前206年，劉邦率軍攻入關中，秦王子嬰在脖子上繫上絲帶，乘白馬素車，以黑色的相反顏色——白色，來表示自己的服從，向劉邦投降。劉邦接受了子嬰的投降，率軍進入咸陽，妥善安置了子嬰等秦國王室，秦朝滅亡。從此以後，在中國，舉白旗就成了投降的標誌。

西方國家的白旗也有示弱投降的意思。據古羅馬史料記載，早期士兵們表示投降，是將武器和盾牌舉過頭頂。之所以又以白色旗幟代表投降，據說是因爲白色布就是沒有染色過的布，最容易找到，而且白色象徵一無所有，投降一方用白旗來表示自己已經失去了所有的作戰能力。

舉白旗代表示弱投降，這是東西方兵學文化各自發展起來的習慣，但是卻出現了驚人的一致性，這也有一種東西方文化殊途同歸的意味。

179

“坑殺”是指活埋嗎

“坑殺”是在古代文獻中經常出現的一個詞，比如西元前260年的長平之戰，白起將趙軍俘虜四十餘萬全部坑殺。有些人望文生義，認爲“坑”就是挖坑，“坑殺”也就是活埋。秦始皇“焚書坑儒”，也被人理解爲活埋了四百六十多名儒生。甚至在有些詞典當中，也把“坑殺”解釋爲活埋，其實這都是不正確的。

其實，“坑”字原來寫作“阬”，本意是指城牆上開的城門洞，或者城門，而不是指挖坑。坑殺是古代的一種殘忍的習俗，指將敵人殺死之後，將敵人的屍體堆積起來，培土築成一個金字塔形的高臺，稱之爲“京觀”，以炫耀武力。京觀築得越高，顯示武力越強大。

古人講入土爲安，認爲兩國士兵在戰場上只是敵國之仇，並無私怨，所以殺死對方已經是懲罰的極限了，如果虐待對方屍體，則是非常過分的行爲，極不人道。而且，坑殺往往是在戰爭結束之後，戰勝一方用以處置俘虜的辦法。殺戮毫無反抗能力的俘虜，自然是罪惡的行爲。更有甚者，一些兇殘的軍隊，對平民也採用坑殺的辦法，這就使坑殺一詞帶有非常殘忍的色彩。

坑殺不僅不是活埋，而且甚至根本就不埋，還要高高地堆起來。《漢書》中明確記載，王莽把反對他的一些人全部坑殺，把這些人的屍體培土，築爲方六丈高六尺的京觀，還要插上旗杆，上寫“反虜逆賊鯨鯢”。史書中還有很多記載，說某人來到一處坑殺現場，看到屍體堆積如山。這都說明，坑殺並非是挖坑把人活埋在地下。

由於坑殺往往與屠殺俘虜、平民相關聯，所以史家一般對坑殺持批評態度，不過這個習俗一直沒能禁絕，很多古代將領都喜歡用這種方式炫耀他們的武功。明初常遇春就有過坑殺俘虜的行爲，徐達試圖勸阻，卻沒有來得及。總之，坑殺雖然不是活埋，但也是一種不人道的行爲，應該受到譴責。

180

古代那些殺敵數十萬的大戰都是眞的嗎

遍觀中國古代戰爭史，殺戮最重的戰爭，大多集中在戰國、秦漢時代。雖然後世也有很多數十萬大軍被擊潰的戰例，不過卻很少明確記載殺敵數量。

前面介紹了白起的戰績，作爲一個將領，計在他身上的人命高達一百多萬。長平坑殺四十萬趙軍，更是殘忍之至。很多人懷疑這樣的殺敵數字，認爲過於誇張。古代打仗，確實也喜歡虛張聲勢，誇大己方軍隊數量，比如曹操在赤壁之戰中號稱有大軍八十萬。那麼戰國時期這些殺敵數字，是否是眞實的呢？

戰國時期的秦國，以及後來的秦朝，包括漢朝，都實行“尙首功”的制度。在戰場上，斬首和俘虜敵人的數量，就是一個士兵的戰功。秦以戰功授民爵位，所以自然有一套嚴格的戰功統計制度。漢代也繼承了秦國這種軍功統計方式。從目前發掘出的很多秦簡和漢簡來看，當時的法令比較嚴密，後世那種“人治”的色彩還不是太濃。秦簡中甚至記錄了兩名士兵爲爭奪一個首級而出現糾紛的案件，而且審理這起案件的過程也比較細緻。秦國對戰功的統計，是非常愼重的。

由此可見，白起殺敵的數量既然被秦國認可，並給與了相應的戰功獎勵，那麼他殺敵的數字，就是可信的。他在長平殺了四十多萬趙軍，秦國朝廷肯定是眞的見到了四十萬首級，否則在法令嚴苛的秦國，白起肯定會因虛報戰功遭到處罰。

不過這裏又涉及到了一個問題，白起殺了這麼多人，是不是都是軍人呢？這個就不好下定論了。首先是中國古代的軍隊當中，眞正的戰士（即所謂“戰兵”）只有一部分，而輔助作戰的人數也占了很大比例。而且，以長平之戰爲例，戰前秦軍攻佔上黨，上黨居民不願意被秦國統治，大多都逃亡到了趙國控制區。長平之戰結束後，白起出於對這些居民的怨恨，對他們進行屠殺，也是有可能的。所以，白起所殺的，極可能有很多是平民。

這種在戰場上大規模屠殺的現象，在戰國時期出現較多，主要是因爲戰國時期實行全面徵兵制度，任何成年男子都是後備兵源。像白起這樣的將領，普遍認識到，要消滅一個國家，就要消滅它的戰爭潛力，那麼屠殺其人員，就是破壞其戰爭潛力的最好方式。在這種思想指導下，一個個慘案就發生了。

這種大量屠殺敵方人員的行爲，雖然有一定的時代背景作依據，但畢竟反映了古代兵學文化中一個極爲野蠻的方面。自古至今的有識之士，都在不斷地譴責這種行爲。

181

中國古代的戰爭觀是什麼樣的

中華文明以農耕立國，中國古人的戰爭觀，也帶有強烈的農耕文明色彩。

中國古代的戰爭觀，主流的方面是主張愼戰，即謹愼地對待戰爭，反對輕易發動戰爭。《孫子兵法》開篇就提出：“兵者，國之大事，死生之地，存亡之道，不可不察。”《司馬法》認爲：“故國雖大，好戰必亡。”《吳子》中列舉有扈氏好戰亡國的例子，提醒統治者對待戰爭要愼重。基本上，中國的兵家，都反對窮兵黷武，而且都深刻地認識到了戰爭給國家、人民帶來的巨大災難。

與愼戰思想相適應的，是主張“義戰”。兵家雖主張愼戰，但不是簡單地否定戰爭。兵家普遍認爲，戰爭應遵循道義原則。《尉繚子》中，將“誅暴亂，禁不義”的戰爭看成是義戰，應該支持；而“殺人之父兄，利人之貨財，臣妾人之子女”的戰爭，則是不義之戰，不能提倡。《司馬法》則提出“殺人安人，殺之可也；攻其國，愛其民，攻之可也；以戰止戰，雖戰可也。”這還是強調戰爭的道義性，認為戰爭只是懲罰不義、爭取和平的手段。儒家理論對於戰爭也基本持這樣的觀點，不過他們的態度更為保守一些，對於戰爭的否定情緒更多一些。在儒者眼中，上古三代聖王們發動的戰爭，以及國內為反抗暴政或消除戰亂所進行的戰爭，是值得肯定的。而如果是對外戰爭，那就都是應該否定的。無論是儒家、道家，基本都認可“兵者，兇器也，聖人不得已而用之”。

總的來說，在中國古人眼中，戰爭絕不是好事，它只能帶來破壞、殺戮。對於一個國家而言，如果貿然發動戰爭，那麼即使經常取勝，國家也會因此而遭到削弱，這方面的反面典型就是漢武帝。漢武帝出擊匈奴，取得了赫赫戰功，但是國家也因此而損失了大量的人力、物力、財力，最後弄得全國上下怨聲載道，西漢的統治幾乎出現了秦末的景象。即使是漢朝的儒者，也多對漢武帝持批評態度。這也是中國古代主流戰爭觀的一種反映。

中國人的這種戰爭觀，與農耕民族的特點是相適應的。中原王朝對外發動戰爭，只會給國家帶來巨大負擔，即使能夠對外佔據土地，也不一定適合耕種，所以是得不償失的。但是我們客觀地說，在世界範圍內，靠戰爭發展起來的國家和民族其實很多。歐亞草原上的遊牧民族是如此，很多以商業立國的民族也是如此。戰爭並不僅僅是損耗，它也可以為一國帶來財富，只是古代的中國人很少有人去研究如何通過戰爭來獲得財富。除了破壞、毀滅之外，戰爭也能強行促進不同民族之間的交流融合，這對於人類文明的進步，也有重要意義。從這個角度上來說，中國古人的戰爭觀，雖然表現出了我們愛好和平的一面，不過的確是比較保守的。

值得一提的是，在主流的慎戰、義戰觀點的對立面，也有非主流的好戰觀點，這以先秦的法家思想為代表。法家認為，國與國之間就是互相攻伐的關係。當一個國家的國民積累了較多的糧食財物之後，如果不進行對外戰爭，內部的矛盾就會爆發。對外戰爭是解決國內矛盾、防止內部動亂的最好方法。法家的這種理念，在秦朝統一的過程中發揮了很大作用，不過法家的好戰思想本就不是主流，在秦朝以後又被大舉批判，所以影響力就越來越小了。

182

“止戈爲武”的思想是誰提出來的

古代瓦當中的止戈爲武字樣

“武”這個字，在字形上可以拆分爲“止”和“戈”這兩個字。西元前597年，晉楚兩國爆發大戰，結果晉國戰敗，楚國取得了城濮之戰以後最重要的一次勝利。楚國大夫潘黨建議楚莊王，將晉軍士兵的屍體都收集起來，堆積在一起，築成京觀，以炫耀楚國的武力。楚莊王否決了這個提議，說：“非爾所知也，夫文，止戈爲武。”就是說要消滅戰亂，停止爭鬥，這才是戰爭目的，是眞正的武功。於是楚莊王下令將晉國士兵的屍體好好安葬，此舉爲楚莊王贏得了不少讚譽。

楚莊王“止戈爲武”的解釋，符合中國傳統的“以戰止戰”的戰爭觀，也表明中華民族自古即有消滅戰爭、追求和平的崇高理想。雖然“止戈爲武”的戰爭觀值得提倡，但是我們需要指出，這樣解釋“武”這個字的字形結構，是不正確的，也違背“武”字的本意。

“武”字在甲骨文中的結構，是上戈下止。在甲骨文中，“止”並不是停止之意，而是指行走。“武”代表的意思是“負戈而行”，即一個士兵背著戈在前進。

士兵既然負戈而行，那很明顯就是去打仗，所以“武”的含義依然是戰爭、武力、武器等等。“止戈爲武”其實只是楚莊王自己的理解，具有一定的進步性，可卻不是“武”這個字的眞正含義。

將“武”解釋爲“止戈”，表達了中國古人對戰爭的謹慎態度，以及對於和平的渴望。但是美好的理想要和現實區分開來，不能因此而誤解了“武”這個字本來的含義。

183

“以戰養戰”的思想源自何處

“以戰養戰”是古代經常出現的一種後勤補給方式，基本的意思就是從被攻佔的地區獲取糧食物資，以補充軍隊的消耗，支持戰爭的持續進行。

“以戰養戰”往往代表了對被佔領區的掠奪，不過也並不僅僅是搶東西那麼簡單。秦朝在統一的過程中，每佔領一地，就在當地建立統治機構，推行秦國政策，徵發錢糧，供應前線。這可以說是“以戰養戰”思想的一種較高層次的運用，可以最大限度地利用被佔領地區的經濟潛力。而一些比較簡單粗暴的將領，往往就是縱兵擄掠，對當地造成重大破壞。實際上，能做到秦朝那種程度的，在中國古代戰爭史上，並不多見。即使曹操這樣的政治家、軍事家，在起兵早期也免不了以搶掠的方式來獲取補給。歷史有時就是這樣矛盾，曹操一方面能寫出“白骨露於野，千里無雞鳴。生民百遺一，念之斷人腸”的名句，另一方面也同樣在做屠殺搶掠的事情，甚至還專門組織盜墓部隊，幹些偷墳掘墓的勾當。

“以戰養戰”的思想，在春秋時期的一些戰爭中就有所反應，但是當時主要的做法是擊敗敵人軍隊之後，繳獲敵軍輜重，留給己用。最早明確提出“以戰養戰”的，還是《孫子兵法》。《孫子兵法》第二篇《作戰》當中，就提出“善用兵者，役不再籍，糧不三載，取用於國，因糧於敵，故軍食可足也。故智將務食於敵，食敵一鐘，當吾二十鐘；萁稈一石，當吾二十石。”在古代戰爭中，從後方向戰場運輸糧草，往往損耗巨大，能運到前線的，往往連十分之一都沒有，而其他的都在路上被消耗掉了。孫子認識到這一點，所以敏銳地指出，在敵國境內就地徵糧，吃敵人一斤糧食，相當於爲自己省下二十斤。孫子也不反對進行搶掠，如《九地》篇說：“掠於饒野，三軍足食。”

“以戰養戰”的思想，爲後世那些戰爭中掠奪平民的行爲，提供了理論依據。如果放在當代，確實有一定的落後性，也違反國際法。但是在當時來說，這種主張是比較符合實際的。孫子借這種成本收益分析，來告訴將領們怎樣減輕後勤壓力，這本是針對敵國的一種行爲方式。可是中國歷史上內戰居多，很多殘暴的將領卻將這一主張用在己方平民身上，毫無安境保民的覺悟。以搶掠來獲得給養，在戰亂時代尤爲常見，所以民間總是有“兵不如匪”、“兵匪一家”這樣的說法。因此，我們對古代的軍事思想也要辯證來看，不能一味將其拔高。

184

中國的武聖人是誰

中國文化當中自古即有一個“封聖”的傳統，就是把各個領域中最有代表性的人物封爲聖人。比如大名鼎鼎的孔聖人，被稱爲“至聖先師”，是代表天下讀書人的“文聖人”。其他領域，也都有自己的聖人，比如醫聖張仲景、茶聖陸羽、詩聖杜甫，等等。這些人雖然沒有孔子的名氣大，但也是大家耳熟能詳的人物。

既然有文聖人孔子，那就應該相應有一個武聖人。說起武聖人，很多人想到的是關羽。其實，中國的武聖人並不是只有關羽這一個。

傳說黃帝在斬殺蚩尤之後，忌憚蚩尤的強大戰鬥力，就將蚩尤的形象畫在戰旗上，作爲戰神來崇拜。這個傳統一直延續到漢代，史書上記載，漢高祖劉邦在起兵之時，就祭祀蚩尤。此後，很多歷史上和傳說中的人物，都曾經被當作武神來祭祀。但是祭祀哪些人，則沒有什麼一定之規。

到了唐代，唐肅宗開始按照文廟的規制，正式設立武廟體系。唐朝官方規定的武聖人是姜太公，並仿照文聖人孔子被封“文宣王”之例，封姜太公爲“武成王”，按照祭祀孔子的方式，來祭祀姜太公。這樣一來，中國就有了第一個官方欽定的武聖人。

姜太公雖然大名鼎鼎，以至於成爲人們驅魔辟邪的符號，但是作爲武聖人，他的名號似乎並不太響亮。其實，眞正把姜太公當武聖人祭祀的也就是唐朝，到了宋朝，對關羽的崇拜迅速興起。元、明兩朝，對關羽的崇拜有增無減。明朝還正式廢止了官方的武廟系統，不再祭祀姜太公了。到了清朝，鑒於民間對關羽的祭祀已經十分普遍，統治者順勢而爲，將祭祀關羽的關廟升格爲武廟，這樣關羽就正式成爲了武聖人。

近年來，隨著國學熱的升溫，人們對《孫子兵法》這類國學經典越來越推崇。在這樣的氛圍之下，民間逐漸把孫子當作是中國軍事文化的代表。本來孫子就有“兵聖”的美譽，現在似乎有升級爲武聖人的趨勢。不過現代社會畢竟不同於古代，無論是文聖人還是武聖人，更多的是一種文化上的符號。現在當然不會再有官方封武聖人的事情發生了，再者，無論封誰當武聖人，在軍事上也意義不大。

 185

武廟供奉的都是哪些人

我們都知道，供奉孔子的文廟當中，除了主祀孔聖人之外，還有一些陪祀的人物，比如亞聖孟子、復聖顏回等等。相應的，武廟當中除了姜太公之外，也有一些人跟著一起接受香火，這與文廟的體系都是一樣的。

武廟中的亞聖，唐代官方規定是張良。爲什麼以張良爲亞聖，這是有說法的。文廟中的亞聖本來是孔子的弟子顏回，後來才讓給了孟子。唐朝統治者認爲，亞聖應該是聖人的徒弟，可是歷史上卻沒有記載姜太公有哪些徒弟。找來找去，只有史書中記載張良曾經得到了《太公兵法》，並加以研讀，勉強算得上是姜太公的弟子，於是就列爲亞聖。

仿“孔門十哲”體例，武廟也在歷代名將中選出十人，列爲十哲。他們是：張良、司馬穰苴、孫武、吳起、樂毅、白起、韓信、諸葛亮、李靖、李勣。除了這些人以外，還在歷代名將中選取六十四人，配享於武廟，稱六十四賢，以此比照孔門七十二賢。當然，由於武廟是唐代設置，所以所選將領自然截至到唐朝。這六十四人包括：先秦的管仲、范蠡、孫臏、田單、廉頗、趙奢、王翦、李牧；兩漢的彭越、曹參、周勃、周亞夫、李廣、衛青、霍去病、趙充國、鄧禹、吳漢、賈復、寇恂、馮異、馬援、耿弇、段熲、皇甫嵩；三國的張遼、鄧艾、關羽、張飛、周瑜、呂蒙、陸遜、陸抗；兩晉十六國的羊祜、王浚、謝玄、杜預、陶侃、王猛、慕容恪；南北朝的長孫嵩、韋孝寬、王鎮惡、斛律光、檀道濟、王僧辯、于謹、吳明徹、慕容紹宗、宇文憲；隋朝的韓擒虎、史萬歲、賀若弼、楊素；唐朝的尉遲恭、蘇定方、張仁亶、王晙、王孝傑、李孝恭、裴行儉、郭元振、張齊丘、郭子儀。

後來關羽取代了姜太公，成爲武聖人。關廟中祭祀的人物較少，一般都有關平和周倉，有些還加上廖化，以及關羽在荊州時期的一些部下。還有一些規模較大的關帝廟，會祭祀更多與關羽有關的人物。關廟中祭祀的人物，沒有唐代武廟那麼複雜，不過在民間的影響力卻要大得多。

186

關公是怎樣成爲武聖人的

關羽其實只是一個比較普通的將領，可是現在他卻是華人文化圈中最受推崇的武聖人，在民間的影響力甚至超過了孔子，人們尊稱其爲關公。那麼關羽是怎樣成爲武聖人的呢？

其實民間祭祀關羽的傳統，在很早就有。魏晉時期，荊州地區的百姓有祭祀關羽的習俗，不過此時關羽只是被當作普通的神甚至是鬼來祭祀。唐朝設立的武廟當中，關羽位列六十四賢，地位無足輕重。但是宋朝時期，隨著統治者對武將的防範、控制越來越重，對武將忠誠的要求被提到首位。關羽曾經投降曹操，但是始終不忘舊主，最後還是離開曹操回到了劉備身邊，這被看作是忠臣的楷模。在這樣的氛圍下，統治者開始重視關羽信仰。宋朝的皇帝親自給關羽送上封號，使得生前爵位只是“侯”的關羽，先後有了公和王的稱號。皇帝看中的，是關羽的“忠”，他們還有把這種“忠”進行無限放大的傾向。關羽的形象也開始逐漸進入佛教、道教的信仰體系。

明朝也實行文貴武賤的制度，統治者繼續拔高關羽的地位，他的稱號由“王”變成了“聖”、“帝”。而且由於明朝取消了官方的武廟系統，祭祀關羽的關廟，就開始有取代武廟的趨勢。清朝時，鑒於關羽信仰已經十分發達，統治者就將關廟升格爲武廟，正式確立了關羽的武聖人地位。其實，在民間，與關羽信仰並行的，還有對其他武將的信仰，比如南宋抗金名將岳飛。可是考慮到滿族的清朝與當年女眞族金朝的關係，因此從政治上岳飛就根本沒有當武聖人的可能了。

金代繪製的《義勇武安王關羽圖》，顯示出對關公崇拜的悠遠歷史。

唐代官方的武廟體系，並沒有延續到現在，主要是因爲失去了民間的支持。而關羽的故事，在民間深入人心。關羽不爲曹操收買，對劉備不離不棄，這在民間也代表了重信守義的價值觀。正是因爲得到了民間的認可，所以關羽才能最終取代唐代的武廟系統，成爲人們普遍認可的武聖人。不過比較有趣的是，關羽這個武聖人在軍事上的影響力有限，反而得到商人、幫會的極大推崇。看來這個武聖人的名號，與“武”的關係已經不大了。

187

《三十六計》成書於何時

“三十六計，走爲上”這句話大家經常說，《三十六計》也是一部很有影響力的兵書，甚至很多人把它看作是東方兵學文化中除《孫子兵法》之外的又一個代表。

“三十六計”這個說法，很早就已經出現。據南北朝時期的史料（包括《南史》、《宋書》、《南齊書》），當時已有“檀公三十六策”之說。南朝宋的名將檀道濟在攻打北魏的過程中，因糧食不繼，準備退兵。爲了迷惑魏軍，檀道濟就在軍中堆起沙土，並將很少的糧食覆蓋在上面，魏軍以爲檀道濟還有很多糧食，所以不敢進攻。這樣，檀道濟帶著部隊安全撤到南方。這就是“三十六計，走爲上”的來源。

現在我們看到的《三十六計》這本書，是一本作者不詳、時代不詳的書籍，歷代兵志當中也沒有記載。1941年，有人在甘肅邠州的一個書攤上發現了一個手抄本兵書，名爲《三十六計》，並在標題下提有“密本兵法”四字。從此，《三十六計》才作爲一本兵書流行於世。

《三十六計》應爲前人根據流行的“三十六計，走爲上”的俗語，採集史實，結合各種兵書所編成。我們現在只能依靠一些零散資訊推斷其成書年代，但是該書作者已經不可考證了。

當代學者推斷，《三十六計》的成書年代大概爲明末清初。原書中所介紹的戰例故事，截止到南宋。後來不斷有人爲此書添加戰例，使得現在市面流傳的《三十六計》中，甚至有了一些近代故事。由於我們最早獲得的《三十六計》是手抄本，所以可以據此推測，本書並未刊行於世，而只是在小範圍內傳播。書中的語言，也帶有明末清初的特點，簡單易懂，沒有什麼古奧之處。

《三十六計》以戰例來講解計謀，又以《易經》之陰陽變化，來類比戰場之上的攻守、奇正、進退等概念。與中國傳統的兵書相比，這本書的內容更加大衆化，容易被公衆理解和接受，所以傳播範圍也很廣。

188

《三十六計》中都有哪些計

《三十六計》一書，顧名思義，就是一共有三十六條計策。這三十六條計策共分爲六類，分別是勝戰計、敵戰計、攻戰計、混戰計、並戰計、敗戰計。

勝戰計指己方處於優勢地位時所使用的計策，包括瞞天過海、圍魏救趙、借刀殺人、以逸待勞、趁火打劫、聲東擊西。

敵戰計指雙方基本處於勢均力敵狀態時的計策，包括無中生有、暗渡陳倉、隔岸觀火、笑裏藏刀、李代桃僵、順手牽羊。

攻戰計，顧名思義就是進攻的計策，包括打草驚蛇、借屍還魂、調虎離山、欲擒故縱、拋磚引玉、擒賊擒王。

混戰計，就是敵友不明，各方勢力處於混戰狀態時的計策，包括釜底抽薪、渾水摸魚、金蟬脫殼、關門捉賊、遠交近攻、假途伐虢。

並戰計，是防範、對付友軍（可能轉化爲敵人）的計策，包括偷樑換柱、指桑罵槐、假癡不癲、上屋抽梯、樹上開花、反客爲主。

敗戰計就是己方處於危急時刻，形勢不妙時所用的計策，包括美人計、空城計、反間計、苦肉計、連環計、走爲上。

三十六計，大多取材於成語故事，其背後有著豐富的文化內涵。計策的分類與安排也很有條理，具有梯次漸進的邏輯性，帶有強烈的指導實踐色彩。由於採用成語較多，也便於人們理解和記憶。

189

《三十六計》能與《孫子兵法》比肩嗎

很多人都把《三十六計》與《孫子兵法》並提，似乎講《孫子兵法》就必提《三十六計》。前些年有一部電視劇，名字就叫《孫子兵法與三十六計》。還有很多書籍都將這兩部著作和在一起來講解。這些都給人們一些錯誤的印象，似乎《三十六計》與《孫子兵法》具有什麼內容上的關聯，又或者《三十六計》是可以與《孫子兵法》比肩的兵書。

實際上，我們前面已經介紹過了，《三十六計》一書，是在書攤上被發現的，本來就有“地攤文學”的色彩。書中輯錄的三十六條計策，雖然也可稱之爲古代戰爭的用兵要訣，對當代亦有參考價值，但是其內容淺薄，既不能闡明戰爭的實質，又不能探討戰爭的眞正規律。《三十六計》將出發點完全建立在簡明實用的基礎上，固然便於理解運用，但是卻缺乏更高層面上的論述，沒有哲理性，這與理論體系完備、邏輯結構嚴謹、蘊涵哲理豐富的《孫子兵法》，顯然是不可同日而語的。

《三十六計》與《孫子兵法》之間，也沒有什麼特殊的聯繫。《三十六計》當中，有些引用古代兵書的地方，摘引了《孫子兵法》中的某些字句，但是這並不能說明兩者之間的關聯，因爲《三十六計》中同樣也引用其他兵書。當然，從書中內容來看，《三十六計》的作者似乎也比較推崇《孫子兵法》，不過兩書之間的關係，恐怕也就僅此而已了。有些人臆想兩書之間的關係，甚至認爲應該存在一本名爲“孫子兵法三十六計”的書，這無疑是淺薄可笑的看法。

更有一些人認爲，《孫子兵法》講理論太多，實踐的東西反而很少，倒是《三十六計》眞正可以用來指導戰爭。這其實是一種本末倒置的觀點。《孫子兵法》詳細論述了戰前計畫、戰爭準備、謀略方法、地形因素、後勤保障、實力建設、戰場應對、情報間諜等戰爭的方方面面，是眞正的大智慧。相比之下，《三十六計》則只能算是小聰明。

《三十六計》對於我們當今社會，也有一定的參考作用，但是必須注意的是，《三十六計》中有很多難登大雅之堂的東西，千萬不可不加辨別就拿到今天來用。《三十六計》中的勝戰計、敵戰計、攻戰計中尚有很多有價值的思想，混戰計、並戰計、敗戰計中，則多是爾虞我詐、掠奪兼併、下作無信、不擇手段的陰謀詭計。這些東西，是把《孫子兵法》中“兵以詐立”的思想做了最極端、最沒有底線的延伸，完全是發揮了傳統文化中糟粕的一面。用《三十六計》來處理今天的一些軍事問題，都已經不是很合適。而有人主張將其運用到商業、政界乃至人際關係之中，就更不可取，這樣對於社會誠信體系與道德風尚，恐怕會帶來極其負面的效果。

國家圖書館出版品預行編目資料

中國人應知的古代軍事常識 / 蔡榮章等作.—初版.
— 臺北市 : 華品文創, 2012.09
面 ;　公分
ISBN 978-986-87808-7-3 (平裝)

1.軍事

590　　101017817

華品文創出版股份有限公司
Chinese Creation Publishing Co.,Ltd.

《中國人應知的古代軍事常識》

編　　著：趙志超
總 經 理：王承惠
總 編 輯：陳秋玲
財 務 長：江美慧
印務統籌：張傳財
美術設計：vision 視覺藝術工作室
出 版 者：華品文創出版股份有限公司
地址：100台北市中正區重慶南路一段57號13樓之1
讀者服務專線：(02)2331-7103　(02)2331-8030
讀者服務傳真：(02)2331-6735
E-mail：service.ccpc@msa.hinet.net
部落格：http://blog.udn.com/CCPC

總 經 銷：大和書報圖書股份有限公司
地址：台北縣新莊市五工五路2號
電話：(02)8990-2588
傳真：(02)2299-7900
網址：http://wwww.dai-ho.com.tw/

印　　刷：卡樂彩色製版印刷有限公司

初版一刷：2012年9月
定價：平裝新台幣380元
ISBN：978-986-87808-7-3

最完整詳盡的茶道書
優質內容嚴選

主編：蔡榮章

作者：蔡榮章、李麗霞、張玲芝
　　　程艷斐、陳茶鳳

ISBN 978-986-87808-4-2

定價380元

中國人應知的茶道常識

高山茶的品質為什麼好？

“名山出好茶”有道理嗎？

“茶油”和“苦茶油”有什麼區別？

茶葉有農藥殘留問題嗎？

何謂有機茶？

有機茶與非有機茶喝得出來嗎？

茶樹繁殖有哪些方式？

烏龍茶的採摘標準是什麼？

採茶講究時辰嗎？

“茶到立夏一夜粗”是什麼意思？

茶農為何要將採來的茶葉放在太陽下曬？

茶葉的湯色是如何造成的？

造成茶葉特殊香氣的因素有哪些？

茶有哪些香型？

什麼茶要被一種蟲叮咬過才好喝？

日本的煎茶為什麼那麼綠？

何謂“手揉”，何謂“機揉”？

清香型烏龍茶和傳統烏龍茶到底有什麼不同？

茶的乾燥方法有哪些？

好的烏龍茶葉底有何特徵？

焙火程度對茶葉有何影響？

什麼茶都可以壓成餅嗎？

茶葉的存放有何效應？

後發酵是怎麼回事？

茶葉應該怎樣保存？

茶葉的保質期是多久？

老茶如何存放？

茶的六大分類是怎麼來的？

哪些茶是因典故而得名的？

“十大名茶”指哪些茶？